21世纪高等学校规划教材｜计算机科学与技术

编译原理及实践教程
（第2版）

黄贤英 曹琼 王柯柯 编著

U0350302

清华大学出版社
北京

内 容 简 介

本书系统地介绍了编译程序的设计与构造以及各组成部分的软件技术和实用方法。全书共 8 章,主要包括编译程序概述、高级语言设计基础、词法分析、语法分析、语义分析和中间代码生成、运行时存储空间的组织、代码优化以及目标代码生成。本书的目标是使学习者建立一个较为完整的编译系统的模型,掌握各个阶段的基本算法、常用的编译技术和方法,为今后从事系统软件和应用软件的开发打下理论和实践基础。为此,本书力求讲清基本概念、基本原理和实现方法;书中引入了丰富的典型例题,配以大量的习题;本书以 Sample 语言为例来贯穿各章内容,介绍了其编译程序的具体实现技术和构造方法。

本书可供高等学校计算机科学与技术及相关专业本科教学使用,也可供计算机系统软件和应用软件开发人员自学和参考。

图书在版编目(CIP)数据

编译原理及实践教程/黄贤英,曹琼,王柯柯编著. --2 版. --北京:清华大学出版社,2012.3(2015.8 重印)
(21 世纪高等学校规划教材·计算机科学与技术)
ISBN 978-7-302-27743-9

Ⅰ. ①编…　Ⅱ. ①黄…　②曹…　③王…　Ⅲ. ①编译程序-程序设计-高等学校-教材　Ⅳ. ①TP314

中国版本图书馆 CIP 数据核字(2011)第 280164 号

责任编辑:付弘宇　战晓雷
封面设计:傅瑞学
责任校对:时翠兰
责任印制:王静怡
出版发行:清华大学出版社
　　　　网　　　址:http://www.tup.com.cn,http://www.wqbook.com
　　　　地　　　址:北京清华大学学研大厦 A 座　　　　邮　　编:100084
　　　　社 总 机:010-62770175　　　　　　　　　　邮　　购:010-62786544
　　　　投稿与读者服务:010-62776969,c-service@tup.tsinghua.edu.cn
　　　　质 量 反 馈:010-62772015,zhiliang@tup.tsinghua.edu.cn
　　　　课 件 下 载:http://www.tup.com.cn,010-62795954
印 装 者:北京鑫海金澳胶印有限公司
经　　销:全国新华书店
开　　本:185mm×260mm　　　印　　张:15　　　字　　数:364 千字
版　　次:2008 年 2 月第 1 版　2012 年 3 月第 2 版　印　次:2015 年 8 月第 4 次印刷
印　　数:7001~8500
定　　价:29.00 元

产品编号:044107-02

编审委员会成员

（按地区排序）

清华大学	周立柱	教授
	覃 征	教授
	王建民	教授
	冯建华	教授
	刘 强	副教授
北京大学	杨冬青	教授
	陈 钟	教授
	陈立军	副教授
北京航空航天大学	马殿富	教授
	吴超英	副教授
	姚淑珍	教授
中国人民大学	王 珊	教授
	孟小峰	教授
	陈 红	教授
北京师范大学	周明全	教授
北京交通大学	阮秋琦	教授
	赵 宏	副教授
北京信息工程学院	孟庆昌	教授
北京科技大学	杨炳儒	教授
石油大学	陈 明	教授
天津大学	艾德才	教授
复旦大学	吴立德	教授
	吴百锋	教授
	杨卫东	副教授
同济大学	苗夺谦	教授
	徐 安	教授
华东理工大学	邵志清	教授
华东师范大学	杨宗源	教授
	应吉康	教授
东华大学	乐嘉锦	教授
	孙 莉	副教授

浙江大学	吴朝晖	教授
	李善平	教授
扬州大学	李　云	教授
南京大学	骆　斌	教授
	黄　强	副教授
南京航空航天大学	黄志球	教授
	秦小麟	教授
南京理工大学	张功萱	教授
南京邮电学院	朱秀昌	教授
苏州大学	王宜怀	教授
	陈建明	副教授
江苏大学	鲍可进	教授
中国矿业大学	张　艳	教授
武汉大学	何炎祥	教授
华中科技大学	刘乐善	教授
中南财经政法大学	刘腾红	教授
华中师范大学	叶俊民	教授
	郑世珏	教授
	陈　利	教授
江汉大学	颜　彬	教授
国防科技大学	赵克佳	教授
	邹北骥	教授
中南大学	刘卫国	教授
湖南大学	林亚平	教授
西安交通大学	沈钧毅	教授
	齐　勇	教授
长安大学	巨永锋	教授
哈尔滨工业大学	郭茂祖	教授
吉林大学	徐一平	教授
	毕　强	教授
山东大学	孟祥旭	教授
	郝兴伟	教授
中山大学	潘小轰	教授
厦门大学	冯少荣	教授
厦门大学嘉庚学院	张思民	教授
云南大学	刘惟一	教授
电子科技大学	刘乃琦	教授
	罗　蕾	教授
成都理工大学	蔡　淮	教授
	于　春	副教授
西南交通大学	曾华燊	教授

出 版 说 明

随着我国改革开放的进一步深化,高等教育也得到了快速发展,各地高校紧密结合地方经济建设发展需要,科学运用市场调节机制,加大了使用信息科学等现代科学技术提升、改造传统学科专业的投入力度,通过教育改革合理调整和配置了教育资源,优化了传统学科专业,积极为地方经济建设输送人才,为我国经济社会的快速、健康和可持续发展以及高等教育自身的改革发展做出了巨大贡献。但是,高等教育质量还需要进一步提高以适应经济社会发展的需要,不少高校的专业设置和结构不尽合理,教师队伍整体素质亟待提高,人才培养模式、教学内容和方法需要进一步转变,学生的实践能力和创新精神亟待加强。

教育部一直十分重视高等教育质量工作。2007年1月,教育部下发了《关于实施高等学校本科教学质量与教学改革工程的意见》,计划实施"高等学校本科教学质量与教学改革工程"(简称"质量工程"),通过专业结构调整、课程教材建设、实践教学改革、教学团队建设等多项内容,进一步深化高等学校教学改革,提高人才培养的能力和水平,更好地满足经济社会发展对高素质人才的需要。在贯彻和落实教育部"质量工程"的过程中,各地高校发挥师资力量强、办学经验丰富、教学资源充裕等优势,对其特色专业及特色课程(群)加以规划、整理和总结,更新教学内容、改革课程体系,建设了一大批内容新、体系新、方法新、手段新的特色课程。在此基础上,经教育部相关教学指导委员会专家的指导和建议,清华大学出版社在多个领域精选各高校的特色课程,分别规划出版系列教材,以配合"质量工程"的实施,满足各高校教学质量和教学改革的需要。

为了深入贯彻落实教育部《关于加强高等学校本科教学工作,提高教学质量的若干意见》精神,紧密配合教育部已经启动的"高等学校教学质量与教学改革工程精品课程建设工作",在有关专家、教授的倡议和有关部门的大力支持下,我们组织并成立了"清华大学出版社教材编审委员会"(以下简称"编委会"),旨在配合教育部制定精品课程教材的出版规划,讨论并实施精品课程教材的编写与出版工作。"编委会"成员皆来自全国各类高等学校教学与科研第一线的骨干教师,其中许多教师为各校相关院、系主管教学的院长或系主任。

按照教育部的要求,"编委会"一致认为,精品课程的建设工作从开始就要坚持高标准、严要求,处于一个比较高的起点上。精品课程教材应该能够反映各高校教学改革与课程建设的需要,要有特色风格、有创新性(新体系、新内容、新手段、新思路,教材的内容体系有较高的科学创新、技术创新和理念创新的含量)、先进性(对原有的学科体系有实质性的改革和发展,顺应并符合21世纪教学发展的规律,代表并引领课程发展的趋势和方向)、示范性(教材所体现的课程体系具有较广泛的辐射性和示范性)和一定的前瞻性。教材由个人申报或各校推荐(通过所在高校的"编委会"成员推荐),经"编委会"认真评审,最后由清华大学出版社审定出版。

目前,针对计算机类和电子信息类相关专业成立了两个"编委会",即"清华大学出版社计算机教材编审委员会"和"清华大学出版社电子信息教材编审委员会"。推出的特色精品教材包括:

(1) 21世纪高等学校规划教材·计算机应用——高等学校各类专业,特别是非计算机专业的计算机应用类教材。

(2) 21世纪高等学校规划教材·计算机科学与技术——高等学校计算机相关专业的教材。

(3) 21世纪高等学校规划教材·电子信息——高等学校电子信息相关专业的教材。

(4) 21世纪高等学校规划教材·软件工程——高等学校软件工程相关专业的教材。

(5) 21世纪高等学校规划教材·信息管理与信息系统。

(6) 21世纪高等学校规划教材·财经管理与应用。

(7) 21世纪高等学校规划教材·电子商务。

(8) 21世纪高等学校规划教材·物联网。

清华大学出版社经过三十多年的努力,在教材尤其是计算机和电子信息类专业教材出版方面树立了权威品牌,为我国的高等教育事业做出了重要贡献。清华版教材形成了技术准确、内容严谨的独特风格,这种风格将延续并反映在特色精品教材的建设中。

清华大学出版社教材编审委员会
联系人:魏江江
E-mail:weijj@tup.tsinghua.edu.cn

前 言

  "编译原理"是计算机及其相关专业的重要专业基础课,主要研究设计和构造编译程序的原理和方法。编译原理蕴涵着计算机学科中解决问题的思路、形式化问题和解决问题的方法,对应用软件和系统软件的设计与开发有一定的启发和指导作用,编译程序构造的原理和技术在软件工程和语言转换等许多领域中有着广泛的应用。

  本书主要面向普通本科院校,理论学时为 40～48 学时,压缩了编译课程中的理论部分,删除了实用意义不大的编译方法。以程序编译的 5 个主要阶段——词法分析、语法分析、中间代码生成、代码优化和目标代码生成为线索,重点放在设计与构造编译程序及各个组成部分的软件技术和实用方法上。通过本课程的教学,使学生建立一个较为完整的编译系统的模型,掌握各个阶段的基本算法以及常用的编译技术和方法,为今后从事系统软件和应用软件的开发打下一定的理论和实践基础。

  本书的主要特色如下。

  (1)力求将基本概念、基本原理和实现方法的思路阐述清楚,条理清晰,通俗易懂。

  (2)为便于自学,书中引入典型例题,以实例形式讲解理论,加强学生对理论的理解,并配以大量习题,以巩固所学的知识,并提供了参考答案。

  (3)为切实做到理论联系实际,便于读者更深刻地理解编译程序的实现过程,以 Sample 语言为贯穿本书各个章节的语言实例,重点介绍 Sample 语言的编译程序在各个阶段的具体实现技术和构造方法,并给出了部分程序框架。

  (4)本书注重实际应用,配套软件实现了 Sample 语言的词法分析、语法分析、语法制导的翻译,以及本书涉及的各种核心算法的实现,形象生动地展示了编译程序的分析过程,教师可将该软件用作课堂教学演示,也可用作"编译原理"课程作业的参考实例和实训内容;学生也可以通过该软件进行自学,在课后反复观看揣摩,并参考该软件中的编译程序实现方法,自己动手实现编译器中的部分内容。加 * 的章节为可选内容,请教师根据具体情况选择。

  本书在第 1 版的基础上,对很多章节进行了删改,第 2 章增加了高级语言的设计部分,以便读者在了解编译方法的基础上,从高级语言的使用者过渡到高级语言的实现者和设计者。本书的编写得到了重庆理工大学教材出版基金的资助,本书第 1 版的使用院校的教师和学生也为本书的修订提出了宝贵意见和建议,在此一并表示衷心的感谢。

编 者

2011 年 8 月

目　录

第 1 章

概述

计算机只能执行用机器语言编写的程序,用高级语言编写的程序不能直接在计算机上执行,要想执行它,需要通过相应的翻译程序将其翻译为机器语言程序。编译程序就是这样一种翻译程序,它是现代计算机系统的基本组成部分。编写编译程序所涉及的一些原理、技术和方法是计算机工作者所必须具备的基本知识,在计算机相关的各个领域中都有广泛的应用,学习它具有非常重要的意义。

本章首先介绍编译程序的基本概念及与之相关的一些工具,然后介绍编译的过程以及编译程序的结构、组成以及构造方法,最后简单介绍编译技术的发展及其应用。

1.1 程序设计语言与编译程序

除了用机器语言书写的程序可以直接在计算机上执行外,其他所有语言编写的程序都需要先翻译为机器语言程序后才能执行。本节主要介绍程序设计语言及其翻译程序、高级语言程序的执行过程,以及编译器的伙伴工具。

1.1.1 程序设计语言

计算机是处理信息的工具。针对预定的任务,首先需要告诉计算机"做什么"、"怎么做",计算机就可以自动处理,对给定的问题进行求解。为此,人们需要将有关信息告诉计算机,同时也需要计算机将计算的结果告诉人们。这样,人与计算机之间就要进行交流。正如人与人之间用语言进行交流一样,人们设计出词汇量少、语法简单、语义明确的程序设计语言(Programming Language)来实现人和计算机之间的交流。同时程序设计语言也是人与人之间的技术交流工具,在许多大型软件开发及软件维护中,程序员也需要读懂他人写的程序代码。

每当出现一种新的计算机,就随之产生一种该机器能理解并能直接执行的程序设计语言,这就是机器语言(Machine Language)。起初,人们直接用机器语言编写程序,如"将 2 放到一个存储单元"的机器代码为"C7 06 00 00 00 02"。机器语言很不直观,易出错,对硬件的依赖性大,可移植性差。用机器语言编写程序费时、乏味,开发难度大。程序员必须受过一定的训练,且熟悉计算机硬件,这在很大程度上限制了计算机的推广应用。

为了提高程序的可读性和可写性,人们将机器语言符号化,以助记符的形式表示指令和地址,这就产生了汇编语言(Assembly Language),如"将 2 放到一个存储单元"的汇编代码为"MOV X，2"。汇编语言仍然是依赖于机器的，且与人类的思维相差甚远，不易阅读和理解，程序设计的效率也很低。

为了解决这些问题，1954—1957 年 John Backus 等人参照数学语言设计了第一个描述算法的语言(即 FORTRAN 语言)，随后相继出现了许多语言，如 ALGOL 60、C 语言和Pascal 等面向过程的语言，以及后来出现的面向问题的 SQL 语言与面向对象的语言，如C++和 Java 等。

机器语言和汇编语言都是与机器有关的语言，通常称为低级语言(Low-Level Language)，其他与机器无关的程序设计语言通常称为高级语言(High-Level Language)。高级语言的出现缩短了人类思维和计算机语言之间的差距，"将 2 放到一个存储单元"用 C语言书写就是 x＝2。编写高级语言程序类似于定义数学公式或书写自然语言，与机器无关，便于理解和学习。

1.1.2 翻译程序

人类社会存在多种语言，为了相互交流，各种语言之间需要进行翻译。同样，人与计算机之间的信息交流也需要进行翻译。由于计算机只能理解机器语言，可直接执行用机器语言编写的程序，而不能直接执行用汇编语言和高级语言编写的程序，必须将其翻译成完全等价的机器语言程序才能执行。图 1.1 表示了计算机系统中语言的 3 个层次及其翻译。我们把能将一种语言(源语言，Source Language)书写的程序(源程序，Source Program)翻译成另一种语言(目标语言，Target Language)书写的程序(目标程序，Target Program)的程序统称为翻译程序(Translator)，翻译前后的程序在逻辑上是等价的。

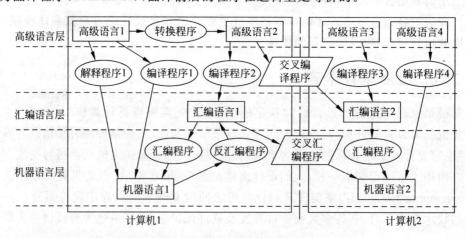

图 1.1 语言层次和转换关系

将汇编语言程序翻译为机器语言程序的程序称为汇编程序(Assembler)，又称汇编器。将高级语言(如 C 语言或 Java、Pascal 等)程序翻译为对应的低级语言(如汇编语言或机器语言)程序的程序称为编译程序(Compiler)，又称编译器。

实际上，除了高级语言程序和低级语言程序之间的翻译之外，同一种机器上的不同语言和不同种机器上的相同或不同语言书写的程序之间都可以进行翻译。高级语言之间可以相互转换，把一种高级语言程序转换为另一种高级语言程序的程序统称为转换程序

(Converter)。图中的交叉编译程序(Cross Compiler)是指能够将甲计算机上的高级语言程序翻译为乙计算机上的机器语言或汇编语言程序的程序。反汇编程序(Disassembler)是把机器语言程序逆向翻译为汇编语言程序的程序。交叉汇编程序(Cross Assembler)是把甲计算机上的汇编语言程序翻译为乙计算机上的机器语言程序的程序。

1.1.3 编译程序和解释程序

用高级语言编写程序简单方便,多数程序都可用高级语言编写,这就需要配置相应的编译程序将高级语言程序翻译为对应的低级语言程序。在一台计算机上要运行某一种高级语言程序,至少要为该语言配备一个编译程序。对有些高级语言甚至配置了几个不同性能的编译程序,以实现用户的不同需求。

根据用途和侧重点的不同,编译程序可进一步分类。专门用于帮助程序开发和调试的编译程序称为诊断编译程序(Diagnostic Compiler);着重于提高目标代码效率的编译程序称为优化编译程序(Optimizing Compiler)。运行编译程序的计算机称为宿主机(Host),运行编译程序所产生的目标代码的计算机称为目标机(Target)。如果不需要重写编译程序中与机器无关的部分就能改变目标机,则称该编译程序为可变目标编译程序(Retargetable Compiler)。

在实际使用中,高级语言除了通过编译程序将其翻译为机器语言执行外,也可以通过解释程序(Interpreter)把高级语言翻译为机器语言。解释程序是指按高级语言程序的语句执行的顺序边翻译边执行相应功能的程序,又称解释器。编译程序和解释程序的主要区别如下。

(1) 编译程序是源程序的一个转换系统,解释程序是源程序的一个执行系统。也就是说,解释器的工作结果是源程序的执行结果,而编译器的工作结果是等价于源程序的某种目标机程序。

(2) 编译程序先把全部源程序翻译为目标程序再执行,该目标程序可以反复执行;解释程序对源程序逐句地翻译执行,目标代码只能执行一次,若需重新执行,则必须重新解释源程序。编译过程类似于笔译,笔译后的结果可以反复阅读,而解释过程则类似于口译,别人说一句,就译一句,翻译的结果没有保存下来。

(3) 解释程序比编译程序更加通用。解释程序一般是用高级语言写的,能够在绝大多数类型的计算机上运行,而编译程序生产的目标代码只能在特定类型的计算机上运行。

(4) 通过编译运行,源程序和数据是在不同的时间进行处理的;通过解释运行,源程序和数据是同时处理的。图1.2是两个过程的比较。

本书重点介绍编译程序及相关原理、方法,关于解释程序不作深入探讨。许多编译程序的构造与实现技术同样适用于解释程序。

1.1.4 编译程序的伙伴

编译程序的重要性在于它使得多数计算机用户不必考虑与机器有关的烦琐细节,使程序员独立于机器硬件。除编译程序外,还需要其他一些程序相互配合才能使高级语言程序转换为能在计算机上执行的目标程序。图1.3给出了一个典型的高级语言程序的处理

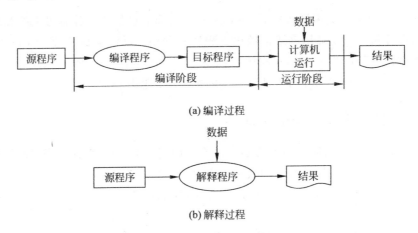

(a) 编译过程

(b) 解释过程

图 1.2   编译与解释过程对比

过程。

如果用户源程序分成多个模块并存储在不同的文件中,这就需要将源程序的各个模块汇集并连接在一起,这个任务是由预处理程序(Preprocessor)来完成的;预处理程序还要完成的主要功能包括宏定义、文件包含和语言扩充等功能。如在用户编写 C 语言程序时使用宏定义 #define max (a>b)?a:b,在预处理时由预处理程序将宏展开,凡是在源程序中遇到 max 的地方,全部用(a>b)?a:b 去代替;在 C 语言中使用文件包含 #include <stdio.h>语句,在预处理时,就用文件 stdio.h 中的内容来替换此语句。有些预处理程序还能够处理语言功能的扩充,用更先进的控制结构和数据结构来增强原来语言的功能。当源程序中使用了该结构,预处理器就把它转换为原编译器能够识别的形式加入到标准源程序中。

标准源程序由编译程序编译生成目标程序,图 1.3 中的目标程序是汇编代码,需要经过汇编程序(Assembler)将它翻译为可装配的机器代码。当然,有些编译程序不生成汇编代码,直接生成可装配的机器代码,直接传给装配连接程序。也有编译程序直接生成可执行代码的。

装配连接程序(Loader-Linker)通常又称为连接程序,或者连接装入程序,它完成连接和装入两个任务。装入是指读入可重定位的机器代码,修改需要重定位的地址,把修改后的指令和数据放在内存中适当的地方或形成可执行文件。连接是指把几个可重定位的机器代码文件连接成一个可执行的程序,这些文件可以是分别编译或汇编得到的,也可以是系统提供的库文件。

在对源程序进行处理的过程中,还有两个非常有用的工具程序:调试器(Debugger)和优化器(Optimizer)。调试器是自从计算机诞生伊始就始终伴随着程序员的一个挚友。起初的调试器都是基于硬件直接实现的,直到计算机行业有了比较大的发展之后,商业化的软件调试器才与程序员见面。调试是软件维护与错误修正的一个最重要、最直接,也是必不可少的一种机制。优化器主要是在编译过程中使程序在时间和空间方面得到最优的性能。

现在,编译程序和它的伙伴工具以及其他一些工具,如编辑

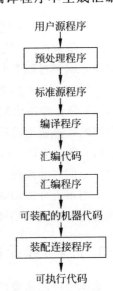

图 1.3   高级语言程序
处理过程

器,往往都集成在一个集成开发环境中。

1.2 编译过程和编译程序的结构

编译程序完成从源程序到目标程序的翻译工作,这是一个复杂的过程。整个工作过程需要分阶段完成,每个阶段完成不同的任务,各个阶段进行的操作在逻辑上是紧密相关的,每个阶段的工作都通过相应的程序来完成。编译程序就是由完成这些功能的全部程序组成的。

1.2.1 编译过程概述

为了便于研究和学习,根据各个阶段的复杂程度、理论基础和实现方法的不同,通常将编译程序的工作过程划分为词法分析、语法分析、语义分析与中间代码生成、代码优化和目标代码生成 5 个阶段(如图 1.4 所示),这是一种普遍的划分方法。

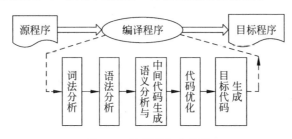

图 1.4 编译的各个阶段

下面用例 1.1 的 Pascal 程序来扼要介绍编译程序如何将其翻译为目标程序,以及源程序在各个不同阶段被转换后的表示形式及各个阶段的任务。其中源程序是文本形式,即以字符串形式存在的高级语言源程序,目标程序是以文本形式存在的汇编代码。

例 1.1 一个 Pascal 语言的源程序。

```
program test; / * this is an example,computing an area * /
  var area, length, width: integer;
  begin
    length := 5;width := 5;
    area := 5 + length * width + length * width
end.
```

1. 词法分析

词法分析的任务是:从左到右扫描输入的源程序,检查词法错误,识别出一个个单词(或称为单词符号),并输出单词的内部表示形式。

每种高级语言都规定了允许使用的字符集,如字母 A～Z、a～z,数字 0～9,以及符号＋、－、＊、/等。高级语言的单词都是由定义在该语言的字符集上的符号构成的,单词是语言中有意义的最小单位,有的单词由一个符号组成,如｜、、＊、/等;有的单词由两个或多个符号组成,如＜＝、＞＝、end 等。

在多数程序设计语言中,单词一般分为 5 类:保留字(如 begin、end、if、for、while 等)、标识符、常数、运算符(如＋、－、＊、/等)和界符(如标点符号、括号、注释符号等)。

例如,对例 1.1 所示的程序,词法分析首先去掉源程序中的空格和注释,识别出程序中出现的各个单词及其类型,如表 1.1 所示。

表 1.1　例 1.1 的程序中的单词

序号	类型	单词	内部表示	序号	类型	单词	内部表示
1	保留字	program	$program	14	标识符	area	id
2	标识符	test	id	15	运算符	:=	:=
3	界符	;	;	16	常数	5	int
4	保留字	var	$var	17	运算符	＋	＋
5	标识符	area	id	18	标识符	length	id
6	界符	,	,	19	运算符	＊	＊
7	标识符	length	id	20	标识符	width	id
8	界符	,	,	21	运算符	＋	＋
9	标识符	width	id	22	标识符	length	id
10	界符	:	:	23	运算符	＊	＊
11	保留字	integer	$integer	24	标识符	width	id
12	界符	;	;	25	保留字	end	$end
13	保留字	begin	$begin	26	界符	.	.

其次将源程序转换为单词的内部形式输出。为便于区分,用 id_1、id_2 和 id_3 来表示 area、length 和 width 三个标识符的内部形式,用 int_1、int_2 表示常数 5、3 的内部形式,则上述输入串 area := 5＋length ＊ width＋length ＊ width 经过词法分析后输出为 id_1 := int_1＋id_2 ＊ id_3 ＋id_2 ＊ id_3。

2. 语法分析

语法分析是在词法分析的基础上将单词组成各类语法短语(又称为语法单位或语法范畴,如表达式、语句、程序等),通过分析确定整个输入串是否具有语法上正确的程序结构,如果不能,则给出语法错误,并尽可能地继续检查。

语法分析依据语言的语法规则进行层次结构的分析,把 token 串按层次分组,以形成短语。语言的语法规则通常由递归规则来定义。如赋值语句和表达式可由下述递归规则来定义:

(1) 标识符 := 表达式(赋值语句的定义规则)。

(2) 任何标识符是表达式。

(3) 任何常数是表达式。

(4) 若表达式 1 和表达式 2 都是表达式,则表达式 1＋表达式 2、表达式 1 ＊ 表达式 2 都是表达式,即表达式的运算也是表达式。

这里规则(2)和(3)是非递归的基本规则,规则(4)是把运算符＋和 ＊ 作用于其他表达式来定义表达式的规则。规则(1)是用表达式来定义赋值语句的规则。语法分析过程可以用一个语法树(通常也称为**分析树**)来表示。如上述输入串中的单词序列 id_1 := int_1＋ id_2 ＊

$id_3 + id_2 * id_3$ 经过语法分析后可以确定它是一个赋值语句,表示为如图 1.5 所示的语法树。

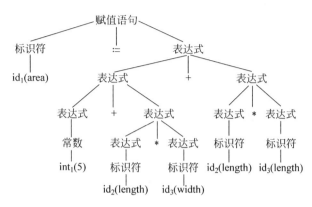

图 1.5　语句 $id_1 := int_1 + id_2 * id_3 + id_2 * id_3$ 的语法树

图 1.5 的语法树就是根据赋值语句和表达式的递归定义生成的。这种用递归规则来表示语法结构的规则称为上下文无关文法。语法分析的详细内容将在第 4 章中介绍。

3. 语义分析与中间代码生成

语义分析是对语句的含义进行分析,以保证程序各部分能够有机地结合在一起,同时为以后生成目标代码收集如类型、目标地址等必要的信息,并将这些信息填入符号表。如果语义检查没有错误,就生成一种中间表示形式(即中间代码)。

所谓中间代码(Intermediate Code),是一种含义明确、便于处理的记号系统,通常独立于具体硬件,可以看成是一种抽象机器的程序,与现有计算机的指令系统非常相似,很容易转换成特定计算机的机器指令。多数编译程序采用四元式形式的中间代码,其形式为:

(运算符,运算对象 1,运算对象 2,结果)

这种中间代码的特点是:每条四元式中只有一个运算符,使用临时变量保存运算结果。

语义分析和中间代码生成阶段的工作通常穿插在语法分析过程中完成,因而语义分析与中间代码生成程序通常由一组语义子程序组成。每当分析出一个完整的语法短语,就调用相应的语义子程序执行相应的分析和翻译任务。如当语法分析程序分析完 var area, length, width: integer 后,应把 area、length 和 width 的类型 integer 填入符号表的类型栏中;当对上述赋值语句 $id_1 := int_1 + id_2 * id_3 + id_2 * id_3$ 进行分析时,其语义处理过程是:一边读取一边检查 area、length 和 width 是否已经被定义以及类型是否一致,一边生成四元式序列,如表 1.2 所示。表中的 T_1、T_2、T_3 和 T_4 是编译期间引进的临时工作变量。

4. 代码优化

代码优化就是对产生的中间代码进行等价变换,以产生高质量的目标代码。优化的目的主要是提高运行速度,节省存储空间。优化主要有两类,一类是与机器有关的优化,主要涉及如何分配寄存器,如何选择指令,这类优化是在生成目标代码时进行的;另一类优化与机器无关,主要是对中间代码的优化,这类优化主要有局部优化、循环优化和全局优化等。

例如,对表 1.2 的中间代码,在代码优化阶段,编译程序发现两次计算 $id_2 * id_3$,且中间并没有对 id_2 和 id_3 修改过,这样就可以省掉第 2 次的计算,而直接使用第一次计算的结果。同时因为第 5 个四元式仅仅把 T_4 赋值给 id_1,也可以被简化掉。经优化后可变换为表 1.3 的四元式,仅用了 3 条四元式就完成了和表 1.2 的代码相同的功能。

表 1.2   赋值语句 $id_1 := int_1 + id_2 * id_3 + id_2 * id_3$ 的四元式

序号	四 元 式
1	(*, id_2, id_3, T_1)
2	(+, int_1, T_1, T_2)
3	(*, id_2, id_3, T_3)
4	(+, T_2, T_3, T_4)
5	(:=, T_4, _, id_1)

表 1.3   赋值语句 $id_1 := int_1 + id_2 * id_3 + id_2 * id_3$ 优化后的四元式

序号	四 元 式
1	(*, id_2, id_3, T_1)
2	(+, int_1, T_1, T_2)
3	(+, T_2, T_1, id_1)

5. 目标代码生成

目标代码生成的任务是：把中间代码(或经优化的中间代码)变换成特定机器上的低级语言代码(绝对机器代码、可重定位机器代码或汇编语言代码)。为了生成目标代码,需要对程序中使用的每个变量指定存储单元,并把每条中间代码翻译为等价的汇编语句或机器指令。这一阶段的工作依赖于机器的硬件系统结构和机器指令的含义。工作较复杂,涉及硬件系统功能部件的运用、机器指令的选择、各种数据类型变量的存储空间分配以及寄存器的分配和调度。

上述赋值语句生成的 8086 汇编指令代码为：

(1) mov AX, id_2

(2) mul AX, id_3

(3) mov BX, AX

(4) add AX, int_1

(5) add AX, BX

(6) mov id_1, AX

上述第(1)条指令将 id_2 的内容送至 AX,第(2)条指令将其与 id_3 相乘,结果放在 AX 中,由于该结果以后要使用,因此第(3)条指令将 AX 的值放到 BX 中,第(4)条指令将 AX 的值与整数 5 相加,第(5)条指令将结果再和 BX 中的值相加,第(6)条指令将结果保存到 id_1 中。这些代码实现了前面的赋值语句的功能。有关目标代码生成的详细内容将在第 8 章中介绍。

前面提到的 5 个阶段的划分是一种典型的划分方式,事实上,并非所有的编译程序都分成这 5 个阶段,有些编译程序并不生成中间代码,而是直接生成目标代码,有些编译程序不进行代码优化。

1.2.2   编译程序的结构

上一节将编译过程划分为 5 个阶段是按照编译程序的特性进行的一种动态划分,这 5

个阶段的功能可按照其任务用 5 个模块来完成,分别称为词法分析器、语法分析器、语义分析与中间代码生成器、优化器和目标代码生成器。

词法分析器(Scanner,又称扫描器):其功能是输入源程序,进行词法分析,输出单词符号。

语法分析器(Parser),其功能是对单词符号串进行语法分析,识别出各类语法短语,最终判断输入串是否构成语法上正确的程序。

语义分析与中间代码生成器,其功能是按照语义规则对语法分析器识别出的语法单位进行静态语义检查,并把它们翻译成一定形式的中间代码。

代码优化器,其功能是对生成的中间代码进行优化处理。

目标代码生成器,把中间代码翻译成目标代码。

此外,一个完整的编译程序还必须包括"出错处理"和"表格管理"两部分。

一个编译程序不仅能对书写正确的程序进行翻译,而且应对出现在源程序中的错误进行处理,向用户提供更多更准确的与错误有关的信息,以便用户查找和纠正。编译过程的每一个阶段都可能检测出错误,大多数错误在前 3 个阶段检测出来。源程序中的错误通常包括如下几种类型。

(1) 词法错误:主要是指不符合单词构成规则的错误,如非法符号、不属于任何单词首字符的字符等。

(2) 语法错误:指源程序中不符合语法(或词法)规则的错误,如算术表达式中括号不匹配、缺少运算对象、缺少";"等。

(3) 语义错误:指源程序中不符合语义规则的错误,这些错误一般在语义分析时被检测出来,如运算量的类型不相容、实参和形参不匹配等。

(4) 逻辑错误:指程序本身逻辑上有问题,如无穷的递归调用。

一个好的编译程序应能最大限度地发现源程序中的各种错误,准确地指出错误的性质和发生错误的位置,并能将错误所造成的影响限制在尽可能小的范围内,使得源程序的其余部分能继续被编译下去,以便进一步发现其他可能的错误。同时错误处理功能不应该明显影响对正确程序的处理效率。

编译程序在工作过程中需要维护一系列的表格,以登记源程序的各类信息和编译各阶段的进展情况。合理地设计和使用表格对构造编译程序非常重要。编译过程中最重要的表格是符号表,用来登记源程序中出现的每个名字以及名字的各种属性。具体内容详见第 3 章。

一个典型的编译程序的结构如图 1.6 所示。词法分析是实现编译器的基础,语法分析是实现编译器的关键,只有语法结构正确,才能进行正确的翻译。本书将按照这个顺序来讲述编译程序各个阶段涉及的基本理论、实现方法和技术。

1.2.3 编译阶段的组合

按照编译程序的执行过程和所完成的任务,有时将编译过程的各个阶段组合为编译前端(Front End)和后端(Back End)。编译前端包括词法分析、语法分析、语义分析和中间代码生成,以及部分代码优化工作,是对源程序进行分析的过程。它主要与源语言有关,与目标机器无关,主要根据源语言的定义静态分析源程序的结构,以检查是否符合语言的规定,

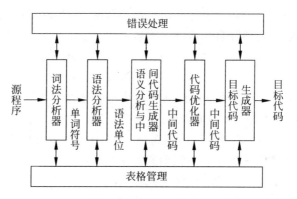

图 1.6   编译程序的结构

确定源程序所表示的对象和规定的操作,并以某种中间形式表示出来。编译后端包括部分
代码优化和目标代码生成,是对分析过程的综合,与源语言无关,依赖于中间语言和目标机,
主要是根据分析的结果构造出目标程序。编译模型可以进一步抽象成如图 1.7 所示的
模型。

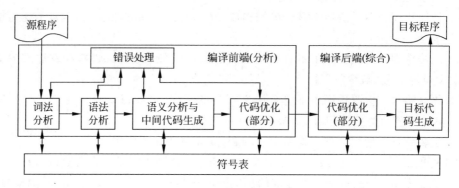

图 1.7   编译阶段的组合

这样就可以取某一编译程序的前端,配上不同的后端,构成同一源语言在不同机器上的
编译程序;用不同的前端,配上一个共同的后端,就可以为同一机器生成几种语言的编译程
序,如图 1.8 所示。如果出现一种新的语言,只要构造一个新的前端,将该前端与已存在的
后端整合,即可构成新语言在各种机器上的编译程序;对一种新的机器,只需构造一个新的
后端,与已存在的前端整合,即可构成所有语言在新机器上的编译程序。这样就大大简化了
编译程序的构造工作。

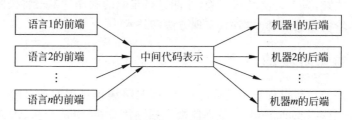

图 1.8   为 n 种语言和 m 种机器构造编译程序

如在 Java 语言环境里,为了使编译后的程序能从一个平台移植到另一个平台执行,Java 定义了一种虚拟机代码(中间代码)——Bytecode。只要实际使用的操作平台上实现了执行 Bytecode 的 Java 解释器,这个操作平台就可以执行各种 Java 程序。这就是 Java 语言的操作平台无关性。

编译的 5 个阶段和前后端都是从逻辑上划分的,在具体实现时,受不同语言、设计要求、开发环境和内存等的限制,将编译程序组织为"遍"(pass)。遍是指把对源程序或其等价的中间表示形式从头到尾扫描并完成规定任务的过程。每遍的结果存入外存中,作为下一遍的输入。如词法分析器对源程序进行扫描,生成 token 文件,并进行必要的符号登记工作;语法分析器再对 token 文件进行扫描,构造语法树,它们均可作为单独的一遍。对于多遍扫描的编译程序,第一遍的输入是用户书写的源程序,最后一遍的输出是目标语言程序。

一个阶段对应一"遍"的工作方式只是逻辑上的,每遍可以完成上述某个阶段的一部分、全部或几个阶段的工作。多遍编译程序的优点是结构清晰,层次分明,易于掌握,便于优化,便于产生高效的目标代码,也便于移植和修改。如早期 ALGOL 编译程序使用的内存为1024 字,字长 42 位,为能基本完整地翻译 ALGOL 语言的程序,采用的是一个 9 遍的编译程序,IBM 360 的 FORTRAN Ⅳ 编译程序是一个 4 遍编译程序,第一遍完成词法和语法分析工作,第二遍完成对共用语句和等价语句的加工、四元式的生成以及存储分配等工作,第三遍完成代码优化工作,第四遍完成目标代码生成工作。

一遍扫描的编译程序的优点是可避免重复性工作,编译速度快;缺点是当发生语法和语义错误时,前面所做的工作全部作废,算法不清晰,不便于分工及优化。如果要产生的是不需要优化处理而且是某种虚拟机上的目标代码,则这种方法是完全可行的。实际上,Pascal 的 P-编译器就是这样的编译器,它产生栈式虚拟机上的目标代码。据估计,50%~70%的实际 Pascal 编译器都源自 P-编译器。详细信息请阅读相应的参考文献。

在实际编写编译器时往往是把若干阶段的工作结合起来,对应一"遍",从而减少对源程序或其中间结果的扫描遍数。编译的 5 个阶段如何组合,即究竟分成几"遍",参考的因素主要是源语言和目标机器的特征。本书讲述 4 遍编译程序的实现。第一遍完成词法分析,第二遍完成语法分析和语义处理,生成中间代码,第三遍完成代码优化,第四遍完成目标代码生成。

1.3 编译程序的设计

编译程序本身也是一个程序,那么怎样实现它呢?本节首先介绍一般编译程序的生成方式,然后介绍 Sample 语言编译程序的实现方式和本书的结构。

1.3.1 编译程序的构造方式

要在一台机器上为某种语言构造一个编译程序,必须从下述 3 方面入手。

(1) 源语言:是编译程序处理的对象。对被编译的源语言要深刻理解其结构和含义,即该语言的词法、语法和语义规则,以及有关的约束和特点。

（2）目标语言与目标机：是编译程序处理的结果和运行环境。目标语言是汇编语言或机器语言，必须对硬件系统结构、操作系统的功能、指令系统等很清楚。

（3）编译方法与工具：是生成编译程序的关键。必须准确掌握把用一种语言编写的程序翻译为用另一种语言书写的程序的方法之一。同时应考虑所使用的方法与既定的源语言和目标语言是否相符合，构造是否方便，时间、空间是否高效，以及实现的可能性和代价等诸多因素，并尽可能考虑使用先进、方便的生成工具。

从理论上讲，基本上可以用任意语言来实现一个编译程序。早期人们用机器语言或汇编语言手工编写。为了充分发挥硬件资源的效率，满足各种不同的要求，许多人目前仍然采用低级语言编写。但由于编译器本身是一个十分复杂的系统，用低级语言编写效率较低，现在越来越多的人使用高级语言来编写，这样可以节省大量的程序设计时间，且使程序易读、易于修改和移植。为了进一步提高开发效率和质量，可以使用一些自动生成工具来支持编译器的某些部分的自动生成，如词法分析生成器 LEX 和语法分析生成器 YACC 等。

概括起来，生成编译程序的方法有下列 5 种。

（1）直接用机器语言或汇编语言编写：早期的编译程序直接用机器语言或汇编语言编写，现在考虑到效率问题，多数编译程序的核心部分仍然用汇编语言编写。

（2）用高级语言编写编译程序：这是目前普遍采用的方法。

（3）自编译（自扩展）方式：先对语言的核心部分构造一个小小的编译程序（可以用低级语言来实现），再以它为工具构造一个能够编译更多语言成分的较大的编译程序，如此扩展下去，形成人们所期望的整个编译程序。

（4）用编译工具自动生成部分程序：如用 LEX（词法分析程序的自动生成器）生成词法分析程序，用 YACC（基于 LALR 分析方法的语法分析自动生成器）生成语法分析程序。

（5）移植：同种语言的编译程序在不同类型的机器之间移植。

用高级语言编写编译程序当然离不开高级语言的程序开发环境。目前常用的高级语言集成开发环境有 Basic 开发环境 Visual Basic、C 语言和 C++ 开发环境 Visual C++、C♯ 开发环境 Visual C♯，以及 Java 的开发环境等。

1.3.2   Sample 语言编译程序的设计

学习编译原理最好的方法就是亲自编写并调试一个小型的编译程序。本书各章除了理论知识的讲解外，将逐步介绍自定义的 Sample 语言的编译程序的实现。编译程序是一个复杂的大型软件，其开发过程必须遵循软件工程的原则和方法，本书介绍用自顶向下、逐步求精的方法来设计 Sample 语言的编译程序，图 1.9 是 Sample 语言编译程序的框架，由 4 个模块组成：词法分析模块、语法语义分析模块、代码优化模块和目标代码生成模块，分别完成编译程序中的词法分析、语法和语义分析，生成中间代码、中间代码优化、目标代码生成阶段的功能，每一部分可以单独作为一个程序调试运行，最后由一个总控程序来调用。为适应教和学的需要，每一部分对应于一遍，以方便程序编写和调试，每一遍的结果保存在磁盘文件上，作为下一遍的输入。

本书第 2 章主要介绍高级语言设计基础，给出 Sample 语言的定义。第 3 章主要讲述词法分析的基本原理和方法，介绍 Sample 语言的词法分析程序的设计，生成 token 文件和符

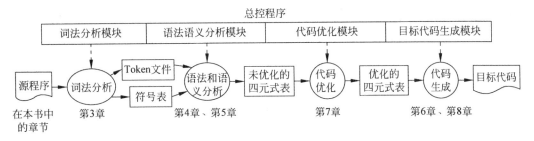

图 1.9　Sample 语言编译程序的框架及所涉及的章节

号表。第 4 章和第 5 章主要讲述语法分析和语义分析的基本原理和方法,介绍 Sample 语言
的语法和语义分析程序的设计,生成四元式形式的中间代码。第 6 章主要介绍程序运行时
存储空间的组织。第 7 章主要介绍中间代码优化的基本方法,并介绍 Sample 语言中间代码
优化程序的设计,生成优化后的中间代码(四元式)。第 8 章主要介绍目标代码生成的方法,
以及 Sample 语言的目标代码生成器的设计。为便于读者掌握本书的脉络,各章与编译程序
的对应关系已在图 1.9 中标识出来。

1.4　编译程序的发展及应用

　　编译程序是随着高级语言的发展而发展起来的,经过 50 多年的发展,现已形成了系统
的理论和方法,开发出了一些自动生成编译程序的工具。因此学习编译程序及相关技术对
于熟练掌握高级语言及相关计算机技术有很重要的作用,而且设计开发编译程序的软件技
术和理论除了用于实现编译程序外,同样可以用于其他软件的设计开发,如主要用于一些语
言处理工具的实现。

1.4.1　编译程序的发展

　　编译程序最早出现在 20 世纪 50 年代早期,IBM 的 John Backus 带领一个小组开发了
FORTRAN 语言,编写 FORTRAN 语言的编译器共用了 18 人年。与此同时 Noam
Chomsky 开始了自然语言的研究,Chomsky 的研究导致了根据语言文法(Grammar)的难易
程度以及识别它们所需的算法来对语言分类。

　　接着人们花费了很大的工夫来研究编译器的自动构造,出现了词法和语法分析的自动
生成工具 LEX 与 YACC。在 20 世纪 70 年代后期和 80 年代早期,大量的项目都关注于编
译器其他部分的生成自动化,其中就包括代码生成自动化。

　　目前,编译器的发展与复杂的程序设计语言的发展结合在一起,如用于函数语言编译的
Hindley-Milner 类型检查的统一算法。编译器也已成为基于窗口的交互开发环境(IDE)的
一部分。随着多处理机和并行技术、并行语言的发展,将串行程序转换成并行程序的自动并
行编译技术正在深入研究之中。另外随着嵌入式应用的迅速增长,推动了交叉编译技术的
发展。对系统芯片设计方法和关键 EDA 技术的研究也带动了 VHDL 等专用语言及其编译
技术的不断深化。

1.4.2　为什么要学习编译原理及其构造技术

（1）懂得编译原理有助于深刻理解和正确使用程序设计语言。

在没有学习编译原理之前，读者在编写、开发程序过程中对遇到的许多问题往往是知其然而不知其所以然。例如，为什么有些语言(如 Pascal)的变量在使用前一定要先声明，而另外一些语言就可以不声明。又如，在编译过程中常常会出现这样的情况：程序中被指示语法出错的地方实际上并没有错，而真正出错的地方却又没有被指示出来。凡此种种，通过学习编译原理可以得到解决，它有助于读者深刻理解和正确使用程序设计语言。

（2）学习编译原理有助于加深对整个计算机系统的理解。

在代码生成中，编译程序的内容涉及计算机内部的组织结构和指令系统，涉及计算机的动态存储管理；一些标准输入、输出过程的实现还涉及操作系统。因此，编译程序把计算机结构、指令系统、操作系统及计算机语言等各方面知识融会贯通。通过编译程序的学习使读者能加深对整个计算机系统的理解。

Pascal 语言的创始人、世界著名计算机科学家 N. Wirth 教授曾说："要想熟练地为一些只具有简单命令语言的计算机开发建立起各种系统，如过程控制、数据处理、通信以及操作系统等，掌握编译内容是必要的前提。"

（3）设计开发编译程序的软件技术同样可以用于其他软件的设计开发。

本书内容贯穿以软件工程提倡的"自顶向下"、"逐步求精"的结构化程序设计思想，即对于整体复杂的问题，把它分解为一个个相对简单的问题。这样不仅比较容易使整体复杂的问题得以解决，而且能较好地保证开发出来的程序的正确性、可靠性和可维护性。这些技术同样可用于其他软件的设计开发。

（4）编译技术的地位变得越来越重要。

随着微处理器技术的飞速发展，处理器性能在很大程度上取决于编译器的质量；编译技术成为计算机的核心技术，地位变得越来越重要。

因此，编译技术是计算机专业学生的一门重要的专业基础课程。学生通过课堂听讲、课后练习、上机实验以及课程设计，能掌握最基本的形式语言理论、编译原理和编译程序的设计开发方法和技能。它们同样可用于其他软件的设计开发。这为学生今后走入社会去承担有一定规模和复杂度的实际软件课题打下了一定的基础。

1.4.3　编译技术的应用

为了提高软件开发效率、保证质量，在软件工程中除了遵循软件开发过程的规范或标准外，还应尽量使用先进的软件开发技术和相应的软件工具。而大部分软件工具的开发常常要用到编译技术和方法，实际上编译程序本身也是一种软件开发工具。为了提高编程效率，缩短调试时间，软件工作人员研制了不少对源程序进行处理的工具，这些工具的开发不同程度地用到了编译程序各个部分的技术和方法。下面是常用的软件工具。

（1）语言的结构化编辑器

结构化编辑器不仅具有通常的正文编辑器的正文编辑和修改功能，而且能像编译程序那样对源程序正文进行分析，把恰当的层次结构加在程序上。如它能够检查用户的输入是否正确,能够自动提供关键字,能够检查 if…then、左右括号是否匹配等。这类产品有Turbo-Edit、editplus 和 Ultraedit 等。

（2）程序的格式化工具

程序格式化工具读入源程序,并对源程序的层次结构进行分析,根据分析结果对源程序中的语句进行排版,使程序变得清晰可读。如语句的层次结构可以用缩排方式表示出来;注释可以用专门的字形、颜色来表示。

（3）语言程序的调试工具

结构化编辑器只能解决语法错误的问题,而对一个已通过编译的程序来说,需进一步了解的是程序执行的结果与编程人员的意图是否一致、程序的执行是否实现了预期的算法和功能。对算法错误或程序不能反映算法的功能的检查就需要调试工具来完成。调试功能越强,实现就越复杂,它主要涉及源程序的语法分析和语义处理技术。

（4）语言程序的测试工具

软件测试是保证软件质量、提高软件可靠性的途径。测试工具有两种:静态分析器和动态测试器。静态分析器对源程序进行静态分析,它对源程序进行语法分析并制定相应表格,检查变量定值与引用关系,如检查某变量未被赋值就被引用,或定值后未被引用,或多余的源代码等一些编译程序的语法分析发现不了的错误。动态测试工具是在源程序的适当位置插入某些信息,并通过测试用例记录程序运行时的实际路径,将运行结果与期望的结果进行比较分析,帮助编程人员查找问题。这种测试工具在国内已有开发,如 FORTRAN 和 C语言的测试工具。

（5）程序理解工具

程序理解工具对源程序进行分析,确定各模块之间的调用关系,记录程序数据的静态属性和结构属性,并画出控制流程图,帮助用户理解程序,这对程序的维护、阅读已有的程序有很大的帮助。

（6）高级语言之间的转换工具

由于计算机硬件的不断更新换代,更新更好的程序设计语言的推出为提高计算机的使用效率提供了良好的条件。然而一些已有的非常成熟的软件如何在新机器、新语言的情况下使用呢? 为了减少重新编制程序所耗费的人力和时间,就需要解决如何把一种高级语言程序转换成另一种高级语言程序,乃至汇编语言程序如何转换成高级语言程序的问题。这种转换工作要对被转换的语言进行词法和语法分析,只不过生成的目标语言是另一种高级语言而已。这比实现一个完整的高级语言编译程序工作量要少些。目前已有成熟的转换系统。

（7）交叉编译程序

随着嵌入式技术的发展和广泛应用,嵌入式软件开发环境所涉及的关键技术是多目标交叉编译和调试工具。这些工具希望在宿主机上为源语言交叉编译生成多个目标机上的目标程序,并能对目标机上运行的程序进行调试,如 UNIX 上的交叉编译工具 GCC。

另外,有些看来似乎与编译程序无关的地方也使用编译技术。如 SQL 的查询解释器,它将包含有关系和布尔运算符的谓词翻译为指令,以搜索数据库中满足该谓词的记录。另外,搜索引擎的分词功能和自动翻译工具也用到编译原理及其实现技术。

因此,编译原理和技术不仅是编译程序的开发者或维护者所必须掌握的,也是一切从事软件开发和研究的计算机工作者所必须具有的专业知识。

1.5 小结

本章主要讲述了编译程序的有关概念、编译程序的结构及实现方法。重点应掌握什么是编译程序,编译程序工作的基本过程及其各阶段的基本任务,熟悉编译程序的总体框架,了解编译程序的生成过程、构造工具及其相关的技术及应用。

1.6 习题

1. 解释下列术语。

   翻译程序,编译程序,解释程序,源程序,目标程序,遍,前端,后端

2. 高级语言程序有哪两种执行方式?其特点是什么?阐述其主要异同点。

3. 编译过程可分为哪些阶段?各个阶段的主要任务是什么?

4. 编译程序有哪些主要构成成分?各自的主要功能是什么?

5. 编译程序的构造需要掌握哪些原理和技术?

6. 编译程序构造工具的作用是什么?

7. 编译技术可应用在哪些领域?

第2章
高级语言设计基础

要构造和学习编译程序,理解高级语言的语法结构及其定义方法是很重要的。高级语言的语法结构都是通过文法进行描述的。本章首先引入形式语言的基本概念,然后介绍文法和语言的定义以及高级语言的语法结构的设计,并给出本书中使用的 Sample 语言的语法定义,为后面各章的学习打下基础。

2.1 符号和符号串

一个高级语言程序能够使用的全体字符构成的集合称为字母表,通常用 Σ 表示,是一个有穷非空集合,其中的每个元素称为一个符号。不同语言有不同的字母表,如二进制字母表是集合 $\{0,1\}$,C 语言的字母表是由英文字母、数字和一些符号构成的集合。0 和 1 是二进制字母表中的符号,英文字母和数字是 C 语言的字母表中的符号。

字母表上的符号串是指由该字母表中的符号构成的有穷序列,又称为字,如 00110 是字母表 $\{0,1\}$ 上的一个符号串,str_1 是 C 语言字母表上的一个符号串。不包含任何符号的序列称为空字,记为 ε。若集合 U 中的所有元素都是字母表 Σ 上的符号串,则称 U 为 Σ 上的符号串集合。

设 U、V、W 是字母表 Σ 上的符号串集合,下面是几个与字母表和符号串有关的运算。

(1) 符号串 s 的长度:是指出现在 s 中符号的个数,往往记作 $|s|$。例如,00110 是长度为 5 的串,空字的长度为 0。

(2) 两个符号串的连接:如果 α 和 β 都是符号串,那么 α 和 β 的连接是把 β 加到 α 后面形成的符号串,写成 $\alpha\beta$。如 α、β 分别表示符号串 01 和 110,则 $\alpha\beta$ 表示符号串 01110,$\beta\alpha$ 表示符号串 11001。一般而言,$\alpha\beta \neq \beta\alpha$。空字是连接运算的恒等元素,即 $s\varepsilon=\varepsilon s=s$。

(3) 集合 U 与 V 的乘积:表示为 UV,即

$$UV = \{\alpha\beta \mid \alpha \in U \,\&\, \beta \in V\}$$

即集合 UV 是由 U 中的任一符号串与 V 中的任一符号串连接构成的符号串的集合。注意,一般而言,$UV \neq VU$,但 $(UV)W=U(VW)$。

(4) 集合 V 的 n 次方幂:是指 V 自身的 n 次乘积,记为

$$V^n = \underbrace{VVV \cdots V}_{n}$$

规定 $V^0 = \{\varepsilon\}$。

（5）Σ 的闭包和正闭包：根据方幂的定义，设 Σ 的闭包表示为 Σ^*，有

$$\Sigma^* = \Sigma^0 \cup \Sigma^1 \cup \Sigma^2 \cup \Sigma^3 \cup \cdots$$

Σ^* 表示 Σ 上的所有符号串的全体，空字也包含在其中。Σ 的正闭包表示为 Σ^+，且有 $\Sigma^+ = \Sigma\Sigma^*$。

例如，若 $\Sigma = \{a,b\}$，则 $\Sigma^* = \{\varepsilon, a, b, aa, ab, ba, bb, aaa, \cdots\}$，表示字母表 Σ 上所有符号串的集合，$\Sigma^+ = \{a, b, aa, bb,\ aaa, aab, \cdots\}$。

Φ 表示不含任何元素的空集 $\{\}$。这里要注意 ε、$\{\}$ 和 $\{\varepsilon\}$ 的区别。

Σ^* 中的任意一个按一定规则构成的子集称为 Σ 上的一个（形式）语言，属于该语言的符号串称为该语言的句子。

例 2.1 令 $L = \{A, B, \cdots, Z, a, b, \cdots, z\}$，表示 L 是由大、小写字母组成的字母表，$D = \{0, 1, \cdots, 9\}$，表示 D 是由 10 个数字组成的字母表。由于单个符号可以看成是长度为 1 的符号串，所以 L 和 D 可以分别看成是有穷的语言集。下面是用集合的运算作用于 L 和 D 所得到的 6 种新语言。

（1）$L \cup D$ 是字母和数字的集合。

（2）LD 是所有一个字母后随一个数字的符号串的集合。

（3）L^6 是由 6 个字母构成的符号串的集合。

（4）L^* 是所有字母串（包括 ε）的集合。

（5）$L(L \cup D)^*$ 是以字母开头的所有字母数字串的集合。

（6）D^+ 是不含空串的数字串的集合。

从这个例子可以看出，从基本集合出发，可以利用集合的运算定义新的语言。

那么如何形式化地描述一种语言，以便更有利于计算机的处理呢？显然，如果语言是有穷的（只含有有穷多个句子），可以将句子逐一列出来表示；但是如果语言是无穷的，就不可能将语言中的句子逐一列出来，这就必须寻求语言的有穷表示。语言的有穷表示有两种方法。

（1）用产生的观点来表示语言。这种方法为该语言定义一组规则，得到语言的方式是利用这些规则来产生语言中的每个句子。

（2）用识别的观点表示语言。其思想是用一个算法（称为自动机）来判断某个给定的符号串是否在某语言中：其行为相当于一个过程，当输入的符号串属于某语言时，该过程经有限次计算后就会停止并回答"是"；若这个符号串不属于该语言，该过程要么能停止并回答"不是"，要么永远继续下去。

本章先从产生的观点来描述语言，即用一组有穷的规则来形式化地表示语言的语法结构，这就是文法。

2.2 文法与语言

对于高级程序设计语言及其编译程序而言，语言的语法结构的定义非常重要。程序设计语言的语法结构的形式化描述称为文法，主要用于语言的设计和编译。因此本节主要介

绍语法结构的形式化描述：文法、语法树、文法的分类以及文法的二义性问题。

2.2.1 文法的定义

文法(Grammar)是描述语言的语法结构的形式规则(即语法规则)，这些规则必须准确而且可理解。文法是从产生语言中的句子的观点来描述语言的，也就是说语言中的每个句子都可以用严格定义的规则来产生。

下面以自然语言为例，用语法规则来分析句子，从而得出文法的形式化定义。

例 2.2 有如下规则

```
<句子>→<主语><谓语>
<主语>→<代词>|<名词>
<代词>→我
<名词>→大学生
<谓语>→<动词><直接宾语>
<动词>→是
<直接宾语>→<代词>|<名词>
```

其中，"→"表示"由…组成"或"定义为"；"＜句子＞"表示该应用规则的开始。"|"表示"或"，具有相同左部的几个规则可以用"|"写在一起。

现在根据如上 9 条规则可以得到句子：我是大学生。分析过程是：

```
<句子>⇒<主语><谓语>
      ⇒<代词><谓语>
      ⇒我<谓语>
      ⇒我<动词><直接宾语>
      ⇒我是<直接宾语>
      ⇒我是<名词>
      ⇒我是大学生
```

这说明，从<句子>出发，反复使用上述规则中"→"右边的成分替换左边的成分，产生"我是大学生"这样一个句子，从而说明这是一个语法上正确的句子。

上述自然语言的定义就是一个文法。根据上述实例可以抽象出如下一些概念。

(1) 非终结符号(Nonterminator)：在上述规则中用尖括号括起来的那些符号，它们各自代表一个语法成分，表示一类具有某种性质的语法范畴。可以从它们推出其他句子成分，不出现在最后的句子中，如上例中的<句子>、<主语>等。在程序设计语言中的非终结符有"算术表达式"、"赋值语句"等。用 V_N 表示非终结符的集合。

(2) 终结符号(Terminator)：出现在句子中的符号称为终结符，它是一个语言不可再分的基本单位，如上例中不带尖括号的符号"我"、"是"、"大学生"。在程序设计语言中终结符就是指单词符号，如关键字、标识符和界符等。用 V_T 表示终结符的集合。

其中，$V=V_N \cup V_T$，构成文法 G 的字母表，$V_N \cap V_T = \Phi$。

(3) 产生式(Production)：按一定格式书写的、用于定义语法范畴的规则，又称为规则或生成式，说明了终结符和非终结符组合成符号串的方式，形如 $\alpha \rightarrow \beta$ 或 $\alpha ::= \beta$，称 α 为左部，$\alpha \in V^+$，α 至少包含一个非终结符，β 为右部，$\beta \in V^*$。如上例中"＜句子＞→＜主语＞

＜谓语＞"是一个产生式。用 P 表示产生式的集合,如上例中有 9 个产生式。

（4）开始符号(Starter)：是一个特殊的非终结符,至少在一个产生式的左部出现一次。用 S 表示,代表该文法定义的语言最终要得到的语法范畴,如例 2.2 中的＜句子＞。在程序设计语言中,开始符号就是"程序",文法定义的其他语法范畴都为此服务。

由此,文法 G 是一个四元组, $G = (V_N, V_T, P, S)$, V_N 是非终结符集, V_T 是终结符集, S 是开始符号, P 是产生式集合。

对例 2.2 的文法可表示为： $G = (V_N, V_T, P, ＜句子＞)$,其中 $V_N = \{＜句子＞, ＜主语＞, ＜谓语＞, ＜直接宾语＞, ＜代词＞, ＜动词＞, ＜名词＞\}$, $V_T = \{我, 是, 大学生\}$, P 就是例 2.2 中给出的 9 条规则。

例 2.3   某语言中标识符定义的文法为：

文法 $G = (V_N, V_T, P, S)$

其中, $V_N = \{标识符, 字母, 数字\}$ $V_T = \{a, b, c, \cdots, y, z, 0, 1, \cdots, 9\}$

```
P = {<标识符>→<字母>
     <标识符>→<标识符><字母>
     <标识符>→<标识符><数字>
     <字母>→a
     <字母>→b
         ⋮
     <字母>→z
     <数字>→0
         ⋮
     <数字>→9
     }
S = <标识符>
```

有时不用将文法 G 的四元组显式地表示出来,而只将产生式写出。在书写产生式时一般有下列约定：第一条产生式的左部是开始符号；在产生式中,用大写字母表示非终结符,小写字母表示终结符,用小写希腊字母(如 α、β 和 γ)代表文法的符号串；如果 S 是文法 G 的开始符号,也可以将文法 G 写成 $G[S]$。有时为书写简洁,常把相同左部的多个产生式进行缩写,如：

元符号"|"读做"或",其中每个 α_i 是 A 的一个候选式。

例 2.4   下面是一个文法的几种等价写法。

(1) $G = (\{S, A\}, \{a, b\}, P, S)$

其中 P： $S \to aAb$

$A \to ab$

$A \to aAb$

$A \to \varepsilon$

(2) G：$S{\rightarrow}aAb$

　　　$A{\rightarrow}ab$

　　　$A{\rightarrow}aAb$

　　　$A{\rightarrow}\varepsilon$

(3) $G[S]$：$A{\rightarrow}ab$

　　　　$A{\rightarrow}aAb$

　　　　$A{\rightarrow}\varepsilon$

　　　　$S{\rightarrow}aAb$

(4) $G[S]$：$A{\rightarrow}ab|aAb|\varepsilon$

　　　　$S{\rightarrow}aAb$

例 2.5　设某语言中算术表达式的语法定义为：

> 表达式 ＋ 表达式是表达式
>
> 表达式 ＊ 表达式是表达式
>
> （表达式）是表达式
>
> 变量是表达式

如果用 E 表示表达式，i 表示变量，则表达式的文法可以表示为：

> $E{\rightarrow}E + E$
>
> $E{\rightarrow}E * E$
>
> $E{\rightarrow}(E)$
>
> $E{\rightarrow}i$

简写为：

$$E{\rightarrow}E+E \mid E*E \mid (E) \mid i \tag{G2.1}$$

2.2.2　文法产生的语言

1. 推导和归约

在例 2.2 中，得到"我是大学生"这个符号串的方法是：从文法的开始符号出发，反复连续使用所有可能的产生式，将一个符号串中的非终结符用某个产生式右部进行替换和展开，直到全部为终结符为止。这个过程就是推导。

例如，对例 2.5 的算术表达式文法(G2.1)，产生式 $E{\rightarrow}E+E$ 意味着允许用 $E+E$ 代替文法符号串中出现的任何 E，以便从简单的表达式产生更复杂的表达式。"用 $E+E$ 代替 E"这个动作可以用

$$E \Rightarrow E+E$$

来描述，读做"E 推导出 $E+E$"。

表达式$(i+i)$的推导过程是：

$$E \Rightarrow (E) \Rightarrow (E+E) \Rightarrow (i+E) \Rightarrow (i+i) \tag{2.1}$$

抽象地说，如果 $A{\rightarrow}\gamma$ 是产生式，α 和 β 是文法的任意符号串，$\alpha A\beta \Rightarrow \alpha\gamma\beta$ 称为直接推导

(Direct Derivation)，也称一步推导，用符号"$\Rightarrow$"表示"一步推导"。如果 $\alpha_1 \Rightarrow \alpha_2 \Rightarrow \cdots \Rightarrow \alpha_n$，称从 α_1 到 α_n 的整个序列为一个推导（Derivation），称 α_1 推导出 α_n。用符号 $\overset{*}{\Rightarrow}$ 表示"零步或多步推导"。于是

（1）对任何符号串有 $\alpha \overset{*}{\Rightarrow} \alpha$，并且

（2）如果 $\alpha \overset{*}{\Rightarrow} \beta, \beta \Rightarrow \gamma$，那么 $\alpha \overset{*}{\Rightarrow} \gamma$。

类似地，用符号 $\overset{+}{\Rightarrow}$ 表示"一步或多步推导"，即至少经过一步推导。若有 $v \overset{+}{\Rightarrow} w$ 或 $v = w$，则记做 $v \overset{*}{\Rightarrow} w$。于是，式(2.1)表示从 E 到(i+i)的推导过程，写做 $E \overset{*}{\Rightarrow} $(i+i)或 $E \overset{+}{\Rightarrow} $(i+i)。

这个推导过程提供了一种证明(i+i)是一个符合文法 G2.1 的表达式的一种方法。推导每前进一步，都要引用一条产生式规则。

推导的逆过程称为归约（Reduction）。如果 α_1 推导出 α_n，则称 α_n 归约为 α_1。直接推导的逆过程称为直接归约（Direct Reduction）。

在推导的每一步都有两个选择：第一是选择被替换的非终结符，第二是选择用该非终结符的哪个候选式进行替换。如果在推导过程中的某一步句型里有两个或多个非终结符，那么就需要决定下一步推导替换哪个非终结符。例如，在推导式(2.1)中，在得到句型($E + E$)后，也可以如下进行：

$$(E+E) \Rightarrow (E+i) \Rightarrow (i+i) \qquad (2.2)$$

式(2.2)在替换每个非终结符时所用产生式和式(2.1)一样，但有不同的替换次序。因此，从一个句型到另一个句型的推导过程不是唯一的。

为了理解某些分析器的工作过程，需要考虑每一步推导中非终结符的替换顺序。如果在整个推导中，每一步都是替换句型中最左边的非终结符，这样的推导称为最左推导（Leftmost Derivation）。推导式(2.1)是最左推导。类似地可以定义最右推导（Rightmost Derivation），即在推导的每一步都替换最右边的非终结符。最右推导又称为规范推导（Canonical Derivation）。推导式(2.2)是最右推导。

最左推导的逆过程是最右归约（Rightmost Reduction），最右推导的逆过程称为最左归约（Leftmost Reduction），又称规范归约（Canonical Reduction）。

例 2.6 对例 2.5 的算术表达式文法 G2.1，写出(i+i)*i 的最左推导及最右推导过程。

最左推导：$E \Rightarrow E*E \Rightarrow (E)*E \Rightarrow (E+E)*E \Rightarrow (i+E)*E \Rightarrow (i+i)*E \Rightarrow (i+i)*i$

最右推导：$E \Rightarrow E*E \Rightarrow E*i \Rightarrow (E+E)*i \Rightarrow (E+i)*i \Rightarrow (i+i)*i$

2. 句型、句子和语言

若 S 是文法 G 的开始符号，从开始符号 S 出发推导出的符号串称为文法 G 的一个句型（Sentential Form）。即 α 是文法 G 的一个句型，当且仅当存在如下推导：$S \overset{*}{\Rightarrow} \alpha, \alpha \in V^*$。如在推导式(2.1)中，$E$、($E$)、($E+E$)、($i+E$)、($i+i$)都是文法 G2.1 的句型。

若 X 是文法 G 的一个句型，且 $X \in V_T^*$，则称 X 是文法 G 的一个句子（Sentence），即仅含终结符的句型是一个句子，在推导式(2.1)中，(i+i)是文法 G2.1 的句子。

把文法 G 产生的所有句子的集合称为 G 产生的语言（Language），记为 $L(G)$，表示为：

$$L(G) = \{ X \mid S \overset{*}{\Rightarrow} X, X \in V_T^* \}$$

推导是描述文法定义语言的有用方法。如果文法 G_1 与文法 G_2 产生的语言是相同的,即 $L(G_1) = L(G_2)$,则称这两个文法是等价(Equivalent)的。在形式语言和编译理论中,文法等价是一个很重要的概念,根据这一概念,可对文法进行等价改造,以得到所需形式的文法。

例 2.7 考虑文法 $G_1 = (\{S\}, \{0\}, \{S{\rightarrow}0S, S{\rightarrow}0\}, S)$ 和

$$G_2 = (\{S\}, \{0\}, \{S{\rightarrow}S0, S{\rightarrow}0\}, S)$$

它们分别定义了什么样的语言?

对于 G_1,从开始符号向下推导,可以得到如下的句子:

$$S \Rightarrow 0$$
$$S \Rightarrow 0S \Rightarrow 00$$
$$S \Rightarrow 0S \Rightarrow 00S \Rightarrow 000$$
$$\vdots$$
$$S \Rightarrow 0S \Rightarrow 00S \Rightarrow \cdots \Rightarrow 000\cdots0$$

归纳得:从 S 出发推导出的句子是由一个或多个 0 组成的符号串,用集合形式表示为:

$$L(G_1) = \{0^n \mid n \geqslant 1\}$$

同样,对于 G_2,从开始符号向下推导,可以得到:

$$S \Rightarrow S0 \Rightarrow S00 \Rightarrow \cdots \Rightarrow 000\cdots0$$

即:

$$L(G_2) = \{0^n \mid n \geqslant 1\}$$

很显然,$G_1 \neq G_2$,但 $L(G_1) = L(G_2)$,所以文法 G_1 和 G_2 是等价的。

例 2.8 构造一个上下文无关文法 G 使得:

$$L(G) = \{a^n b^n \mid n \geqslant 1\}$$

G 中要求 a、b 的个数相同,每一次 a 的出现必然有一个 b 出现,所有 a 的出现都在 b 的前面,则文法 G 可写为:$S{\rightarrow}aSb \mid ab$。

2.2.3 文法的二义性

上面用推导的方式来考察文法定义语言的过程,但是推导不能表示句子组成部分间的结构关系。本节用语法树来观察句子的构成,表示句子的层次关系。

1. 语法树

用一棵树来表示句型的推导称为语法树(Syntactic Tree),也可称为分析树(Parse Tree)。语法树通常表示为一棵倒立的树,其根在上,枝叶在下,根结点由开始符号标记。随着推导的展开,当某个非终结符被它的候选式所替换时,这个非终结符就产生出下一代新结点,候选式中自左至右的每个符号对应一个新结点,每个新结点和其父结点之间有一条连线。语法树的叶结点由非终结符或终结符标记。在语法树生长过程中的任意时刻,所有那些没有后代的端末结点从左到右排列起来构成一个句型。如果自左至右端末节点排列起来都是终结符,那么,这棵语法树表示了一个句子的推导过程。语法树有助于理解一个句子语法结构的层次。

例如,对算术表达式文法(G2.1),表达式 $(i+i) * i$ 的最左推导的语法树(包括推导过程)如图 2.1 所示。虽然是最左推导的语法树,但在第 4 层,到底是左边的 E 先推导出 i,还

是右边的 E 先推导出 i,从语法树上反映不出来。因此对一个句子或一个句型的推导过程不止一种,一棵语法树表示了一个句型的多种不同的推导过程,包括最左推导和最右推导。所以语法树是这些不同推导过程的共性抽象,但它不能表示非终结符替换顺序的选择。如果只考虑最左推导(或最右推导),则可以消除推导过程中产生式应用顺序的不一致性。每棵语法树都有一个与之对应的唯一的最左推导和唯一的最右推导。因此可以用产生语法树的方法来代替推导。

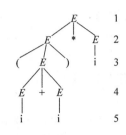

图 2.1　表达式(i+i)∗i 的
语法树

2. 二义文法

然而,对给定的一个句子不一定只对应一棵语法树,或者说,不一定只有一个最左推导或最右推导。例如,考虑算术表达式文法 G2.1,句子 i∗i+i 有如下两种不同的最左推导:

(1) $E \Rightarrow E+E \Rightarrow E*E+E \Rightarrow i*E+E \Rightarrow i*i+E \Rightarrow i*i+i$

(2) $E \Rightarrow E*E \Rightarrow i*E \Rightarrow i*E+E \Rightarrow i*i+E \Rightarrow i*i+i$

因而也有两棵不同的语法树,如图 2.2 (a)、(b)所示。这两棵语法树的不同之处在于在推导过程中以不同的顺序选用不同的产生式,这说明可以用两种不同的推导过程生成同一个句子。图 2.2(a)的语法树反映了+和 ∗ 通常的优先关系,而图 2.2(b)的语法树中+的优先级却高于 ∗ 。

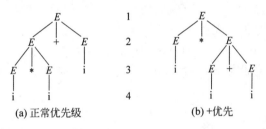

(a) 正常优先级　　　　　　(b) +优先

图 2.2　i∗i+i 的语法树

如果存在某个句型对应两棵或两棵以上的语法树,则称这个文法为二义文法(Ambiguous Grammar),也就是说,二义文法是存在某个句型有不只一个最左(最右)推导的文法。对二义文法中某些句子的分析不是唯一的,也就不能确定某个句子应该选择哪棵语法树进行分析,所以有些程序设计语言的分析器要求处理的文法是无二义的。

例 2.9　证明下述文法是二义文法。

设 if 语句 S 的文法 $G=(\{E,S\},\{if,then,else,a,e\},P,S)$,其中 P 为:

$S \to if\ E\ then\ S$	(1)
$S \to if\ E\ then\ S\ else\ S$	(2)
$S \to a$	(3)
$E \to e$	(4)

由文法有推导: $S \Rightarrow if\ E\ then\ S \Rightarrow if\ E\ then\ if\ E\ then\ S\ else\ S$

同样也有推导: $S \Rightarrow if\ E\ then\ S\ else\ S \Rightarrow if\ E\ then\ if\ E\ then\ S\ else\ S$

对于同一个句型 if E then if E then S else S,由于应用产生式的顺序不同,得到了两个不同的推导,所以该文法是二义文法。

文法的二义性并不代表语言一定是二义的。只有当产生一个语言的所有文法都是二义的,这个语言才是二义的。因为可能存在这种情况:有两个不同的文法 G 和 G',其中一个是二义的,一个是无二义的,但它们产生的语言是相同的,这种语言也不是二义的。

2.2.4 文法的分类

自从乔姆斯基(Chomsky)于 1956 年建立形式语言的描述以来,形式语言的理论发展很快。这种理论对计算机科学有着深刻的影响,特别是对程序设计语言的设计、编译方法和计算复杂性等方面有重大的作用。

乔姆斯基把文法分成 4 种类型,即 0 型、1 型、2 型和 3 型。这 4 类文法的差别在于对产生式施加不同的限制。设 $G=(V_N,V_T,P,S)$,其中 $\alpha,\beta\in(V_N\cup V_T)^*$,这 4 类文法的定义如下。

0 型文法:如上一节对文法的定义,对产生式 $\alpha\rightarrow\beta$ 只要求 α 中至少含有一个非终结符。0 型文法又称短语文法(Phrase Grammar)。0 型文法描述的语言称为 0 型语言。0 型语言是递归可枚举的;反之,递归可枚举集必定是 0 型语言。其描述能力相当于图灵机(Turing)。

1 型文法:限定 P 中的产生式 $\alpha\rightarrow\beta$ 均满足 $|\beta|\geqslant|\alpha|$,仅仅 $S\rightarrow\varepsilon$ 除外,但 S 不能出现在任何产生式的右部。1 型文法又称为上下文有关文法(Context-sensitive Grammar)。

上下文有关文法的产生式也可以描述为 $\alpha_1 A\alpha_2\rightarrow\alpha_1\beta\alpha_2$,其中 $\alpha_1,\alpha_2,\beta\in(V_N\cup V_T)^*$,$\beta\neq\varepsilon,A\in V_N$。这个定义与前面的定义等价,但它更能体现"上下文有关",只有 A 出现在 α_1 和 α_2 的上下文中,才允许用 β 取代 A。1 型文法描述的语言称为 1 型语言或上下文有关语言,1 型语言可由线性界限自动机识别。

2 型文法:限定 P 中的产生式形如 $A\rightarrow\alpha$,其中 $A\in V_N,\alpha\in(V_N\cup V_T)^*$。2 型文法又称为上下文无关文法(Context-free Grammar)。也就是说用 α 取代非终结符 A 时,与 A 所在的上下文无关。2 型文法主要用来描述高级程序设计语言的语法结构。2 型文法描述的语言称为 2 型语言或上下文无关语言,2 型语言可由下推自动机识别。

3 型文法:限定 P 中的产生式都形如 $A\rightarrow\alpha B$ 或 $A\rightarrow\alpha$,其中 $A,B\in V_N,\alpha\in V_T^*$。3 型文法又称正规文法(Regular Grammar)或右线性文法(Right Linear Grammar)。3 型文法还有一种形式,限定 P 中的每一个产生式形如 $A\rightarrow B\alpha$ 或 $A\rightarrow\alpha$,称为左线性文法(Left Linear Grammar)。3 型文法主要用来描述单词的构成。3 型文法描述的语言称为 3 型语言或正规语言(也称正规集),3 型语言可由有穷自动机识别。

例 2.10 $G=(\{S,A,B\},\{a,b\},P,S)$,其中 P 由下列产生式组成:

$$S\rightarrow aB \qquad A\rightarrow bAA$$
$$S\rightarrow bA \qquad B\rightarrow b$$
$$A\rightarrow a \qquad B\rightarrow bS$$
$$A\rightarrow aS \qquad B\rightarrow aBB$$

根据定义,G 是上下文无关文法,G 描述的语言是由相同个数的 a 和 b 所组成的符号串的集合。

例 2.11 文法 $G=(\{S,A,B\},\{0,1\},P,S)$,其中 P 由下列产生式组成:

$$S \rightarrow 0A \qquad A \rightarrow 1B$$
$$S \rightarrow 1B \qquad B \rightarrow 1B$$
$$S \rightarrow 0 \qquad B \rightarrow 1$$
$$A \rightarrow 0A \qquad B \rightarrow 0$$
$$A \rightarrow 0S$$

显然 G 是正规文法。

4 类文法的定义是对产生式逐渐增加限制的,对应的语言描述能力越来越弱,如图 2.3 所示。因此每一种正规文法都是上下文无关的,每一种上下文无关文法都是上下文有关的,而每一种上下文有关文法都是 0 型文法。正规文法的描述能力最弱,只能用于描述单词的构成;上下文无关文法的描述能力比正规文法的描述能力强,足以描述现今大多数程序设计语言的语法结构;上下文有关语言的描述能力比上下文无关语言的描述能力强。

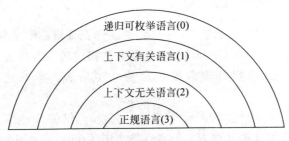

图 2.3　4 种语言的关系

在编译技术中通常使用正规文法来描述高级程序设计语言的词法部分,用有穷自动机来识别高级语言的单词;使用上下文无关文法来描述高级语言的语法结构,用下推自动机来识别高级语言的各种语法成分。因此描述一个高级语言通常使用上下文无关文法和正规文法就足够了。

2.3　高级语言的设计

一个语言涉及它的设计者、实现者和使用者,有了设计者和实现者,才可能有使用者。很多人在中学就已经使用过某种或多种程序设计语言,即已经是使用者。本书的目标是,从语言实现者的角度,在宏观上把握语言的基本结构和共同特征,让读者对语言的认识达到新的高度,从语言使用者逐步向语言设计者过渡。

2.3.1　程序语言的定义

任何语言实现的基础都是语言定义。一个程序语言是一个记号系统。如同自然语言一样,每种高级语言都由语法、语义和语用 3 个方面来定义。语法是定义程序的一组形式规则,用它可以形成和产生一个形式上正确的程序;语义也是一组规则的集合,用以定义语法正确的单词符号和语法单位的含义;语用主要是有关程序设计技术和语言成分的使用方法,它使语言的基本概念与语言的外界(如数学概念或计算机的对象和操作)联系起来。

语言的语法规则告诉我们如何构成一个程序,语义规则告诉我们这个程序的作用和意义是什么,语用则告诉我们该语言的使用方法。对于使用者来说,只需要理解语言的语用即可;对于语言的实现者来说,必须定义和理解语言的语法和语义。

1. 语法

任何语言的程序都可以看成是一定字符集上的一个字符串。一个语言的语法就是定义程序的一组形式规则,用它可以形成和产生一个形式上正确的程序。这些规则分为两部分:一部分是词法规则,一部分是语法规则。

在 C 语言中,字符串 result ∗ C+2.0 通常被看成是由标识符 result 和 C、常数 2.0、算符 ∗ 和+构成的算术表达式。其中 result、C、2.0、∗ 和+都称为语言的单词符号,而表达式 result ∗ C+2.0 称为语言的一个语法单位。

单词符号由词法规则所确定,词法规则是指单词符号的形成规则,它规定了字母表中哪些字符串可以构成正确的单词符号。单词符号是语言中具有独立意义的最小单位。

语言的语法规则规定了如何从单词符号形成更大的结构(即语法单位,如表达式和语句等),即语法规则是语法单位的形成规则。

语言的词法规则和语法规则定义了程序的形式结构,是判断输入字符串是否构成一个形式上正确的程序的依据。

2. 语义

对于一个语言来说,不仅要给出它的词法和语法规则,而且要定义它的单词符号和语法单位的意义,即语义。离开语义,语言只不过是一个字符串而已。对于编译器来说,只有了解了程序的语义,才能把它翻译成相应的目标代码。

一个程序的语义是指一组规则,用它可以定义一个程序的意义。阐明语义要比阐明语法困难得多,现在还没有一种公认的形式系统,借助它可以自动地构造出实用的编译程序。

最早是用自然语言来描述语言结构的含义,这种描述是非形式的、冗长的、易于引起二义的,但它能给出一个语言的直观梗概。语义的形式描述是计算机学科的一个重要研究领域,目前已有指称语义学、操作语义学、代数语义学和公理语义学等多种描述方法。

本书在第 5 章将介绍目前大多数编译程序普遍采用的一种方法,即基于属性文法的语法制导的翻译方法,它是一个比较接近形式化的表示方法。

3. 程序的本质

所谓程序,实质上就是在数据的某些特定的表示方式和结构的基础上对抽象算法的具体描述。Pascal 语言的发明者沃斯(N. Wirth)在 1976 年就以"算法+数据结构=程序"精辟地阐释了程序的本质。程序设计语言必须以描述算法和数据结构作为其自身的主要结构。纵观现有的高级语言,通常都是以数据类型来描述数据结构,以控制结构来描述算法。因此设计一个高级语言的主要工作就是设计数据类型和控制结构。我们将在 2.3.3 节和 2.3.4 节分别介绍语言的数据类型和控制结构。

2.3.2 冯·诺依曼体系结构与高级语言

本书所描述的高级语言又称第三代语言,其设计基础与冯·诺依曼体系结构有关。高级语言程序按语句顺序执行,因此又称面向语句的语言。通常每条语句对应机器的一组命令,用它编写的程序实际上是描述对问题求解的计算过程,又称过程式语言。

现在的计算机模型是由数学家冯·诺依曼提出来的,大多数计算机都采用这一模型,其体系结构对高级语言的实现有很大的影响。冯·诺依曼机的概念基于以下思想:一个存储器(用来存放指令和数据)、一个控制器和一个运算器(控制器负责从存储器中逐条取出指令,运算器通过算术或逻辑操作来处理数据),最后的处理结果必须送回存储器中。这些特点可以归纳为以下 4 个方面。

(1) 数据和指令均以二进制形式存储(它们在外形上没有什么区别,但每位二进制数有不同的含义)。

(2) 程序以"存储程序"的方式工作(即事先编写好程序,执行之前先将程序存放到存储器某个可知的地方)。

(3) 程序顺序执行(但可强制改变执行顺序)。

(4) 存储器的内容可以被修改(一旦放入新的数据,则该单元原来的数据立即消失,且被新数据代替)。

该体系结构体现在高级语言的下述 3 大特性上。

(1) 变量:存储器由大量存储单元组成,数据就存放在这些单元中,汇编语言通过对存储单元的命名来访问数据。在高级语言中,存储单元及其名称由变量的概念来代替,变量代表一个(或一组)已命名的存储单元,存储单元可存放变量的值。

(2) 赋值:使用存储单元概念的另一个结果是每个计算结果都必须存储,即将其赋值到某个存储单元,从而改变该单元的值。

(3) 重复:指令存储在有限的存储器中,按顺序执行。若要完成复杂的计算,有效的方式就是重复执行某些指令序列。

一个程序往往要涉及若干实体,如变量、语句和子程序等。实体具有某些特性,这些特性称为实体的属性。变量的属性有名字、类型和保留其值的存储区等,语句的属性是与之相关的一系列动作,子程序的属性有名字、形参个数和类型、参数传递方式的约定等。在处理实体之前,必须将实体与相关的属性联系起来,这个联系的过程称为绑定(Binding),每个实体的绑定信息存储在特定的表格中。把实体与它的某个属性联系起来的时刻称为绑定时间。一旦绑定,这种关系就一直存在,直到对这一实体的另一次绑定。若一个绑定在运行之前(即编译时)完成,且在运行时不会改变,则称为静态绑定(Static Binding)。如一个绑定在运行时完成(此后可能在运行过程中被改变),则称为动态绑定(Dynamic Binding)。变量是高级语言中最重要的概念之一,它是一个抽象概念,是对存储单元的抽象。冯·诺依曼机基于存储单元组成的主存储器概念,其每个存储单元都用地址来标识,可以对它进行读或写操作,写操作就是指修改存储单元的值。赋值语句就是对修改存储单元内容的抽象。

变量用名字来标识,此外它还有 4 个属性:作用域、生存期、值和类型。

变量的作用域是指可访问该变量的程序范围。在作用域内,变量是可控制的。变量可静态或动态地绑定于某个程序范围内。变量在作用域内是可见的,在作用域外是不可见的。

变量的生存期是指一个存储区绑定于变量的时间区间,这个存储区用来保存变量的值。通常使用"数据对象"来同时表示存储区和它所保存的值。变量获得存储区的活动称为分配(Allocation)。某些语言可以在运行前进行静态分配(如 FORTRAN),某些语言可以在运行时进行动态分配(如 C 语言和 C++)。

当变量绑定于某个存储区时,该存储区中每个存储单元的内容是以二进制编码方式表示的变量值,并绑定于变量。编码表示按变量所绑定的类型进行解释。变量的值在程序运行时可以通过赋值操作来修改,因此变量和它值的绑定是动态的。

变量的类型可以看出与变量相关联的值的类型,以及对这些值进行的操作(如整数加、浮点数加、读写等)的说明。类型也可用来解释变量绑定的存储区的内容的意义。

2.3.3　数据类型

程序设计语言的数据类型是数据结构的抽象表示,可以分为 3 个层次:内部类型、用户定义类型和抽象数据类型。在传统的高级语言中,数据类型实际是对存储器中所存储的数据的抽象。在机器语言中,存储器的一个存储单元的内容是一个二进制位串。这些位串实际可能是一条机器指令、一个地址、一个整数、一个实数或一个字符串,它们在存储器中的意义直接受程序员的控制。在高级语言中,存放在存储器中的数据不再被看成是原始的无名位串,而是看成是一个整数值、一个实数值、一个布尔值或其他值,即具有一定的数据类型。在这些语言中,程序员不再为存储单元中的二进制位串的意义是什么而操心,程序员可以不了解机器的细节。每种数据类型定义一组值的集合,以及对这组值进行的操作(运算)的集合。

(1) 内部类型:一个程序语言必须提供一定的内部类型数据成分,并定义对于这些数据成分的运算。不同语言含有不同的内部类型。常见的内部类型有数值数据、逻辑数据、字符数据和指针类型数据。内部类型是对二进制位串的抽象,其基本形式对程序员是不可见的,即程序员不能直接访问表示一个整数的位串的某个特定位。

(2) 用户定义类型:有些语言提供了由内部数据类型构造复杂数据的手段,常见的定义方式有数组、记录、联合、字符串、表格、栈、队列、链表和树等。用户定义类型是对内部类型和已定义的用户定义类型作为基本表示的抽象,其基本表示形式对程序员是可见的,即程序员可以对基本表示的成分直接进行操作,如访问数组的一个元素,获取记录的一个域。

(3) 抽象数据类型:为了增强程序的可读性和可理解性,提高可维护性,降低软件设计的复杂性,许多程序设计语言提供了对抽象数据类型的支持。一个抽象数据类型包括:数据对象的一个集合,作用于这些数据对象的抽象运算的集合,以及这些类型对象的封装,即除了使用类型中所定义的运算外,用户不能对这些对象进行操作。如 C++和 Java 中通过类对抽象数据类型提供支持。抽象数据类型具有信息隐藏、封装和继承等特性,它们是以内部类型和用户定义类型为基本表示的更高层次的抽象,其基本表示对程序员是不可见的,隐藏了表示的细节,通过过程或函数来访问抽象数据类型。

2.3.4　语句和控制结构

除了提供数据的表示、构造及运算外,程序设计语言应该有可执行的语句。控制结构定义了语句在其中的执行顺序。

1. 程序结构

一个程序语言的基本功能是描述数据和对数据的运算。所谓一个程序,从本质上说是描述一定数据的处理过程。在现今的程序设计语言中,一个程序大体上可视为如图 2.4 所示的层次结构。自上而下看上述层次结构:顶端是程序本身,它是一个完整的执行单位。一个程序通常由若干个子程序或分程序构成,它们常常含有自己的数据。子程序或分程序由语句构成。组成语句的成分是各种类型的表达式。表达式是描述数据运算的基本结构,它通常含有数据引用、算符和函数调用。

　　自下而上看,我们希望通过对下层成分的理解来掌握上层成分,从而掌握整个程序。

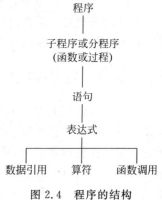

图 2.4　程序的结构

2. 表达式

　　高级语言对数据的处理主要在表达式中进行。表达式由运算对象(数据引用或函数调用)和运算符组成。根据运算符的不同,通常将表达式分为逻辑表达式、关系表达式和算术表达式,它们是彼此相关的,运算符之间的优先关系和结合性规定了表达式的计算次序。

　　逻辑表达式的运算对象通常为布尔常量、布尔变量、关系表达式和逻辑表达式,逻辑运算符有非(not)、与(and)和或(or)。如逻辑表达式的文法可以定义为:

　　　　<逻辑表达式>→<布尔常量>|<布尔变量>|(<关系表达式>)
　　　　　　　　　　　| not <逻辑表达式>
　　　　　　　　　　　| <逻辑表达式> and <逻辑表达式>
　　　　　　　　　　　| <逻辑表达式> or <逻辑表达式>

　　该文法定义没有考虑运算符之间的优先关系。

　　关系表达式通常用来判断某个条件成立或不成立,它的运算对象通常为算术表达式,运算符通常有大于($>$)、小于($<$)、大于等于($>=$)、小于等于($<=$)、等于($==$)和不等于($<>$)6 种。用巴克斯范式(BNF 形式)来定义:

　　　　<关系表达式>→<算术表达式><关系运算符><算术表达式>
　　　　<关系运算符>→<|>|<>|<= | >= |==

　　算术表达式是语言中对数据进行运算的最重要的表达式。其运算符根据语言面向的问题有很多种,并可以重载。通常处理的原始数据和中间数据有整数和实数,如果面向的问题要求数据的精确度很高,则含有双精度数据。可以用 BNF 形式来定义:

　　　　<算术表达式>→<常量>|变量|(<算术表达式>)
　　　　　　　　　　　| <算术表达式><算术运算符><算术表达式>

　　通常,算术表达式不用该文法进行定义,而是把"先乘除,后加减"的运算优先次序和服从左结合的规律考虑到文法中,以避免二义性。这样算术表达式的文法的 BNF 形式为:

　　　　<算术表达式>→<算术表达式> + <项>|<算术表达式> − <项>|<项>
　　　　<项>→<项> * <因子>|<项>/<因子>|<因子>
　　　　<因子>→(<算术表达式>)|<常量>|<变量>
　　　　<变量>→<标识符>
　　　　<常量>→<整型常量>|<实型变量>

标识符和各种常量的定义应该在单词的构成中定义,此处从略。这里定义的算术表达式比较简单,没有考虑下标变量和函数等。

3．语句

不同的程序语言含有不同形式和功能的各种语句。从功能上说,语句大体分为说明性语句和可执行语句两类。说明性语句旨在定义各种不同数据类型的变量或运算,不需要由编译程序生成目标代码,主要用来告诉编译程序一些实体的属性,供编译程序生成目标代码时使用。可执行语句旨在描述程序的动作,需要由编译程序生成目标代码来实现它的语义。

说明语句主要包括变量说明、常量说明、标号说明和类型说明等。内部类型不需要说明,用户定义类型需要通过类型说明语句来说明。如某语言的常量和变量的 BNF 形式表示为:

```
<说明语句>→<常量说明>|<变量说明>
<常量说明>→const 标识符 = <常数>
<变量说明>→var <变量表>:<类型>
<变量表>→<变量>|<变量表>,<变量>
<变量>→<标识符>
<类型>→integer|real|char|boolean
```

可执行语句主要有数据处理语句、语句执行顺序控制语句(控制语句)和复合语句。数据处理语句包括读语句、写语句和赋值语句。控制语句主要用来控制语句的执行顺序,一般应表示顺序、选择和重复 3 种语句控制结构。一个语句结束时紧跟一个结束符(如;),表示顺序执行下一个语句;选择结构一般用 if 语句来实现,为了提高程序的可读性和可理解性,有些语言(C 语言和 C++)还使用 switch 来实现选择结构;重复结构一般用 while、do…while、for 语句来实现。如果若干个语句依次执行,并把它们看成一个整体时,可用语句括号(begin…end,C 语言中使用{})将它们括起来,并将其看成一个语句,这个语句称为复合语句。如某语言中的执行语句用 BNF 形式表示如下:

```
<执行语句>→<读语句>|<写语句>| <赋值语句>|<控制语句>|<复合语句>
<读语句>→read (<变量>)
<写语句>→write (<变量>)
<赋值语句>→<变量> = <表达式>
<表达式>→<算术表达式>|<逻辑表达式>| <关系表达式>
<控制语句>→< if 语句>|<while 语句>|< for 语句>|<do…while 语句>
<复合语句>→begin <语句表> end
…
```

再逐个定义语句表和各种语句的形式。

4．子程序和程序

在程序设计语言中,子程序的设计是非常重要的,它可以把一段重复执行的程序独立出来,用一个名字来代表,以实现重用,如函数、过程和子程序等。子程序需要建立其局部环境,因此,它必须要有说明语句,这也是它和复合语句不同的地方。一个子程序必须标识它的头和尾以供编译程序进行区分,通常用规定的关键字作为头,如 function、procedure 等。

程序是程序设计语言中最大的语法单位,它定义程序的名字和构成。程序必须有一个头,一般以一个关键字(如 program)开头,后跟一个标识符作为程序名,其后可以跟参数和程序体。其 BNF 形式的表示为:

<程序>→program <标识符>;<程序体>
<程序体>→<常量说明><变量说明><复合句>.

2.3.5　语言设计的步骤

本节对如何设计语言提出了一个思路,以引导读者了解如何着手进行程序语言的设计。设计一个实际的语言一般按照上一节中程序的层次结构从低到高地进行,具体包括如下几个步骤。

(1)设计该语言的字符集。每种语言都定义了自己的字符集,字符集中的符号是该语言可识别的全部符号,不在该集合中的符号被认为是非法字符。

(2)设计单词集。程序语言的单词是定义在字符集上的字符的有穷序列。字符集上的单个字母和数字都是用来组成单词的,其本身不具有独立的意义。单词是程序设计语言中具有独立意义的最小单位。设计单词一般需要考虑该语言中单词的种类,单词是固定的还是根据规则进行识别的,单词符号的长度等。单词一般按类别可分为 5 类:关键字、标识符、常数、界符和运算符。对于一种特定的程序设计语言来说,关键字、界符和运算符都是固定的,可以单独列举出来,标识符和常数是按一定的规则构成的,如"以字母开头,后跟任意个字母数字的符号串"是标识符的构词规则,在单词定义中需要给出构词规则。

(3)设计数据类型。每一个数据对象都有一个数据类型,数据类型定义了数据对象的取值范围、能进行的运算和它占用的存储空间。除了内部类型外,还要考虑是否需要定义用户自定义的数据类型。

(4)设计表达式。表达式是构成程序设计语言中语句的最基本的成分。设计时需要考虑有哪些表达式类型,运算符之间的优先关系、结合性等。表达式一般定义为递归定义的规则,如算术表达式由项进行加减运算构成,项由因子进行乘除运算构成,因子可以认为是单个的标识符、常数、带括号的表达式以及因子取负。

(5)设计语句。程序由各种语句构成。语句一般可分为说明语句和可执行语句两种,说明语句的功能是对各种对象的类型和值等属性进行说明;可执行语句完成程序指定的功能。在设计可执行语句时,一般应考虑语句的种类、在使用时是否方便、编程是否高效等。例如定义了 if 语句,是否还需要定义 switch 语句;定义了 while 语句,是否还需要定义 do…while 语句等。

(6)程序的设计。程序是语言中最大的语法单位。设计时应考虑程序的总体结构、各子程序之间的关系、如何构成一个程序等。

2.4　语言设计实例

本节首先设计一个小语言 Sample,然后介绍用该语言写的一个实际程序。Sample 语言具有一般高级语言的共同特征:字符集包括所有的大小写字母、数字和一些分界符;有多种内部数据类型：整型、实型、布尔型和字符型；语句包括说明语句和可执行语句；语句控制包括顺序、条件和循环 3 种结构。具体来说主要包括如下一些语法成分。

（1）由字母、数字及一些特殊符号构成的字符集。

（2）由关键字、标识符、常数、界符和运算符构成的单词集。

（3）有整型、布尔型、实型和字符型 4 种数据类型。

（4）包括算术表达式、逻辑表达式和关系表达式 3 种类型的表达式；语句由说明语句和可执行语句两种类型构成；说明语句包括常量说明（用 const 定义）和变量说明（用 var 定义）；可执行语句有赋值语句、if 语句、while 语句、do…while 语句、for 语句、复合语句（用 begin …end 括起来）。

（5）程序由关键字 program 开头。

下面介绍 Sample 语言的语法定义。语义说明将在第 5 章使用 Sample 语言时逐步说明。

2.4.1　Sample 语言字符集的定义

字符集定义了该语言可识别的全部符号，以此判断某个符号是否是非法字符。Sample 语言的字符集包括大写字母 A～Z、小写字母 a～z、数字 0～9 和一些特殊符号，如运算符（＋、－、＊、/等）和常见的分界符(. 、,、; 、: 、＜等)。

（1）Σ→＜LETTER＞|＜DIGIT＞|＜SYMBOL＞

释义：字符集包括字母、数字及一些特殊符号。

（2）＜LETTER＞→a|b|c…|z|A|B|C…|Z

释义：字母包括所有的大写和小写字母。

（3）＜DIGIT＞→0|1|2|3…|9

释义：数字包括 0～9 的所有数字。

（4）＜SYMBOL＞→＋|－|＊|/|＝|＜|＞|(|)|:|;|,|'|.

释义：只能使用如下符号：＋、－、＊、/、＝、＜、＞、(、)、:、;、,、'和.。

2.4.2　Sample 语言单词的定义

Sample 语言的单词按类别分为 5 类：关键字、标识符、常数、界符和运算符。关键字是固定的，包括 23 个关键字，如果这些关键字不能用作其他用途，则又称为保留字；标识符主要用来定义程序中自定义的对象的名字，它按一定的规则构成，Sample 语言的标识符的构成规则是"以字母开头，后跟任意个字母数字的符号串"；常数分为整数（可带正负号）、实数（可带正负号）、布尔常数（true 和 false）以及字符常数（用一对单引号括起来的字符串）等几类；界符分为单界符和双界符，单界符是指由单个的分界符构成的单词，双界符是指由两个分界符构成的单词；运算符是指用于进行运算的各种符号，根据完成的运算不同，运算符分为算术运算符、关系运算符和逻辑运算符。

单词以字符集 Σ 中的符号作为终结符。

（1）＜WORDS＞→＜KEYWORDS＞|＜ID＞|＜CONSTANT＞|＜OP＞|＜DELIMETER＞

释义：单词分为关键字、标识符、常数、运算符和界符 5 类。

(2) $<$KEYWORDS$> \to$ and | begin | bool | char | const | do | else | end | false | for | if | integer | not | or | program | read | real | then | to | true | var | while | write

释义:本语言涉及的所有关键字为上述 23 个。

(3) $<$ID$> \to <$LETTER$> | <$ID$><$LETTER$> | <$ID$><$DIGIT$>$

释义:标识符由字母开头,后面可以跟字母或数字。

(4) $<$CONSTANT$> \to <$INT$> | <$REAL$> | <$BOOL$> | <$CONSTR$>$

释义:常数分为整常数、实常数、布尔常数及字符串常数。

(5) $<$INT$> \to <$UINT$> | +<$UINT$> | -<$UINT$>$

释义:整常数由无符号整数或者无符号整数前面加上+号或-号构成。

(6) $<$UINT$> \to <$DIGIT$> | <$UINT$><$DIGIT$>$

释义:无符号整数由若干位数字组成。

(7) $<$REAL$> \to <$INT$> | <$INT$>. <$UINT$> | <$INT$>. <$UINT$>e<$INT$> | <$INT$>. <$UINT$>E<$INT$>$

释义:实常数由整常数,或整常数带小数点再连接无符号数,或整常数带小数点再连接无符号数再跟带 e 或 E 的科学记数法组成。

(8) $<$BOOL$> \to$ true | false

释义:布尔常数由关键字 true 和 false 组成。

(9) $<$STR$> \to <\Sigma><$STR$> | <\Sigma>$

释义:符号串由字母表中的符号组成。

(10) $<$CONSTR$> \to$ '$<$STR$>$'

释义:字符串常数是指由一对单引号括起来的符号串。

(11) $<$OP$> \to <$AOP$> | <$ROP$> | <$BOP$>$

释义:运算符包括算术运算符、关系运算符和逻辑运算符。

(12) $<$AOP$> \to + | - | * | /$

释义:算术运算符只包括+、-、*、/。

(13) $<$ROP$> \to > | < | <> | <= | >= | ==$

释义:关系运算符有大于、小于、不等于、小于等于、大于等于和等于 6 种。

(14) $<$BOP$> \to$ and | or | not

释义:逻辑运算符包括 3 种:与(and)、或(or)、非(not)。

(15) $<$DELIMETER$> \to / * | * / | = | (|) | : | ; | , | ' | .$

释义:界符分为双界符和单界符。双界符是指由两个单界符构成的界符,本语言中只定义了 / * 和 * / 两个双界符,其他均是由一个符号构成的单界符。

所有定义的单词在数据类型、表达式、语句和程序中均作为终结符使用。一般情况下,以后直接使用该单词的非终结符的小写形式作为单词以后的终结符形式。如关系运算符在词法分析中的非终结符用$<$ROP$>$表示,以后可以直接用 rop 来表示$>$、$<$、$<>$、$<=$、$>=$ 和==中的任一符号。对于常数,为了区分数据类型和常数,将用该单词的非终结符的大写形式作为单词以后的终结符形式,如$<$INT$>$表示整常数,以后可以直接用 INT 表示任意一个整型常数。同样,BOOL、STR、REAL 均直接用来表示任意一个布尔常数、字符串常数和实常数。

2.4.3　Sample 语言数据类型的定义

在 Sample 语言中,只定义了 4 种内部数据类型,不包括用户定义的数据类型。

<TYPE>→char|integer|bool| real

释义:变量的类型支持 char、integer、bool 和 real。

2.4.4　Sample 语言表达式的定义

Sample 语言中的表达式分为算术表达式、逻辑表达式和关系表达式,按递归规则进行定义,如算术表达式由项进行加减运算构成,项由因子进行乘除运算构成,因子可以认为是单个的标识符、整数或实数、带括号的表达式以及因子取负。

(1) <EXPR>→<AEXPR>|<BEXPR>|<REXPR>

释义:表达式由算术表达式、逻辑表达式和关系表达式构成。

(2) <AEXPR>→<AEXPR>+<TERM>|<AEXPR>-<TERM>|+<TERM>|-<TERM>|<TERM>

释义:算术表达式由算术表达式+或-项构成,或仅由带+、-号的项或不带符号的项构成。

(3) <TERM>→<TERM>*<FACTOR>|<TERM>/<FACTOR>|<FACTOR>

释义:项由项*因子或项/因子,或仅由因子构成。

(4) <FACTOR>→<AEL>|-<FACTOR>|(<AEXPR>)

释义:因子由因子量或带-号的因子或算术表达式加括号构成。

(5) <AEL>→id|INT|REAL

释义:因子量由标识符或整数或实数构成。

(6) <BEXPR>→<BEXPR>or<BTERM>|<BTERM>

释义:逻辑表达式由逻辑表达式 or 布尔项构成,或仅由布尔项构成。

(7) <BTERM>→<BTERM>and<BFACTOR>|<BFACTOR>

释义:布尔项由布尔项 and 布尔因子或仅由布尔因子构成。

(8) <BFACTOR>→<BEL>|not<BFACTOR>|(<BEXPR>)

释义:布尔因子由布尔量或布尔因子取反或逻辑表达式加括号构成。

(9) <BEL>→id|BOOL|<REXPR>

释义:布尔量由标识符或布尔常量或关系表达式构成。

(10) <REXPR>→<AEXPR>rop<AEXPR>

释义:关系表达式由算术表达式连接关系运算符再连接算术表达式构成,关系运算符 rop 代表在 2.4.2 节的单词中定义的>、<、<>、<=、>= 和==中的任一符号。

2.4.5　Sample 语言语句的定义

Sample 语言中的语句包括说明语句和可执行语句两种。说明语句的功能是对各种对象的类型和值等属性进行说明,主要包括变量说明和常量说明两种。可执行语句包括赋值语句、读语句、写语句、if 语句、while 语句、do…while 语句、for 语句和复合语句。每种语句都有一个前导字,当看到前导字就知道后面是什么语句,变量说明语句用 var 前导,常量说明语句用 const 前导,if 语句用 if 前导,while 语句用 while 前导,for 语句用 for 前导,do…while 语句用 do 前导,复合语句用 begin 前导,以标识符开头的语句一定是赋值语句。

(1) <CONSTDCL>→const<CONSTDEF>|ε

释义:常量说明是关键字 const 后跟常量说明语句构成,可以为空。

(2) <CONSTDEF>→id=<CONSTANT>;<CONSTDEF>|id=<CONSTANT>;

释义:常量说明语句是标识符后跟赋值符号再跟常量,多条常量说明语句间用“;”隔开。

(3) <VARDCL>→var<IDS>|ε

释义:变量说明是关键字 var 后跟变量说明语句,可以为空。

(4) <IDS>→<IDT>:<TYPE>;|<IDT>:<TYPE>;<IDS>

释义:变量说明语句形式为变量:变量类型。多条变量说明语句间用“;”隔开。

(5) <IDT>→id,<IDT>|id

释义:若一次声明多个同类型变量,变量之间用“,”隔开。

(6) <STMT>→<ASSIGN>|<READ>|<WRITE>|<CONTROL>|<COMPOUND>

释义:可执行语句包括赋值语句、读语句、写语句、控制语句和复合语句。

(7) <ASSIGN>→id =<EXPR>

释义:赋值语句的形式为:标识符=表达式。

(8) <READ>→read(id)

释义:读语句的格式为 read(标识符),一次只读入一个变量值。

(9) <WRITE>→write(id)

释义:写语句的格式为 write (标识符),一次只写出一个变量值。

(10) <CONTROL>→<IFS>|<WHILES>|<DOWHILES>|<FORS>

释义:控制语句包括 if 语句、while 语句、do…while 语句和 for 语句。

(11) <COMPOUND>→begin<STL>end

释义:复合语句由 begin 开头,中间是若干个语句表,以 end 结束。

(12) <STL>→<STMT>;<STL>|<STMT>

释义:语句表可以是单个可执行语句,也可以是由若干条可执行语句组成,语句之间用“;”隔开。

(13) <IFS>→if<BEXPR>then<STMT>

释义:if 语句的第一种形式是不带 else 的形式:if 逻辑表达式 then 执行语句。

(14) <IFS>→if<BEXPR>then<STMT>else <STMT>

释义:if 语句的第二种形式是带有 else 的形式:if 逻辑表达式 then 执行语句 else 执行语句。

(15) <WHILES>→while<BEXPR>do<STMT>

释义:while 语句的格式为:while 逻辑表达式 do 执行语句。

(16) <FORS>→for id=<AEXPR>to<AEXPR>do<STMT>

释义:for 语句的格式为:for <标识符>=<算术表达式> to <算术表达式> do <执行语句>。

(17) <DOWHILES>→do<STMT> while <BEXPR>

释义：do…while 语句的格式为：do 执行语句 while 逻辑表达式。

2.4.6 Sample 语言程序体和程序的定义

程序是程序设计语言中最大的语法单位,它定义程序的名字和构成。

(1) <PROGRAM>→program id;<SUBPRO>

释义：程序由程序头部和程序体构成,其中 program id 为函数头部,SUBPRO 为程序体。

(2) <SUBPRO>→<CONSTDCL><VARDCL><COMPOUND>.

释义：程序体包括常量说明、变量说明和复合语句,以“.”结束。

2.4.7 符合 Sample 语言定义的源程序举例

程序名称：Example. src

```
/ * this is a sample program writen in Sample language * /
program example1;
/ * used for illustrating compiling process * /
var
    a,b,c:integer;
    x:char;
begin
    a = 2;
    read(b);
    read(c);
    x = 'stu';
    if a > 0 and (x <> '') then b = a + b * c;
    else
        for b = 1   to 100 do c = c + b;
    while   c > = 1 do
        begin
            b = b * c;
            c = c - 1;
        end
        do   a = a + 10   while a < b;
end.
```

根据上述语法定义,可以得出 Sample 语言源程序的特征：每个语句由相应的前导词开头,并按一定的顺序组织,一个完整的 Sample 语言程序包括程序的头部(program)、常量说明和变量说明,最后是用“begin…end.”括起来的可执行语句。“program”表示程序开始,其后一定跟有一个标识符,表示程序的名字；“const”表示常量说明开始；“var”表示变量说明开始；第一个“begin”表示以后都是可执行语句。在处理可执行语句时,语句之间没有固定的顺序,根据读取的前导词来区分出不同的语句：if 语句以“if”开头,while 语句以“while”开头,for 语句以“for”开头,do…while 语句以“do”开始,赋值语句以标识符开始。“.”表示整个源程序结束。

2.5 小结

本章简单引入了形式语言的基本概念,重点讲述了高级语言语法结构的定义、文法的相关概念及文法的分类等,并给出了本书实现的编译程序的源语言 Sample 的语法定义,所用的程序设计语言的语法用上下文无关文法来定义。本章应重点掌握文法的基本概念,以及文法的定义、推导、句型、句子、语言、语法树和二义性等,了解高级语言的设计方法和设计过程,熟悉 Sample 语言的语法特征和定义。

2.6 习题

1. Pascal 和 C 语言的字母表分别是什么? 写出两种语言中变量定义的语法规则。

2. 解释下列术语:

字母表,符号串,推导,最左推导,最右推导,句型,句子,语言,文法,文法等价,上下文无关文法,语法树,二义文法

3. 什么是上下文无关文法和正规文法? 它们的区别是什么?

4. 从供选择的答案中,选出应填入_____的正确答案。

已知文法 $G[S]$ 的产生式如下:

$$S \to (L) \mid a$$
$$L \to L, S \mid S$$

属于 $L(G[S])$ 的句子是___A___,(a,a)是 $L(G[S])$ 的句子,这个句子的最左推导是___B___,最右推导是___C___,语法树是___D___。

供选择的答案:

A: ① a ② a,a ③ (L) ④ (L,a)

B,C: ① $S \Rightarrow (L) \Rightarrow (L,S) \Rightarrow (L,a) \Rightarrow (S,a) \Rightarrow (a,a)$

② $S \Rightarrow (L) \Rightarrow (L,S) \Rightarrow (S,S) \Rightarrow (S,a) \Rightarrow (a,a)$

③ $S \Rightarrow (L) \Rightarrow (L,S) \Rightarrow (S,S) \Rightarrow (a,S) \Rightarrow (a,a)$

D:

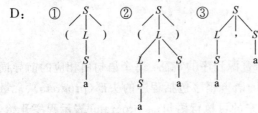

5. 已知某算术表达式的文法 G 为:

(1) $<AEXPR> \to <AEXPR> + <TERM> \mid <TERM>$

(2) $<TERM> \to <TERM> * <FACTOR> \mid <FACTOR>$

(3) $<FACTOR> \to i \mid (<AEXPR>)$

给出 i+i+i 和 i+i*i 的最左推导、最右推导和语法树。

6. 已知某文法 $G[\mathrm{bexpr}]$：

bexpr→bexpr or bterm｜bterm

bterm→bterm and bfactor ｜ bfactor

bfactor→not bfactor｜(bexpr)｜true｜false

(1) 请指出此文法的终结符号、非终结符号和开始符号。

(2) 试对句子 not(true or false)构造一棵语法树。

7. 试构造生成下列语言的上下文无关文法：

(1) $L_1 = \{a^n b^n c^i \mid n \geqslant 1, i \geqslant 0\}$。

(2) $L_2 = \{w \mid w \in \{a,b\}^+,$且 w 中 a 的个数恰好比 b 多 1$\}$。

(3) $L_3 = \{w \mid w \in \{a,b\}^+,$且 $|a| \leqslant |b| \leqslant 2|a|\}$。

(4) $L_4 = \{w \mid w$ 是不以 0 开始的奇数集$\}$。

(5) L_5 是不允许 0 开头的能被 5 整除的无符号数的集合。

(6) $L_6 = \{x \mid x \in \{a,b,c\}^*, x$ 是重复对称排列的(如 aabcbaa、aabbaa 等)$\}$。

8. 已知某文法 G：

< AEXPR >→i｜(< AEXPR >) ｜ < AEXPR >< AOP >< AEXPR >

< AOP >→ + ｜ - ｜ * ｜ /

(1) 试用最左推导证明该文法是二义性的。

(2) 对于句子 i+i*i构造两个相应的最右推导。

9. 分别为 Pascal 和 C 语言的 if 语句构造一个文法。

10. 熟悉 Sample 语言的语法定义。

第3章

词法分析

词法分析是编译的基础,主要分析源程序中的字符流能否构成正确的单词。执行词法分析的程序称为词法分析程序或扫描器(Scanner)。本章主要讨论词法分析过程以及词法分析程序的设计和实现技术,包括手工构造和自动生成两部分。

手工构造词法分析程序主要用状态转换图来表示单词的构成规则,根据状态转换图来进行单词的识别。

自动生成词法分析程序需要用到单词及其识别的形式化表示:正规式(Regular Expression)和有穷自动机(Finite Automata)。正规式是用来表示单词构成的标准表示法,有穷自动机能对由正规式表示的字符串进行识别。本章最后讨论词法分析器的自动生成工具 LEX 的工作原理和使用方法。

3.1 词法分析的任务和功能

每一种高级程序设计语言都定义了自己的单词集,只有单词集中的单词才被认为是合法的单词。除了固定单词,如关键字、运算符和界符外,有些单词只给出了规则。词法分析的任务是根据不同类型单词的构成规则来分析读入的符号能否构成合法的单词。

3.1.1 词法分析的功能

像自然语言书写的文章一样,源程序由一系列句子构成,句子由单词符号按一定的规则构成,而单词符号又由字符按一定的规则构成。因此源程序实际上是由满足程序设计语言规范的字符按照一定的规则组合起来构成的一个字符串。因此词法分析的主要任务是从左至右逐个字符地对源程序进行扫描,按照构词规则将字符拼接成单词,每当识别出一个单词,就产生其种别码(对单词类别的一个编码),把作为字符串的源程序改造成单词符号串的中间形式(token串),提交给语法分析程序使用,如图 3.1 所示。对识别过程中发现的词法错误输出有关的错误信息。它是编译器中唯一与源程序打交道的部分,主要工作如下。

源程序 $\Longrightarrow$ 词法分析程序 $\Longrightarrow$ token串

图 3.1 词法分析程序的功能

(1) 按构词规则识别单词,输出单词本身及其种别码。

(2) 滤掉源程序中的无用成分,如注释、空格、回车换行等。这些部分只是有助于源程序的阅读,对生成代码无用。

（3）调用出错处理程序，识别并定位错误。词法错误是源程序中的常见错误，如非法字符、违反构词规则等。

（4）调用符号管理程序，对识别出来的单词及其属性进行管理。

词法分析程序有两种实现方式：作为独立的一遍，把字符流的源程序变为统一的中间形式（token）输出到中间文件，作为语法分析程序的输入；另一种方式是将词法分析程序设计成一个子程序，每当语法分析程序需要一个单词时，就调用该子程序，词法分析程序每次被调用，就从源程序文件中读入若干个字符，向语法分析程序返回一个单词。在后一种设计方案中，词法分析和语法分析在同一遍中，省去了中间文件。本书实现的 Sample 语言的词法分析程序采用第一种实现方式，作为独立的一遍来实现。

3.1.2 单词的类型和种别码

1．单词的类型

自然语言中的句子通常由一个个单词和标点符号组成，可以根据其在句子中的作用将它们划分为动词、名词、形容词和标点符号等不同的种类。程序设计语言与此相类似，也可以根据单词在语言中的作用将单词大致分为 5 类。

（1）关键字。这类单词在特定语言中有固定的意义，如 begin、end、while 等，它们是字母的固定串。如果作为保留字，则不允许表示其他的意义。

（2）标识符。标识符是程序设计语言中最大的一个类别，其作用是为某个实体命名，以便于程序引用，如 m_circle、width 等。可以用标识符来命名的实体包括变量、过程、类和对象等，即标识符是作为变量名、过程名、类名和对象名等。

（3）常数。常数一般有整型、实型、布尔型和字符型等。例如，25、3.14、true、'This is a string' 等。

（4）运算符。分为算术运算符（如＋、－、＊、/等）、逻辑运算符（如 not、and、or）和关系运算符（如<、>、<=、>=、==）。

（5）界符。程序设计语言中的特殊符号，类似于自然语言中的标点符号，在程序设计语言中有特殊用途。可以细分为单界符（如；' 等）和双界符（如 /＊ 等）。

一个程序设计语言的关键字、运算符和界符都是确定的，一般只有几十个或上百个；而标识符和常数的个数是没有限制的，因源程序而异。

显然，一个单词究竟是标识符、关键字还是界符等，需要根据一定的构词规则来识别。

2．单词的种别码

词法分析程序的输出是与源程序等价的单词的中间形式（称为 token 串）。一个单词的输出是如下的二元形式：

（种别码，单词的值）

其中种别码表示单词的种类，通常用整数编码表示。单词如何分类，如何编码，没有统一的规定，主要取决于处理上的方便。基本原则是不同的单词能彼此区别且有唯一的表示。一般来说，一种程序设计语言的关键字、界符和运算符都是固定的，可以采用一字一种；而标识符一般统归为一种；常数则按类型（整型、实型、字符型和布尔型等）分种。Sample 语言单词的编码如表 3.1 所示。

表 3.1　Sample 语言单词的编码

类别	单词	种别码	类别	单词	种别码	类别	单词	种别码
关键字	program	1	关键字	write	18	标识符	id	34
	var	2		true	19			
	integer	3		false	20			
	bool	4	运算符	not	21	常数	整常数	35
	real	5		and	22		实常数	36
	char	6		or	23		字符常数	37
	const	7		+	24		布尔常数	38
	begin	8		-	25	界符	=	39
	if	9		*	26		;	40
	then	10		/	27		,	41
	else	11		<	28		'	42
	while	12		>	29		/*	43
	do	13		<=	30		*/	44
	for	14		>=	31		:	45
	to	15		==	32		(	46
	end	16		<>	33		)	47
	read	17					.	48

　　根据种别码的编码方式不同,单词自身的值以多种方式给出。如果一个类别只含一个单词符号(如表 3.1 中的关键字、运算符和界符采用一符一种),则单词的种别码唯一代表了这个单词,因此单词自身的值可以不给出。若一个类别有多个单词符号(如表 3.1 中的标识符和常数),必须给出它的每个单词自身的值,自身的值可以是单词符号串本身,也可以是一个指针值,表示在符号表(或常数表)中的入口位置。常数自身的值也可以用常数自身的二进制值来表示。

　　单词的种别在语法分析时使用,单词的值在语义分析和中间代码生成时使用。

　　例 3.1　对于 if (r >= 2.0) C = 2*pi*r,经词法分析后的输出为:

```
(9,"if")
(46,"(")
(34,"r")
(31,">=")
(36,"2.0")
(47,")")
(34,"C")
(39,"=")
(35,"2")
(26,"*")
(34,"pi")
(26,"*")
(34,"r")
```

3.2　词法分析器的设计

　　本节以 Sample 语言为例,根据第 2 章对 Sample 语言中各类单词的定义,介绍词法分析程序的手工构造方式。本节将按软件工程的观点简要说明词法分析程序的结构化分析设计方法,以帮助理解词法分析程序的工作原理和设计方法。

3.2.1 词法分析程序的接口

词法分析程序的主要任务就是扫描源程序,识别单词,转换并输出 token 串,查填符号表,输出相应的错误信息。图 3.2 是 Sample 语言词法分析程序的接口。输入是文本形式的源程序,输出包括 token 文件、符号表、源程序清单和错误信息。其中 token 文件是词法分析最重要的输出形式,以二元形式输出,用于存放源程序中识别出的每个单词及其种别码,符号表是用来记录源程序中出现的各种名字和常数,token 文件和符号表均以文件形式输出,供下一阶段使用。如果在编译源程序时遇到错误,还要求从屏幕、打印机或文件输出错误信息;有时用户要求列出源程序清单,以便查找错误,及时进行修改。

图 3.2 词法分析程序的输入/输出接口

3.2.2 词法分析程序的总体设计

图 3.2 是词法分析程序的输入/输出关系图,也是词法分析程序的顶层数据流图。按照软件工程自顶向下逐层分解的观点,可以对此进行分解。词法分析工作主要由识别单词和查填符号表两项工作组成,图 3.3 为分解后的第一层的数据流图。

图 3.3 词法分析程序的第一层数据流图

根据单词的类别和词法分析对源程序的处理过程可以得到更详细的数据流图,如图 3.4 所示。其中,每个圆圈表示一个加工,每个加工都可能调用错误处理函数,输出错误信息。

在图 3.4 的数据流图中,在开始处理之前应打开文件,最后应关闭文件。为了定位错误,必须对源程序的行列进行记数。各个加工完成的功能如下。

(1) 读入一行(加工 1.1)。收到读下一行命令后,从源程序读入一行,装入缓冲区,行计数加 1,并打印源程序清单。在这里需要注意的是,回车换行在源程序(文本文件)中用两个字符 0D0AH 来表示,而用高级语言(C 语言)读入内存后,就用一个字符 0AH 来表示,这是在用高级语言编写词法分析程序时常被忽略而导致错误的原因。

(2) 读一非空字符(加工 1.2)。从缓冲区读取一个字符,列计数加 1,直到读取一个非空字符为止。若缓冲区已空,则再读一行到缓冲区,此时列计数置 0,行计数加 1。

(3) 字符分类(加工 1.3)。根据单词的首字符来决定对不同类的单词进行识别。

(4) 输出 token 串(加工 1.4)。对所有识别出来的单词按如下的二元式的形式输出:
(token 值,单词自身的值)

(5) 识别标识符/关键字(加工 1.5)。当读入的单词首字符是字母时,开始识别标识符

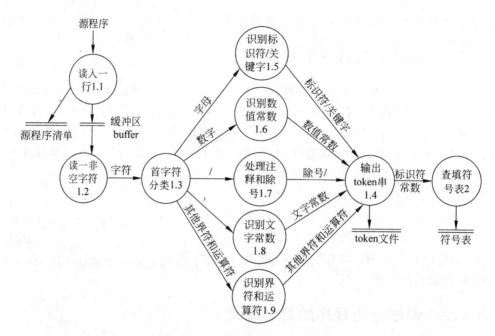

图 3.4   词法分析程序的详细数据流图

或关键字,边拼写边从缓冲区读入下一字符,列计数加 1,当读的字符为非字母数字时,标识符识别完成,但此时已多读入一个符号,所以必须将该字符回退到缓冲区,列记数减 1。识别出来的单词是否是关键字,必须查关键字表进行判断。若是关键字,返回该关键字的种别码;否则识别的单词就是标识符,返回标识符的种别码。

(6) 识别数值型常数(加工 1.6)。当读入的单词首字符是数字时,开始识别整数或实数。边拼写边读入下一字符,列计数加 1,当遇到"."时,还要继续拼写该常数(对于实数的情况)。如果遇到 E 或 e,要识别带指数的常数;当遇到其他非数字字符时,数字常数拼写完毕,此时已多读入一个字符,需要将该字符回退到缓冲区,列计数减 1,并返回整型常数或者实型常数的种别码。

(7) 处理注释和除号(加工 1.7)。当读入的单词首字符是"/"时,开始识别注释或除号。若是注释时,最后两个连续读出的符号是"*/",不需再读下一符号,列计数不变,此时该加工没有返回值;当判定是除号"/"时,已多读入一个字符,需将该字符回退到缓冲区,列计数减 1,返回除号"/"的种别码。

(8) 识别文字常数(加工 1.8)。当读入的单词首字符是单引号时,忽略单引号,开始拼写字符常数,不断地读下一符号,列计数加 1,搜索下一个引号,当再读到引号时,字符常数拼写结束。最后返回该字符常数及字符常数的种别码。

(9) 识别其他界符和运算符(加工 1.9)。若读入的单词首字符是除了"/"和"'"以外的其他界符或运算符,对于<、>、=等符号,还须再读入一个符号以判别是否为双界符。若是双界符,查表返回其类别码;若不是,列计数减 1,返回该单词的种别码。

(10) 查填符号表(加工 2)。对标识符和常数识别后,要填写符号表,同一个单词在符号表中只存放一次。因此若识别出来的单词是标识符或字符常数,首先查看名字栏和类型栏(字符常数的类型栏中填有"字符常数")判断有无同名和同类型的入口。如果没有,则将该单词填写到符号表的新入口中,并填写相关的属性栏。对数字常数的处理方法是:先查符号表的值栏,若表内无相同的常数,则将数值型常数填入符号表内,在类型栏内填入整型或实型。

3.2.3 词法分析程序的详细设计

图 3.4 的数据流图属于输入-变换-输出形式的变换型数据流图,但加工 1.3～1.9 构成了典型的事务处理型数据流图。根据数据流程图,可以将其转换为模块结构图,进而画出程序流程图。独立一遍的词法分析程序的总控程序流程如图 3.5 所示。

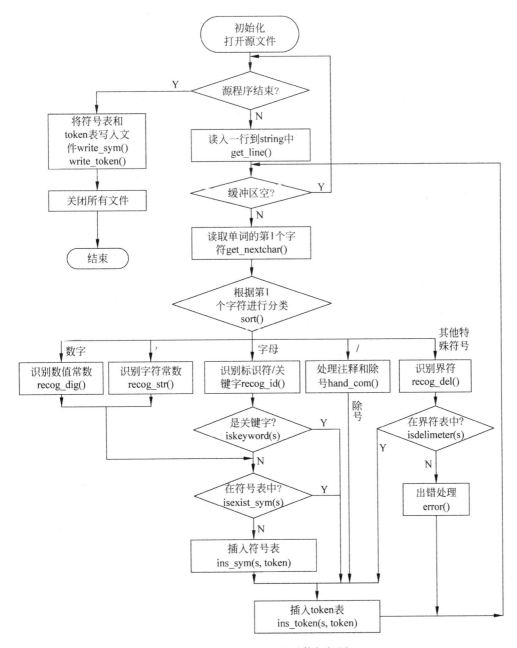

图 3.5 词法分析器的总体框架图

在上面的总体框架图中,每一个方框都表示一个函数调用。其中最复杂的是识别各种单词,每一种单词可以根据其第一个字符作一个初步的划分,然后根据每一类单词的构成规则进行识别。3.2.4节主要讨论使用状态转换图来识别单词。

3.2.4　单词的识别和状态转换图

状态转换图是描述单词构成规则的一种很好的工具,它描述了词法分析器为识别一个单词所要做的动作。当输入指针扫描输入字符流时,可以用状态转换图来记录所读信息的轨迹,方法是在读字符的过程中不断地在状态转换图的各结点之间移动。

状态转换图是一张有限方向图。结点用圆圈表示,称为状态。状态之间用带箭头的弧线连接,称为边。由状态 s 到状态 r 的边上标记的字符表示使状态 s 转换到状态 r 的输入字符或字符类。例如,在图 3.6(a)中,设当前状态为 0,若输入字符为字母,则读入该字母,状态变为 1;若当前状态为 1,输入字符为字母或数字,则读入该字符,状态仍为 1。一张状态转换图只包含有限个状态(即有限个结点),其中有一个初态(用⇒表示),至少有一个终态(用双圈表示)。用状态转换图识别单词时从初态开始,需要读入一个输入字符,才进入下一个状态。若存在一个离开当前状态的边,其标记和读入的字符匹配,控制就转到由这条边指向的状态,否则表示失败。

利用状态转换图可识别(或接受)按某种规则构成的单词符号串。例如,图 3.6(a)是识别标识符的状态转换图。其中状态 0 为初态,状态 2 为终态。用这个转换图识别标识符的过程是:从初态 0 开始,读取一个字符,如果该字符是字母,则读入它,并转向状态 1,否则识别标识符失败。在状态 1,读取下一个字符,若该字符为字母或数字,则读进它,状态仍然处于状态 1;若在状态 1 读入的字符不是字母或数字时,就转向状态 2(该字符已读进)。状态 2 是接受状态,意味着已识别出一个标识符,识别过程结束。但此时已读入了一个不是字母数字的字符,它不属于刚才识别的标识符的一部分,而是下一个单词的一部分,所以输入指针必须回退一个字符,在终态结点上标上星号 * 表示。

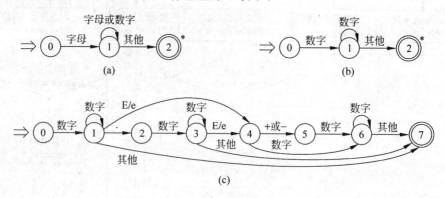

图 3.6　状态转换图

根据状态转换图,可以很方便地将其转换为高级语言的程序,用来识别所定义的单词,该程序的代码量与图中的状态数和边数成正比。每个状态对应一段代码,如果一个状态具有出边,该状态的代码便读入一个字符,并选择应转向的状态。函数 get_nextchar()用来从输入缓冲区中读入下一个字符,每次调用都向前移动输入指针,返回读入的字符。如果存在标记为该字符的边,或标记为包含该字符的字符类的边,控制转向这条边指向的状态所对应的代码。如果不存在这样的边,且当前状态不是接受状态,则调用 error() 函数进行出错处理或启动下一个状态图的识别。单词的 token 值由函数 gettoken() 到表 3.1 中去查找。状态转换图可以使用一个 switch…case 语句来实现,其中每个状态对应一个 case 语句段。在状态转换图中通过读入字符不断地选择下一个状态对应的代码段来执行。图 3.6(a)给出了识别标识符的状态转换图,该状态转换图的类 C 语言描述的主要程序段如下:

```
recog_id (char ch )
{
  char state = '0';                              //初始状态
  while(state! = '2')   {
    switch(state){
        case '0': if (isletter(ch)) state = '1';      //是字母,转向状态 1
               else error();                      //否则调用出错处理,识别其他的单词
               break;
        case '1': ch = get_nextchar();             //读取下一个输入字符识别标识符
               if (isletter(ch) || isdigit(ch)) state = '1';   //是字母或数字,状态不变
               else state = '2';                   //其他字符,转向状态 2
               break;
    }
  }
  return ( gettoken() );                          //返回识别的单词的 token 值
}
```

图 3.6(c)是识别实数的状态转换图,不带正负号,可以识别整数,也可以识别带指数和(或)小数的实数。该图可以进行改进,在实现时使用不同的终结状态来表示不同单词的识别,如图 3.7 所示。图 3.7 中 4 个不同的终态表示可以识别 3 类数,并判断出错的情况。状态 7 是识别的单词出现错误进行出错处理的终态;状态 10 是识别整数的终态;状态 9 是识别带小数的实数的终态;状态 8 是识别带指数的实数的终态。这样进行识别不仅可靠性高,而且可以据此来确定该数的属性,填入符号表,以备以后的语义处理部分进行检查核对。

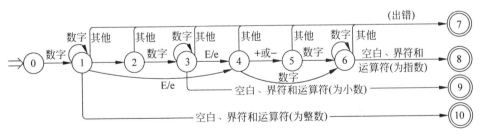

图 3.7　改进后的实数的识别

高级语言主要包括 5 种单词,每种单词都有其构成规则,包含多个状态转换图,每个图说明一组单词的构成。设计词法分析程序时首先画出每种单词的状态转换图,然后根据状态转换图编写识别该类单词的函数。

3.2.5　符号表及其操作

1. 符号表

符号表是一种数据结构,用于保存源程序中出现的名字及其相关的属性信息。一个名字具有一系列的属性值,包括名字的种属(常量、变量、数组和函数等)、数据类型(整型、实型等)、值以及内存中的存储地址等。编译器在分析阶段收集信息放入符号表中,在综合阶段生成目标代码时引用名字及其相关属性,此时只要查询符号表即可。表示符号表的数据结构应支持快速查找和快速存取。

符号表要在编译的多个阶段中操作。在词法分析阶段,符号表的内容只有一小部分可以在词法分析阶段填写,如单词的名字和长度等,许多内容需要在编译的后续阶段填写,如值和种属在语义分析阶段填写,内存地址在目标代码生成阶段填写。对例1.1中的"var area, length, width:integer"进行词法分析,当扫描到 var area, length, width 时,var 是关键字,不存入符号表,识别出 area、length 和 width 是3个标识符,需要将3个名字及其长度填写到符号表中,识别出 integer 时,由于它是关键字,不放入符号表;但并不能确定 area、length 和 width 的类型是整型,所以3个标识符的类型信息不能填入。在语义分析与中间代码生成阶段,能够根据规则判断 area、length 和 width 是标识符,integer 是这3个变量的类型,因此,在语义分析时就将类型信息写入符号表。在目标代码生成时还要对变量进行地址分配。如果生成的目标代码是汇编语言代码,由于汇编语言具有管理不同名字的存储分配功能,所以在生成汇编代码后,需要扫描符号表,为每一个名字生成汇编语言的数据定义并提供给汇编程序,汇编程序据此对名字做存储分配。如果生成的目标代码是机器代码,则每个数据目标的存储位置可能是绝对地址,也可能是相对地址。

符号表中有若干条记录,其结构示意如表3.2所示,每个标识符在符号表中有一条记录,用于记录标识符的相关信息,每个记录在符号表中有一个索引号,称为在符号表中的入口,后续阶段访问符号表时需要使用该标识符在符号表中的入口。

表 3.2　符号表结构示意

入口	单词名字及长度		类型	种属	值	内存地址
1	area	4	整型	简单变量	未知	未知
2	length	6	整型	简单变量	未知	未知
3	width	5	整型	简单变量	未知	未知
⋮						

2. 符号表的实现方法

表3.2给出了符号表的一种实现方式,单词分配固定大小的空间来保存。这种实现方式简单,但有一个缺点,在源语言中标识符的长度有限制,而且浪费空间,因为固定空间大小不足以保存长标识符,短标识符又会造成空间浪费。下面给出另一种实现方式,使用一个单独的数组 LEX 来存放已识别出的各个字符串,每个字符串有一个结束标志,在符号表 sym_table 中存放指针,指向该单词在数组 LEX 中的开始位置。用这种方式实现,符号表的各个域可以固定长度,节省存储空间,源程序中标识符的长度也可以根据需要来确定,如图3.8所示。

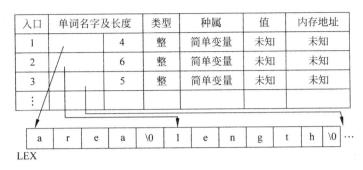

图 3.8 符号表结构示意图

3. 符号表的操作

在词法分析阶段使用的与符号表有关的操作有两个：

（1）插入操作 ins_sym(s)：将名字 s 及其 token 值插入符号表中，返回相应的入口。

（2）查询操作 isexist_sym(s)：查找符号表是否存在名为 s 的表项，如果找到，则返回相应的入口，否则返回 0。

词法分析器使用 isexist_sym() 操作确定某名字在符号表中是否已经存在，若不存在，就使用 ins_sym() 在符号表中建立一个新的表项存储该名字及相关信息。

在编译的后续阶段还将使用的操作有：根据给定的名字访问符号表相应单元的其他信息，向符号表中填写或更新相关的属性信息，删除无用的表项等。

构造符号表最简单的方式是按照各个名字在源程序中出现的先后顺序排列成线性表，这种方式只能进行顺序查找，查找速度慢。为了提高查找速度，可以在构造符号表时按照名字排序，每一个名字在插入时根据其名字大小插入相应的位置，然后就可以使用折半查找来提高查找速度。对于符号表的处理来说，根本问题在于如何保证查表和填表两方面的工作都能够高效地进行。对第一种方式来说，填表快，查表慢；对第二种方式可以采用折半查找方法，填表慢，查表快。综合考虑，可以使用杂凑（Hash）技术来争取查表和填表都能高效地进行。

3.2.6 词法分析阶段的错误处理

统计表明，在现代软件系统中，有 75% 的程序代码用于处理各种错误，给出错误信息。在词法分析器的设计过程中，同样要考虑错误处理。

一个好的编译程序在编译源程序时，应尽量发现更多的错误，错误信息应该详细、准确，指出源程序出错的具体行、列位置以及发生了哪类错误等，这样用户就可以迅速地改正程序错误，加快程序的调试速度。词法分析中常见的错误有以下 4 类。

（1）非法字符错。即出现了程序设计语言的字符集以外的符号。如 @ 对 Sample 语言来说是非法字符。对这种错误的处理方法是：保持一张合法字符表，每读取一个符号，就记录当前符号的行列位置，同时判断它是否属于合法字符，若不属于，则报告在源程序的某个位置出现了第一类错误。

（2）单词拼写错。关键字拼写错误在词法分析时无法发现，如将 begin 写成 begen，通常是把它当成标识符处理，等到语法分析阶段才能发现。另一种情况是某些符号出现在不应该出现的位置，它的出现使得词法分析程序不能正确地识别出一个单词，如在数字后面直接跟上字符,123ab。这种错误的处理方式是:将不能按前一个单词的构词方式构成单词的符号作为下一个单词的开始,也就是说将其识别为两个单词 123 和 ab,也可以跳过某些符号再进行处理。

(3) 注解或字符常数不闭合,如/ * …、'abc…等。对于这种错误如果不采取措施,势必将所有后续源程序都作为注解或字符串常数的内容,这样是不合理的。为了防止这种情况的产生,通常限定注解或字符串常数的长度,如限定字符常数的长度不大于 255,或者注解只到本行为止。

(4) 变量说明有重复,如 integer A; real A。只有当词法分析程序兼管查填符号表的工作和说明语句的翻译时,才能发现重复说明的错误。

为了能指出错误位置,行列计数器是必需的。给出错误信息有两种方式。一种方式是将错误类型和错误信息夹在用户源程序中发现错误的地方,一并给出,这样做的好处是方便用户对错误进行处理,而缺点是如果格式组织不好,容易把源程序搞乱。另一种方式是先把错误信息集中起来,仅在源程序的错误之处做个标记,再调用错误处理函数进行统一输出。不管哪种方法,报告的错误信息都应简明扼要。

目前大多数编译程序都采取发现并通知错误的方法,很少去纠正源程序中的错误。这是因为编译程序的设计者很难猜测程序员的意图。如对程序中的 begen 很难确定到底是将begin 写错了,还是它本身就是标识符。但编译程序有时为了能够跳过最小出错单位,需要对源程序做必要的处理(如插入、删除部分符号),其目的不是更正源程序中的错误,而是为了能够继续向后分析。

3.3　正规文法、正规式与有穷自动机

单词是程序设计语言的基本符号,单词的构成规则可以用更加形式化的工具加以描述,并且基于这类描述工具可以建立词法分析的自动生成程序。单词的构成规则可用正规文法、正规式和有穷自动机来描述。正规文法是从产生单词的观点来描述单词,正规式是用表达式的形式来表示单词的构成,有穷自动机是从识别的观点来描述单词,三者在描述单词方面是等价的。

3.3.1　正规文法

在第 2 章中讨论了正规文法的定义:如果文法 $G=(V_N,V_T,P,S)$ 中的每个产生式的形式都是 $A{\rightarrow}aB$ 或 $A{\rightarrow}a$,其中 $A,B\in V_N$, $a\in V_T{}^*$,则 G 是正规文法或称 3 型文法。正规文法所定义的语言称为 V_T 上的正规集,即描述了 V_T 上依据产生式规则生成的单词的集合。

Sample 语言中的几类单词可用下述规则描述:

```
< ID >→< LETTER >|< ID >< LETTER >|< ID >< DIGIT >
< UINT >→< DIGIT >|< UINT >< DIGIT >
< AOP >→ + | − | * | /
< LETTER >→a|b|c| … |z|A|B| … |Z
< DIGIT >→0|1|2| … |9
```

其中<LETTER>表示 a~z 和 A~Z 的任一英文字母,<DIGIT>表示 0~9 的任一数字。

<ID>定义了标识符的构成,<UINT>定义了无符号整数的构成规则,<AOP>定义了算术运算符。其实关键字(保留字)也是一种单词,一般关键字(保留字)都是由字母构成,它的描述也极为容易,关键字(保留字)集合是标识符集合的子集。

3.3.2 正规式

在 Sample 语言里,标识符是一个字母后跟零个或多个字母或数字组成的符号串,根据第 2 章 2.1 节可知,标识符集合可以用 $L(L \cup D)^*$ 来表示,其中 $L=\{A, B, \cdots, Z, a, b, \cdots, z\}$,$D=\{0, 1, \cdots, 9\}$。它也可以用一个表达式(称为正规式)来精确定义,在这种情况下,标识符表示为 $letter(letter | digit)^*$。其中 letter 表示 L 中的单个符号,digit 表示 D 中的单个符号,"|"表示"或"运算,()代表用括号括起来的子表达式,$*$ 代表对表达式求闭包。

正规式也称正则表达式,是表示正规集的工具,它是说明单词的构成模式的一种重要的表示法。

一个正规式是由一些简单的正规式按照一定的规则组成的。假设正规式 e_1 所表示的语言为 $L(e_1)$(称为正规集),其中的规则指明了 $L(e_1)$ 是如何由 e_1 的子表达式所表示的语言以不同的方式结合而成的。下面是正规式和它表示的正规集的递归定义,其中规则(1)和(2)提供了定义的基础,规则(3)提供了归纳步骤。设字母表为 Σ,辅助字母表 $\Sigma'=\{\Phi, \varepsilon, |, \cdot, *, (,)\}$。

(1) ε 和 Φ 都是 Σ 上的正规式,表示的正规集分别为 $\{\varepsilon\}$ 和 Φ。

(2) 对任何 $a \in \Sigma$,a 是 Σ 上的一个正规式,它所表示的正规集为 $\{a\}$。

(3) 设 e_1 和 e_2 是 Σ 上的正规式,所表示的正规集分别为 $L(e_1)$ 和 $L(e_2)$,则:

(e_1) 是正规式,它表示的正规集为 $L(e_1)$;

$e_1 | e_2$ 是正规式,它表示的正规集为 $L(e_1) \cup L(e_2)$;

$e_1 \cdot e_2$ 是正规式,它表示的正规集为 $L(e_1)L(e_2)$;

e_1^* 是正规式,它表示的正规集为 $(L(e_1))^*$。

仅由有限次使用上述 3 步而定义的表达式才是字母表 Σ 上的正规式,仅由这些正规式所表示的集合(即 Σ 上的语言)称为 Σ 上的正规集。其中,"|"读作"或","$\cdot$"读作"连接","$*$"读作"闭包"。规定它们的优先顺序为先"$*$",再"$\cdot$",最后"|"。连接符"$\cdot$"一般可省略不写,在不致混淆时,括号也可以省去。"$*$"、"$\cdot$"和"|"都是左结合的。

例 3.2 令 $\Sigma=\{a,b\}$,表 3.3 定义了 Σ 上的正规式和相应的正规集。

表 3.3 Σ 上定义的正规式和相应的正规集

正 规 式	正 规 集
a	$\{a\}$
a|b	$\{a,b\}$
ab	$\{ab\}$
a*	$\{\varepsilon, a, aa, \cdots\}$($\Sigma$ 上任意个 a 组成的串)
ba*	Σ 上所有以 b 开头后跟任意多个 a 的串
(a|b)(a|b)	$\{aa, ab, ba, bb\}$
(a|b)*	$\{\varepsilon, a, b, aa, ab, ba, \cdots\}$($\Sigma$ 上任意个 a 或 b 组成的串)
(a|b)*(aa|bb)(a|b)*	Σ 上所有含有两个相邻的 a 或两个相邻的 b 的串

每一种程序设计语言都有它自己的字符集 Σ,该语言中的每一个单词或者是 Σ 上的单个字符,或者是 Σ 上的字符按一定方式构成的字符串。单词的构成方式就是对字符或字符串进行"·"(连接)、"|"(或、并)、"＊/＋"(闭包)运算。因此程序设计语言的单词都能用正规式来定义。

例 3.3　令 $\Sigma=\{l,d\}$,其中 l 代表字母,d 代表数字。

Σ 上的正规式 $r=l(l|d)^*$ 定义的正规集为 $\{l,ll,ld,lll,ldd,\cdots\}$,这是大多数程序设计语言中标识符的词法规则,表示每个合法标识符都是"以字母开头的字母数字串"。

例 3.4　令 $\Sigma=\{d,.,e,+,-\}$,其中 d 为 0~9 中的数字。

Σ 上的正规式 $dd^*(.dd^*|\varepsilon)(e(+|-|\varepsilon)dd^*|\varepsilon)$ 表示 Sample 语言中的无符号实数。如 2、12.59、3.6e2 和 471.88e$-$1 等都是该正规式表示集合中的元素。其中前面的部分 dd^* 定义了无符号整数;中间部分 $(.dd^*|\varepsilon)$ 定义了小数部分,一个数可以有或没有小数部分,所以这部分可以是空串或小数点后跟一个或多个数字;最后的部分 $(e(+|-|\varepsilon)dd^*|\varepsilon)$ 定义了指数部分,一个数可以有或没有指数部分,因此这部分可以是空串,或 e 后跟一个可选的＋或－,再后跟一个或多个数字。

若两个正规式所表示的正规集相同,则认为两者是等价的。两个等价的正规式 U 和 V 记为 $U=V$。例如,$b(ab)^*=(ba)^*b$,$(a|b)^*=(a^*b^*)^*$。

设 U、V 和 W 为正规式,则满足以下代数规律:

(1) 交换律:$U|V=V|U$

(2) 结合律:$U|(V|W)=(U|V)|W$
$$U(VW)=(UV)W$$

(3) 分配律:$U(V|W)=UV|UW$
$$(U|V)W=UW|VW$$

(4) $\varepsilon U=U\varepsilon=U$

(5) $U|U=U$

(6) $e^*=e^+|\varepsilon$

(7) $e^+=e^*e=ee^*$

(8) $(e^*)^*=e^*$

3.3.3　有穷自动机

有穷自动机(也称有限自动机)是具有离散输入与输出的系统的一种数学模型,系统可以处于有限个状态的任何一个之中,系统的当前状态概括了过去输入的有关信息,这些信息对于确定系统在以后接受了新的输入时的行为是必需的。如电梯控制系统是一个典型的有穷自动机,它并不需要记住所有以前的服务请求,只需记住现在是在第几层,运动方向是向上还是向下,还有哪些请求未完成。

有穷自动机作为一种识别装置,它能准确地识别正规集,即识别正规文法所定义的语言和正规式所表示的集合。通过构造有穷自动机可以把正规式编译成识别器,为词法分析程序的自动构造寻找到特殊的方法和工具。

有穷自动机分为确定的有穷自动机(Deterministic Finite Automata,DFA)和不确定的有穷自动机(Nondeterministic Finite Automata,NFA)两类。确定的有穷自动机是指,在当前状态下输入一个符号,有穷自动机转换到唯一的下一个状态,称之为后继状态;不确定的有穷自动机是指,在当前状态下输入一个符号,可能有两个或两个以上的后继状态。

1. 不确定的有穷自动机(NFA)

不确定的有穷自动机 M(简称 NFA M)是一个由如下的五元组定义的数学模型:

$$M = (S, \Sigma, \delta, S_0, F)$$

其中:

(1) S 是一个有穷状态集。

(2) Σ 是有穷字母表,它的每个元素称为一个输入符号,所以也称 Σ 为输入符号表。

(3) δ 为状态转换函数,是 $S \times \Sigma$ 到 S 的子集的一个映射,即

$$\delta: S \times \Sigma \rightarrow 2^S \quad (S \text{ 的幂集,即由 } S \text{ 的所有子集组成的集合})$$

(4) 状态集合 S_0 是非空的初态集,且 $S_0 \subseteq S$。

(5) F 是接受(或终结)状态集合(可以为空),且 $F \subseteq S$。

NFA 的状态转换函数可以用状态转换图来表示,结点表示状态,有标记的弧代表转换函数。一个含有 m 个状态和 n 个输入字符的 NFA 表示的状态转换图有 m 个状态结点,每个结点可射出若干条弧与别的结点相连接,每条弧用 Σ 上的一个输入符号或 ε 来标记。整个图至少有一个初态结点以及若干个(可以是 0 个)终态结点,某些结点既可以是初态结点,又可以是终态结点。初态结点冠以双箭头"⇒",终态结点用双圈表示,若 $\delta(s_i, a) = s_j$,则从结点 s_i 到结点 s_j 画标记为 a 的弧。

例 3.5 NFA $M = (\{S, P, Z\}, \{0, 1\}, \delta, \{S, P\}, \{Z\})$

其中:

$$\delta(S, 0) = \{P\}$$
$$\delta(S, 1) = \{S, Z\}$$
$$\delta(Z, 0) = \{P\}$$
$$\delta(Z, 1) = \{P\}$$
$$\delta(P, 1) = \{Z\}$$

该 NFA 用状态转换图表示如图 3.9 所示。状态集合是 $\{S, P, Z\}$,输入符号表是 $\{0, 1\}$,状态 S, P 是开始状态,接受状态 Z 由双圈表示。

在描述 NFA 时,除了用上述状态转换图外,也可以用状态转换表(矩阵)来描述 NFA 的转换函数,每个状态一行,每个输入符号和 ε(如果需要的话)各占一列,表的第 i 行中与输入符号 a 对应的表项是一个状态集合,表示 NFA 在状态 i 输入 a 时所能到达的状态集合,即 $\delta(i, a)$ 的值。

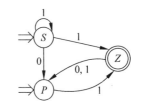

图 3.9 例 3.5 的状态转换图

例 3.6 例 3.5 中的 NFA 可用如表 3.4 所示的状态转换表来表示。

状态转换表的优点是可以快速访问给定状态在给定输入符号时能转换到的状态集;其缺点是,当输入字母表较大,多数转换为空时,会占用大量无用空间。

NFA 的特点是它的不确定性,即在当前状态下读入同一个符号,可能有多个下一状态;不确定性反映在 NFA 的定义中,就是 δ 函数是一对多的;反映在状态转换图中,就是从一

个结点出发可能有多于一条标记相同的弧转移到不同的下一状态;反映在转换表中,就是
$M[i,a]$ 的值不是一个单一状态,而是一个状态集合。

表 3.4　例 3.6 的 NFA 状态转换表

状态 ＼ 输入	0	1
S	$\{P\}$	$\{S,Z\}$
P	$\{\ \}$	$\{Z\}$
Z	$\{P\}$	$\{P\}$

对于 Σ^* 中的任何一个符号串 t,若存在一条从某一初态结点到某一终态结点的通路,
且这条通路上的所有弧上的标记字依序连接成的串(忽略那些标记为 ε 的弧)等于 t,则称 t
可为 NFA M 所识别(读出或接受)。

若 M 的某些结点既是初态结点又是终态结点,或者存在一条从某个初态结点到某个终
态结点的通路,其上所有弧的标记均为 ε,则空字 ε 可为 M 所接受。NFA M 所能识别的符
号串的全体记为 $L(M)$。

例 3.7　有 DFA $M = (\{0,1,2,3\},\{a,b\},\delta,0,\{3\})$,$\delta$ 为:

$$\delta(0,a) = \{0,1\} \qquad\qquad \delta(0,b) = \{0\}$$
$$\delta(1,b) = \{2\} \qquad\qquad \delta(2,b) = \{3\}$$

其状态转换图如图 3.10 所示。

该 NFA M 所识别的语言为 $L(M) = (a|b)^* abb\}$。

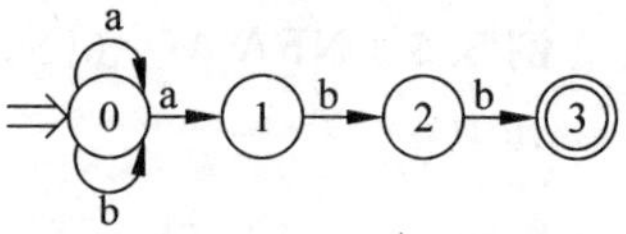

2. 确定的有穷自动机(DFA)

确定的有穷自动机(DFA)是 NFA 的特例。DFA 也定
义为一个五元组:

图 3.10　例 3.7 的状态转换图

$$M = (S,\Sigma,\delta,s_0,F)$$

其中:

(1) S 是一个有穷状态集。

(2) Σ 是一个有穷输入字母表。

(3) δ 是状态转换函数,是在 $S \times \Sigma \to S$ 上的单值部分映射,$\delta(s,a) = s'(s \in S,s' \in S)$ 的
含义是:当前状态为 s,输入字符为 a 时,将转换为下一个状态 s',把 s' 称作 s 的后继状态。

(4) 状态 s_0 是唯一的初态,且 $s_0 \in S$。

(5) F 是接受(或终结)状态集合(可以为空),并且 $F \subseteq S$。

DFA 与 NFA 的主要区别表现在以下 3 点。

(1) DFA 的任何状态之间都没有 ε 转换,即没有任何状态可以不进行输入符号的匹配
就直接进入下一个状态。

(2) DFA 对任何状态 s 和任何输入符号 a,最多只有一条标记为 a 的边离开 s,即转换
函数 δ:$S \times \Sigma \to S$ 是一个单值部分函数。

(3) DFA 的初态唯一,NFA 的初态为一个集合。

一个 DFA 也可以表示成一个状态转换图。假定 DFA M 含有 m 个状态和 n 个输入字

符,则它的状态图含有 m 个结点,每个结点最多有 n 条弧射出,整个图含有唯一的一个初态结点和若干个(可以是 0 个)终态结点。

例 3.8 有 DFA $M = (\{0,1,2,3\}, \{a,b\}, \delta, 0, \{3\})$,$\delta$ 为:

$$\delta(0,a) = 1 \qquad \delta(0,b) = 2$$
$$\delta(1,a) = 3 \qquad \delta(1,b) = 2$$
$$\delta(2,a) = 1 \qquad \delta(2,b) = 3$$
$$\delta(3,a) = 3 \qquad \delta(3,b) = 3$$

其状态转换图如图 3.11 所示。

DFA 从任何状态出发,对于任何输入符号,最多只有一个转换。如果用状态转换矩阵表示 DFA 的转换函数,则表中的每个表项最多只有一个状态。这样就很容易确定 DFA 是否接受某输入串,因为从开始状态出发最多只有一条到达某终态的路径可由这个串标记。

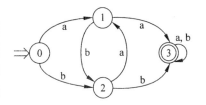

图 3.11 例 3.8 的状态转换图

例 3.9 例 3.8 中的 DFA 可用如表 3.5 所示的状态转换表来表示。

表 3.5 例 3.8 的 DFA 状态转换表

输入 状态	a	b
0	1	2
1	3	2
2	1	3
3	3	3

在 DFA 的矩阵表示中,表项是一个状态;而在 NFA 的矩阵表示中,表项是状态的集合。

对于 Σ^* 中的任何字 α,若存在一条从初态结点到某个终态结点的通路,且这条通路上所有弧的标记符号连接成的字等于 α,则称字 α 可为 DFA M 所识别(读出或接受)。若 M 的初态结点又是终态结点,则空字 ε 可为 M 所识别。DFA M 所能识别的符号串的全体记为 $L(M)$。

例 3.8 中的 DFA M 能识别 Σ 上所有含有两个相邻的 a 或两个相邻的 b 的字(图中用"a,b"标记的弧实际上是指分别由 a 和 b 标记的两条弧)。

与 NFA 相比,DFA 的特点是它的确定性,即在当前状态下,读入同一个字符,最多有一个后继状态;确定性反映在 DFA 的定义中,就是 δ 函数是一对一的;反映在状态转换图中,就是从一个结点出发的所有弧上标记的字符均不同;反映在状态转换表中,就是 $M[i,a]$ 的值是单一的状态。

3. NFA 转换为等价的 DFA

对任何两个有穷自动机 M 和 M',如果 $L(M) = L(M')$,则称 M 与 M' 是等价的。

DFA 是 NFA 的特例。对于每个 NFA M,存在一个 DFA M',使得 $L(M) = L(M')$。与

某一 NFA 等价的 DFA 不是唯一的。

从 NFA 构造等价的 DFA 的一种常用方法是子集法。构造的基本思路是：DFA 的每一个状态对应 NFA 的一组状态，用 DFA 的一个状态去记录在 NFA 中读入一个输入符号后可能达到的状态集合。

为介绍算法，首先给出与状态集合 I 有关的几个运算。

(1) 状态集合 I 的 ε-闭包，表示为 ε_Closure(I)，定义为：

若 $q \in I$，则 $q \in$ ε_Closure (I)；

若 $q \in I$，则从 q 出发经任意条 ε 弧而能到达的状态 q' 都属于 ε_Closure (I)。

(2) 状态集合 I 的 a 弧转换，表示为 I_a，定义为：

$$I_a = \text{ε\_Closure } (J)$$

其中 J 是所有那些可从 I 中的某一状态结点出发经过一条 a 弧而到达的状态的全体。

例如，在图 3.12 中：

若 $I_1 = \{ 1 \}$，ε_Closure $(I_1) = \{ 1, 2 \}$；

若 $I_2 = \{ 5 \}$，ε_Closure $(I_2) = \{ 5, 6, 2 \}$；

若 $I_3 = \{1,2\}$，$J = \{5,3,4\}$；$I_{3a} = $ ε_Closure$(\{5,3,4\}) = \{2,3,4,5,6,7,8\}$。

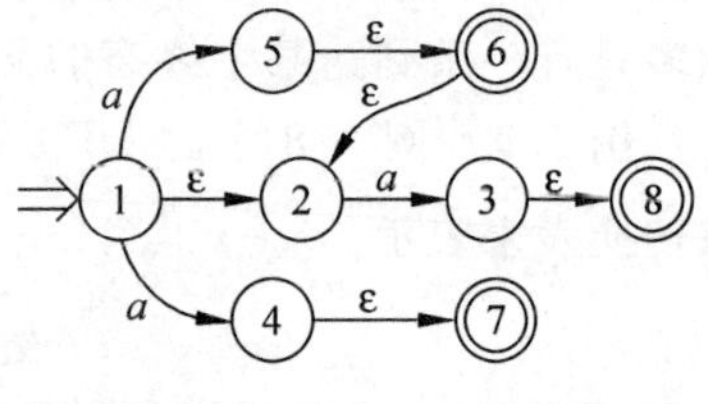

下面介绍使用子集法对给定的 NFA 进行确定化，转换为 DFA 的步骤。

图 3.12　一个 NFA 的例子

(1) 对 NFA 的状态图进行改造。由于 NFA 可能有多个初态结点和多个终态结点，因此增加状态 X、Y，使之成为新的唯一的初态和终态。从 X 引 ε 弧到原初态结点，从原终态结点引 ε 弧到 Y 结点。

(2) 对改造后的 NFA 使用子集法进行确定化。

① 对 $\Sigma = \{a_1, \cdots, a_k\}$，构造一个 $k+1$ 列的状态转换表，行为状态，列为输入字符。置该表的首行首列为 ε_Closure (X)，X 为第一步完成后唯一的开始状态。

② 若某行的第一列的状态已确定为 I，则计算第 $i+1(i=1,2,\cdots,k)$ 列的值为 $I_{(i+1)a}$，然后检查该行上的所有状态子集，看它是否已在第一列出现。若未出现，将其添加到后面的空行上。重复这个过程，直到所有状态子集均在第一列中出现。

③ 将每个状态子集视为一个新的状态，就得到一个确定的有穷自动机，初态就是含有原初态结点的状态（即首行首列的状态），终态是含有原终态结点的所有状态。

例 3.10　将图 3.13 的 NFA 确定化。

解：(1) 由于给定的 NFA 中只有一个初态结点和一个终态结点，因此不需要添加新的状态。

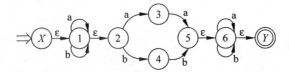

图 3.13　给定的 NFA

（2）使用子集法对该 NFA 进行确定化。

首先，构造一个 3 列的状态转换表，将 ε_Closure(X) 作为该表的首行首列的值，如下表所示，图 3.13 中的 ε_Closure (X) 为 $\{X,1,2\}$。

I	I_a	I_b
$\{X,1,2\}$		

接着求该集合的 I_a 和 I_b，如下表所示：

I	I_a	I_b
$\{X,1,2\}$	$\{1,2,3\}$	$\{1,2,4\}$

然后检查该行上所有表项的值，看它是否已在第一列出现过，如果没有出现，将其添加到第一列，如上表中的 $\{1,2,3\}$ 和 $\{1,2,4\}$ 在第一列都没有出现过，则将其加入第一列，继续求其 I_a 和 I_b 的值。重复这一过程，最后得到如下的表：

I	I_a	I_b
$\{X,1,2\}$	$\{1,2,3\}$	$\{1,2,4\}$
$\{1,2,3\}$	$\{1,2,3,5,6,Y\}$	$\{1,2,4\}$
$\{1,2,4\}$	$\{1,2,3\}$	$\{1,2,4,5,6,Y\}$
$\{1,2,3,5,6,Y\}$	$\{1,2,3,5,6,Y\}$	$\{1,2,4,6,Y\}$
$\{1,2,4,5,6,Y\}$	$\{1,2,3,6,Y\}$	$\{1,2,4,5,6,Y\}$
$\{1,2,4,6,Y\}$	$\{1,2,3,6,Y\}$	$\{1,2,4,5,6,Y\}$
$\{1,2,3,6,Y\}$	$\{1,2,3,5,6,Y\}$	$\{1,2,4,6,Y\}$

重新命名所有的状态，得到如下的状态转换表：

状态	a	b	状态	a	b
S	A	B	D	F	D
A	C	B	E	F	D
B	A	D	F	C	E
C	C	E			

根据状态转换表，得到与给定的 NFA 等价的 DFA，如图 3.14 所示。

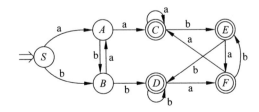

图 3.14　对图 3.13 应用子集法得到的结果

4. DFA 的化简

每一个 DFA 都可以找到一个状态数最少的 DFA 与之等价,且是唯一的(因状态名不同的同构情况除外)。

DFA 化简是指:寻找一个状态数最少的 DFA M',使得 $L(M)=L(M')$。化简的方法是消去 DFA M 中的多余状态(或无用状态),合并等价状态。

DFA 中的多余状态是指:从开始状态出发,读入任何输入串都不能到达的那个状态;或者从这个状态没有通路到达终态。

两个状态 s 和 t 等价是指:如果从状态 s 出发能读出某个字 w 而停于终态,从 t 出发也能读出同样的字 w 而停于终态;反之,若从 t 出发能读出某个字 w 而停于终态,则从 s 出发也能读出同样的字 w 而停于终态。

如果有穷自动机的两个状态 s 和 t 不等价,则称 s 和 t 是可区别的。例如,终态与非终态是可区别的,因为终态读了空字 ϵ 后停于终态,非终态读了空字 ϵ 后不能停于终态。又例如,在图 3.14 中,状态 A 和 B 是可区别的,因为在状态 A 读了 b 之后停于非终态 B;在状态 B 读了 b 之后停于终态 D。

根据上述讨论,在有穷自动机中,两个状态 s 和 t 等价的条件有两个:

(1) 一致性条件:状态 s 和 t 同时为可接受状态或不可接受状态。

(2) 蔓延性条件:对所有输入符号,状态 s 和 t 都转换到等价的状态里。

化简 DFA 的基本思想是把它的状态分成一些互不相交的子集,每一子集中的状态都是等价的,不同子集中的状态可以由某个输入串来区别。最后将不能区别的每个子集用一个状态来做代表,这种方法称为“分割法”。具体过程如下。

(1) 将 M 的所有状态分成两个子集——终态集和非终态集。

(2) 考察每一个子集,若发现某子集中的状态不等价,则将其划分为两个集合。

(3) 重复第(2)步,继续考察已得到的每一个子集,直到没有任何一个子集需要继续划分为止。这时 DFA 的状态被分成若干个互不相交的子集。

(4) 从每个子集中选出一个状态做代表,即可得到最简的 DFA。

在合并状态时要注意以下两点。

(1) 由于一个子集中的状态都是等价的,故将原来进入/离开该子集中每个状态的弧改为进入/离开所选的代表状态。

(2) 含有原来初态的子集仍为初态,含有原来各终态的子集仍为终态。

例 3.11　将例 3.10 结果中的 DFA 最小化。

解:(1) 首先作初始划分,将 DFA 中的状态分为终态集和非终态集,得到 $\Pi_0 = \{\{S,A,B\},\{C,D,E,F\}\}$。

(2) 考察当前划分 Π_0,$\{S,A,B\}$ 在一个子集中,查看它们的状态转换:

$$\delta(S,a)=A,\quad \delta(A,a)=C,\quad \delta(B,a)=A$$

可以看出,当读入 a 时,$\{A\}$ 和 $\{S,B\}$ 进入不同的子集中,由此可以将 $\{S,A,B\}$ 划分为 $\{A\}$,$\{S,B\}$。同样,根据状态转换函数可以得出,$\{C,D,E,F\}$ 在读入 a、b 后均转移到同一子集的状态中,不可区分。由此得到新的划分:

$$\Pi_1 = \{\{A\},\quad \{S,B\},\quad \{C,D,E,F\}\}$$

（3）重复步骤（2）。考察划分 Π_1，$\{S,B\}$ 在一个子集中，查看其状态转换：

$$\delta(S,b)=B,\delta(B,b)=D$$

可以看出，当读入 b 时，S 和 B 会进入不同的子集中，由此可以将 $\{S,B\}$ 划分为 $\{S\}$，$\{B\}$。子集 $\{A\}$ 和 $\{C,D,E,F\}$ 不能再划分。得到新的划分 $\Pi_2=\{\{A\},\{S\},\{B\},\{C,D,E,F\}\}$。该划分的所有子集都不能再划分。

（4）在 Π_2 的每个子集中选一个状态作代表，用 $\{C\}$ 代表 $\{C,D,E,F\}$，其余子集用自己作代表。最后得到只有 4 个状态的最小 DFA M'。

整个过程可以用图 3.15 来表示。

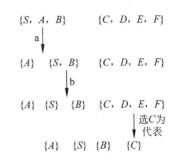

图 3.15　DFA 的化简过程

若 S、A、B、C 用 0、1、2、3 来表示，其状态转换图如图 3.11 所示。

3.3.4　正规文法与有穷自动机的等价性

一个正规集可以由正规文法产生，也可以由有穷自动机来识别，正规文法与有穷自动机是等价的，也就是说，由正规文法产生的语言与有穷自动机识别的语言是相同的。其等价性体现在以下两个方面。

（1）对任一正规文法 G_R，一定存在一个有穷自动机 M，使 $L(M)=L(G_R)$；

（2）对任一有穷自动机 M，一定存在一个正规文法 G_R，使 $L(G_R)=L(M)$。

1. 正规文法到有穷自动机的转换

已知正规文法 $G_R=(V_N,V_T,P,S)$，假设 NFA 为 $M=(Q,\Sigma,\delta,S,F)$，其中 NFA 的各部分为：

（1）输入字母表 Σ，即文法的终结符号 V_T。

（2）初始状态 S，即开始符号 S。

（3）状态集合 Q：增设一个终态 T，$Q=T\cup V_N$ 作为状态集合。

（4）终态集合 F：若 P 中含有 $S\to\varepsilon$ 的产生式，则 $F=\{T,S\}$，否则 $F=\{T\}$。

（5）状态转换函数 δ 的计算方法如下：

① 对 P 中的产生式 $A\to aB$，$\delta(A,a)=B$，画从 A 到 B 的弧，弧上标记为 a；

② 对 P 中的产生式 $A\to a$，$\delta(A,a)=T$，画从 A 到 T 的弧，弧上标记为 a；

③ 对于 V_T 中的每个 a，$\delta(T,a)=\Phi$，即在终态下无动作。

例 3.12　已知 $G_R=(\{A,B,C,D\},\{0,1\},A,P)$，其中 P 为：

$A\to0\,|\,0B\,|\,1D \quad B\to0D\,|\,1C \quad C\to0\,|\,0B\,|\,1D \quad D\to0D\,|\,1D$

解：根据上述步骤，得到有穷自动机 $M=\{Q,\Sigma,\delta,S,F\}$，其中：

$Q=\{T,A,B,C,D\}$，$\Sigma=\{0,1\}$，$F=\{T\}$，$S=A$ 为开始符号，δ 如图 3.16 所示。

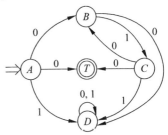

图 3.16　例 3.12 的有穷自动机

2．有穷自动机到正规文法的转换

已知 NFA 为 $M=(S,\Sigma,\delta,S_0,F)$，求等价的正规文法(右线性)$G=(V_N,V_T,P,S)$，即：

(1) 终结符集 V_T：V_T＝字母表 Σ。

(2) 开始符号 S：S＝初始状态 S_0。

(3) 非终结符集 V_N：等于有穷自动机的状态集合，即 $V_N=S$。

(4) 产生式 P：对任何 $a\in\Sigma,A,B\in S$，若有 $\delta(A,a)=B$，则：

① 当 $B\notin F$，令 $A\rightarrow aB$；

② 当 $B\in F$，$A\rightarrow a|aB$；

③ 若 $S_0\in F$，增加 $S_0\rightarrow\varepsilon$。

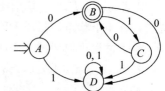

例 3.13   有穷自动机如图 3.17 所示，求对应的正规文法。

$G_R=(\{A,B,C,D\},\{0,1\},A,P)$，其中 P 为：

$$A\rightarrow 0|0B|1D \qquad B\rightarrow 0D|1C$$
$$C\rightarrow 0|0B|1D \qquad D\rightarrow 0D|1D$$

图 3.17   例 3.13 的有穷自动机

3.3.5   正规式与有穷自动机的等价性

在理论上有一个很重要的结论：正规式和有穷自动机是等价的，即由正规式所描述的语言和有穷自动机所识别的语言是相同的，其等价性表现在以下两点。

(1) 对任何有穷自动机 M，都存在一个正规式 r，使得 $L(r)=L(M)$。

(2) 对任何正规式 r，都存在一个有穷自动机 M，使得 $L(M)=L(r)$。

1．不确定的有穷自动机到正规式的转换

把 NFA 中的状态转换图的概念拓广，令每条弧可用一个正规式来标记。转换步骤如下。

(1) 在 M 的状态转换图上加入两个结点：X 和 Y。从 X 结点引 ε 弧到 M 的所有初态结点，从 M 的所有终态结点引 ε 弧到 Y 结点，从而形成一个新的 NFA M'，它只有一个初态结点 X 和一个终态结点 Y。显然，$L(M)=L(M')$。

(2) 利用图 3.18 中的 3 条替换规则逐步消去 M' 中的多余结点，直到只剩下 X 和 Y 结点。在消去结点的过程中，逐步用正规式来标记弧。

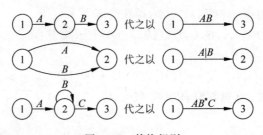

图 3.18   替换规则

（3）最后得到从 X 到 Y 结点的弧上的标记，即为所求的正规式 r。

例 3.14　NFA M 如图 3.19（a）所示，求正规式 r，使 $L(r)=L(M)$。

解：（1）加入 X 和 Y 结点，形成如图 3.19（b）所示的 NFA M'。

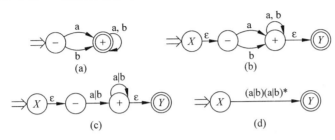

图 3.19　从 NFA M 构造正规式 r

（2）利用图 3.18 所示的替换规则逐步消去 M' 中的结点。利用图 3.18 中的第 2 个规则将－和＋结点间的 a、b 弧消去，如图 3.19（c）所示；再利用图 3.18 中的第 3 个规则将＋结点上的 a|b 弧消去，并消去－和＋结点，最后只剩下 X 和 Y 结点，如图 3.19(d)所示。

（3）X 和 Y 结点间的弧上的标记即为所求，$r=(a|b)(a|b)^*$。

2. 正规式到有穷自动机的转换

从 Σ 上的一个正规式 r 构造 Σ 上的 NFA M 的基本思想如下。

首先分析 r，把它分解成子表达式，然后使用下面的规则（1）、（2）和（3），为 r 中的每个基本符号（ε 或字母表符号）构造 NFA。基本符号对应 3.3.2 节中正规式定义的（1）和（2）两部分。要注意，如果符号 a 在 r 中出现多次，那么要为它的每次出现构造 NFA。

然后，根据正规式 r 的语法结构，用下面的规则（4）归纳组合这些 NFA，直到获得整个正规式的 NFA 为止。在构造过程中产生的中间 NFA 有一些重要的性质：只有一个终态；没有弧进入开始状态，也没有弧离开终态。在下述构造 NFA 的规则中，x 是开始状态，y 是接受状态。

（1）对正规式 Φ，构造如图 3.20(a)所示的 NFA。

（2）对于 ε，构造如图 3.20(b)所示的 NFA，很明显，它识别 $\{\varepsilon\}$。

（3）对 Σ 中的每个符号 a，构造图 3.20(c)所示的 NFA，它识别 $\{a\}$。

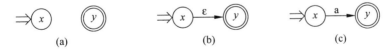

图 3.20　识别正规式 Φ、ε 和 a 的 NFA

（4）如果 $N(s)$ 和 $N(t)$ 分别是正规式 s 和 t 的 NFA，则：

① 对正规式 $s|t$，构造合成的 NFA $N(s|t)$，结果如图 3.21 所示。加入 x 和 y 结点，从 x 引 ε 弧到 $N(s)$ 和 $N(t)$ 的开始状态，从 $N(s)$ 和 $N(t)$ 的接受状态引 ε 弧到 y 结点。$N(s)$ 和 $N(t)$ 的开始和接受状态不再是 $N(s|t)$ 的开始和接受状态。这样，从 x 到 y 的任何路径必须独立完整地通过 $N(s)$ 或 $N(t)$。显然，这个合成的 NFA 识别 $L(s)\bigcup L(t)$。

② 对正规式 st。构造合成的 NFA $N(st)$，结果如图 3.22 所示。$N(s)$ 的开始状态成为

合成后的 NFA 的开始状态，$N(t)$的接受状态成为合成后的 NFA 的接受状态，$N(s)$的接受状态和 $N(t)$的开始状态合并，也就是 $N(t)$的所有开始状态转换成为 $N(s)$的接受状态。合并后的这个状态不作为合成后的 NFA 的接受状态或开始状态。从 x 到 y 的路径必须首先经过 $N(s)$，然后经过 $N(t)$，这个路径上的标记拼成 $L(s)L(t)$中的串。因为没有边进入 $N(t)$的开始状态或离开 $N(s)$的接受状态，所以在 x 到 y 的路径中不存在 $N(t)$回到 $N(s)$的现象，故合成的 NFA 识别 $L(s)L(t)$。

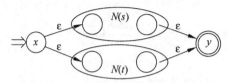

图 3.21 识别正规式 $s|t$ 的 NFA

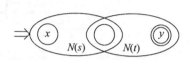

图 3.22 识别正规式 st 的 NFA

③ 对正规式 s^*，构造合成的 NFA $N(s^*)$，结果如图 3.23 所示。同样，x 和 y 分别是新的开始状态和接受状态。在这个合成的 NFA 中，可以沿着 ε 边直接从 x 到 y，这代表 $\varepsilon \in L(s^*)$，也可以从 x 经过 $N(s)$ 一次或多次。显然，这个 NFA 识别 $L(s^*)$。

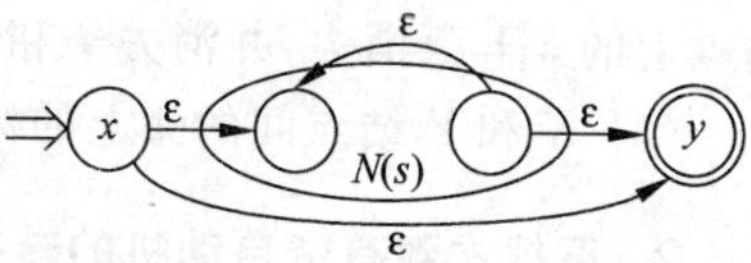

图 3.23 识别正规式 s^* 的 NFA

④ 对于括起来的正规式(s)，使用 $N(s)$本身作为它的 NFA。

对每次构造的新状态都赋予不同的名字。这样，所有的状态都有不同的名字。

例 3.15 利用上述算法构造与正规式 $r=01^*|1$ 等价的有穷自动机。

根据上述步骤，将正规式进行分解，最基本的正规式是 1 和 0，因此：

(1) 构造与正规式 1 和 0 等价的有穷自动机，如图 3.24(a)所示。

(a) 分别与1和0等价的有穷自动机 (b) 与1*等价的有穷自动机

(c) 与01*等价的有穷自动机

(d) 与01*|1等价的有穷自动机

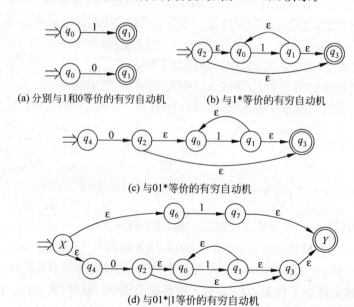

图 3.24 与正规式等价的有穷自动机

（2）根据 1 的自动机，构造与 1* 等价的有穷自动机，如图 3.24(b)所示。

（3）将正规式 0 和 1* 的自动机连接，构造与正规式 01* 等价的有穷自动机，如图 3.24(c)所示。

（4）将正规式 01* 和 1 的自动机合并，构造与正规式 01* |1 等价的有穷自动机，如图 3.24(d)所示。

3.4 词法分析程序的自动生成

从上一节的描述中可以看到，正规式主要用于描述单词的构成模式，而且正规式与有穷自动机是等价的，也就是说，有穷自动机是识别正规式所描述的单词的识别器。基于这种方法来构造单词的识别程序的工具很多，本节主要以 LEX 为例介绍如何从正规式产生识别该正规式所描述的单词的词法分析程序。

3.4.1 LEX 的概述

LEX 是一个基于正规式的描述构造词法分析程序的工具，已广泛用于产生各种语言的词法分析器，也称为 LEX 编译器。它的输入是用 LEX 语言编写的源程序，在 LEX 源程序中，要将基于正规式的模式说明与词法分析程序要完成的动作组织在一起。输出是词法分析的 C 语言程序。

由于 LEX 存在多个不同的版本，所以这里的讨论仅限于对于所有的或大多数版本均通用的特征。本节讨论的程序都在最常见的版本 flex(Fast LEX)上调试通过。

LEX 通常按图 3.25 描述的方式使用，分为以下 3 步：

（1）LEX 编译器读取有规定格式的文本文件，输出一个 C 语言的源程序。输入源文件的扩展名一般用.l 表示(如 lcx.l 文件)。它符合 LEX 源语言规范，其中包括用正规式描述的单词说明和对应的动作(用 C 语言源代码书写)。

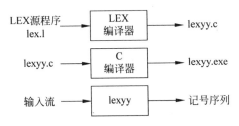

图 3.25 LEX 编译器的用法

使用方法：在 Windows 命令行下用命令 C:>flex lex.l，得到一个输出文件 lexyy.c。

LEX 编译器通过对 lex.l 进行扫描，将其中的正规式转换为相应的 NFA，再转换为与之等价的 DFA，对 DFA 化简使之达到状态数最少，最后产生用该 DFA 驱动的 C 语言词法分析函数 yylex()，并将该函数输出到 C 源代码文件 lexyy.c(UNIX 下为 lex.yy.c)中，其中 lex.l 中定义的与正规式匹配的动作(C 语言源代码)被直接插入到 lexyy.c 中。文件 lexyy.c 被称为 LEX 输出的词法分析程序。

（2）用常见的 C 编译器(如 TCC、LCC 编译器等)对 lexyy.c 进行编译，并将它们链接到一个主程序上以得到一个可运行的程序 lexyy.exe,这就是满足要求的词法分析程序。

使用方法:在命令行下输入 C:>TCC lexyy.c,得到输出文件 lexyy.exe。

(3) 运行 lexyy,函数 yylex()对输入文件进行分析,在识别输入流中某一字符序列与所定义的单词正规式匹配时执行与其对应的 C 语言代码。

使用方法:在命令行下用命令 C:>lexyy<test.txt,test.txt 是一个符合所设计语言(该词法分析程序也是为之设计)规范的源程序,是一个文本文件。

3.4.2　LEX 源文件的书写

1. 源文件格式

根据上述介绍,使用 LEX 产生词法分析器的关键是设计 LEX 源程序。LEX 源程序包括 3 个部分:声明、翻译规则和辅助程序,这 3 个部分由%%分开,因此,LEX 输入文件的格式如图 3.26 所示。

第一部分是声明部分,它出现在第一个%%之前,包括变量声明、常量定义和正规式定义。其中变量声明和常量定义遵循 C 语言的定义,该部分定义的常量和变量将在后续的 C 语言程序中使用,正规式的定义将在 3.4.3 节中详细介绍,首先定义正规式的名字,该名字可以在翻译规则中用作正规式的成分。正规式定义中的名字写在新的一行从第一列开始,其后(后面有一个或多个空格)是它所表示的正规式。此处注

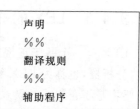

```
声明
%%
翻译规则
%%
辅助程序
```

图 3.26　LEX 源程序的组成

意正规式定义的行中不能加注释,这会导致 LEX 认为注释也是正规式定义的一部分。

本部分中包括在分隔符"%{"和"%}"之间的内容将直接插入到由 LEX 产生的 C 语言代码中,它位于任何过程的外部。

第二部分是翻译规则,由一组正规式以及当每个正规式被匹配时所采取的动作组成,这些动作是 C 语言的代码。

第三部分是动作所需的辅助程序,主要包括一些 C 语言代码。LEX 将该部分直接输出到输出文件 lexyy.c 的尾部。在这一部分可定义对正规式进行处理的 C 语言函数、主函数和 yylex 要调用的函数 yywrap()等。这些过程也可以分别编译,然后在连接时装配在一起。如果要将 LEX 输出作为独立程序来编译,则这一部分必须有一个主程序。当第二个%%无需写出时,就不会出现这一部分(但总是需要写出第一个%%)。

2. 正规定义式

为了表示方便,对给定的正规式可以用一个名称标识,然后用这样的名称定义新的正规式。设字母表为 Σ,正规定义式是如下形式的定义序列:

$$d_1 \rightarrow r_1$$
$$d_2 \rightarrow r_2$$
$$\vdots$$
$$d_n \rightarrow r_n$$

其中 $d_i(i=1,2,\cdots,n)$ 是不同的名字,$r_i(i=1,2,\cdots,n)$ 是在 $\Sigma \bigcup \{d_1,d_2,\cdots,d_{i-1}\}$ 上定义的

正规式,即用基本符号和前面已经定义的名字表示的正规式。

由于限制了每个正规式 r_i 只能包含 Σ 中的符号和前面已经定义过的名字,故 r_i 中的名字用它所表示的正规式进行替换,就可以得到定义在 Σ 上的正规式。

例 3.16 Pascal 语言中标识符是以字符开头的由字母和数字组成的符号串,其标识符和无符号整数可以由正规式 letter(letter|digit)* 和 digit digit* 来描述。

如果引进名字 id 和 digits 来表示标识符和无符号整数,而 letter 和 digit 也分别表示两个正规式的名字,则标识符的集合可以表示为如下的正规定义式:

digit→0|1|···|9

letter→a|b|···|z|A|B|···|Z

id→letter(letter|digit)*

digits→digit digit*

在这里要注意,在定义名字时并未出现花括号,它只在使用名字时才出现。

3. LEX 中正规定义式的表示形式

LEX 源文件中的正规定义式与上一节的定义相似。表 3.6 是常用的 LEX 元字符约定,在这里并不列出所有的 LEX 元字符且不逐个地描述它们。

表 3.6 LEX 中的元字符约定

格 式	含 义
a	字符 a
"a"	即使 a 是一个元字符,它仍是字符 a
\a	当 a 是一个元字符时,为字符 a
a^*	a 的零次或多次重复
$a+$	a 的一次或多次重复
$a?$	一个可选的 a
$a\|b$	a 或 b
(a)	a 本身
$[abc]$	字符 a、b 或 c 中的任一个
$[a-d]$	字符 a、b、c 或 d 中的任一个
$[\^ab]$	除了 a 或 b 外的任一个字符
.	除了新行之外的任一个字符
{xxx}	用名字 xxx 表示的正规式
<EOF>	匹配文件结束标记

下面对表 3.7 中的约定进行简要说明。

(1) LEX 允许匹配单个字符或字符串,只需按顺序写出字符即可,如 a。

(2) LEX 允许把字符放在引号中而将元字符作为真正的字符来匹配。引号可用于并不是元字符的字符前后,但此时的引号毫无意义。因此,在要被直接匹配的所有字符前后使用引号很有意义,而不论该字符是否为元字符。例如,可以用 if 或"if"来匹配一个作为 if 语句前导的保留字 if。

(3) 如果要匹配左括号,就必须写成"(",这是因为左括号是一个元字符。另一个方法是利用反斜杠元字符\,但它只对单个元字符起作用,例如,要匹配字符序列(∗,就必须重复使用反斜杠,写作\(\∗。很明显,写成"(∗"更简单一些。另外,将反斜杠与正规字符一起使用就有了特殊意义。例如,\n 匹配一新行,\t 匹配一个制表位(这些都是典型的 C 语言约定,大多数这样的约定在 LEX 中也可行)。

(4) 加号(+)表示正闭包运算。该符号和闭包∗之间的关系遵循第 2 章 2.1 节的关系,即 $d^+ = dd^*$,在 LEX 源文件中,不用上标表示。如 Pascal 语言中无符号常数可以用正规定义式 digits 表示,可以定义为 digit digit∗,也可以直接定义为 digit+(写为 digits→digit+)。

(5) 问号(?)指示可选部分。用 r?表示可以出现 r 或者不出现(即 $r? = r|\varepsilon$)。如果 r 是正规式,则 r?表示语言 $L(r) \bigcup \{\varepsilon\}$ 的正规式。例如正规式

(aa|bb)(a|b)∗c?

表示以 aa 或 bb 开头,末尾则是一个可选的 c。该正规式也可以写作

("aa"|"bb")("a"|"b")∗"c"?

(6) 字符类是将字符类写在方括号之中。例如[abxz]就表示 a、b、x 或 z 中的任意一个字符,表示正规式 a|b|x|z。由此前面的正规式可写作

(aa|bb)[ab]∗c?

在使用方括号表示字符类时,还可利用连字符表示字符的范围。因此用[0−9]表示任何一个 0~9 之间的数字,正规式 a|b|…|z 就可以缩写为[a−z],这样标识符的正规式可以写为

[A−Za−z][A−Za−z0−9]∗

LEX 有一个特征:在方括号(表示字符类)中,大多数元字符都丧失了其特殊含义,因此无须用引号引出。如果将连字符写在前面,则也可将其作为正规字符。因此,正规式("+"|"−")写作[−+],(但不可写作[+−],这是因为元字符"−"用于表示字符的一个范围)。又如:[."?]表示了句号、引号和问号 3 个字符中的任一个字符(这 3 个字符在方括号中都失去了它们的元字符含义)。但是一些字符即使是在方括号中也仍然是元字符,因此为了得到真正的字符,就必须在字符前加一个反斜杠(由于引号已失去了它们的元字符含义,所以不能用它),因此[\^\]就表示真正的字符^和\。

(7) 互补集合的表示(^),也就是不包含某个字符的集合。将插入符^作为括号中的第一个字符,因此[^0-9abc]表示不是任何数字且不是字母 a、b 或 c 中任何一个符号的其他任意字符。

(8) 句点是表示字符集的元字符,它表示除新行(\n)之外的任意字符。

(9) LEX 中一个更为重要的元字符是用花括号指出前面定义的正规式的名字。只要没有递归引用,这些名字也可使用在其他的正规式中。

例 3.17 写出 Pascal 中可以带符号的实数的正规定义式,这个集合可能包含一个小数部分或一个以字母 E 开头的指数部分:

real→("+"|"−")?[0−9]+ ("."[0−9]+)?(E("+"|"−")?[0−9]+)?

4. LEX 源文件的翻译规则

LEX 源文件的第二部分是翻译规则。它们由一组正规式以及与每个正规式匹配时相应的动作组成。每个动作是一小段 C 语言代码,它指出当匹配相应的正规式时应执行的动作。格式是:

$$p_1 \qquad \{\text{动作 } 1\}$$
$$p_2 \qquad \{\text{动作 } 2\}$$
$$\vdots \qquad\qquad \vdots$$
$$p_n \qquad \{\text{动作 } n\}$$

这里每个 p_i 是正规式,每个动作 i 表示匹配正规式 p_i 时词法分析器应执行的程序段。这些翻译规则完全决定了最后生成的词法分析程序的功能,分析程序只能识别符合正规式 $p_1, p_2, \cdots, p_n$ 的单词符号。

现在来考察 LEX 产生的目标程序如何工作。如果词法分析程序被语法分析程序激活时,最终得到的词法分析程序 L 逐一地扫描输入串的每个字符,直到它在剩余输入串中发现能和正规式 p_i 匹配的最长前缀为止,将该子串截下来放在一个叫做 yytext 的缓冲区中,然后 L 就调用动作 i,当动作 i 工作完后,L 识别出一个单词符号,并完成了相应的动作,典型地,动作 i 将把控制返回语法分析程序。如果控制没有被返回,词法分析程序将继续寻找下面的词法单元,直到有一个动作引起控制返回到语法分析程序为止。这种重复地搜索词法单元直到控制显式返回的方式使词法分析程序能方便地处理空白和注解。当 L 被再次调用时,就从剩余输入串开始识别下一个输入符号。

每次词法分析程序仅返回一个值(记号)给语法分析程序,记号的属性值通过全程变量 yylval 传递。

5. LEX 源程序设计举例

例 3.18 有如下正规定义式,写出识别这些单词的 LEX 源文件。

```
if→if
then→then
else→else
rop→<|<=|>|>=|==|<>
id→letter(letter|digit)*
real→digit+(.digit+)?(E(+|-)?digit+)?
```

其相应的 LEX 源程序如下(源程序左侧的数字列是为便于对程序进行说明而加注的行号)。

```
1    /*源程序的名字 lex.l*/
2    /*第一部分:说明部分*/
3    %{
4    #include<stdio.h>
5    /*此处应该写C语言描述的标识符常量的定义,如 LT、LE、GT、GE、EQ、NE、IF、THEN、ELSE、ID、REAL、ROP*/
6    extern yylval;
7    %}
8    /*正规定义式*/
```

```
 9    delim     [\t\n]
10    ws        {delim}*
11    letter    [A-Za-z]
12    digit     [0-9]
13    id        {letter}({letter}|{digit})*
14    real      {digit}+(\.{digit}+)?(E(+|\-)?{digit}+)?
15    % %
16    /*第二部分：规则部分*/
17    {ws}      { /*没有动作,也没有返回*/}
18    if        {return(IF);}
19    then      {return(THEN);}
20    else      {return(ELSE);}
21    {id}      {yylval = install_id();return(ID);}
22    {real}    {yylval = install_real();return(REAL);}
23    "<"       {yylval = LT;return(ROP);}
24    "<="      {yylval = LE;return(ROP);}
25    ">"       {yylval = GT;return(ROP);}
26    ">="      {yylval = GE;return(ROP);}
27    "=="      {yylval = EQ;return(ROP);}
28    "<>"      {yylval = NE;return(ROP);}
29    % %
30    /*第三部分：辅助过程*/
31    int install_id() {
32    /*此处应该把单词插入符号表并返回该单词在符号表中的位置,由 yytext 指向该单词的
33    第一个字符,yyleng 给出它的长度*/
34    }
35    int install_real() {
36    /*类似于上面的函数,但单词是常数*/
37    }
```

在该程序中,第 3～7 行用%{和%}括起来的是关于符号常数的定义,出现在该括号对中的任何内容在编译期间都直接复制到 lexyy.c 中,所以应该符合 C 语言的定义规范。

第 9～14 行是与正规式 delim、ws、letter、digit、id 和 real 相应的正规定义式,只是没有使用定义符→,而是用空格分隔。在右边的表达式中引用前面定义过的名字时,要用一对花括号将该名字括起来,另外,正规式中出现的源语言中的符号,如"-"、"."等要用转义符"\"引导,如 delim 的正规式中的\t 和\n、real 中的\. 和\-。

第 17～28 行是翻译规则,左部是正规式,右边是当扫描到的串匹配该正规式时应该执行的动作。注意,如果动作中不包含明确的 return 语句,则 yylex()直到处理完完整的输入后才会返回。如果正规式中引用前面定义过的名字,要用花括号括起来。当 LEX 的元字符在正规式中出现时,要用双引号括起来,如"<"、">"等。ws 代表任何可能的连续空白符号,词法分析不需要执行任何动作,它所对应的花括号中只有注释,没有可执行内容。

在识别 id 和 real 的动作中,用到了两个函数 install_id()和 install_real(),这是两个辅助过程,需要在第三部分(第 31～37 行)定义。辅助过程一般用 C 语言写。当用 LEX 编译程序编译 lex.l 时,把这部分内容原样复制到 yylex.c 中。注释中提到的变量 yytext 相当于输入缓冲区中单词符号的开始指针,变量 yyleng 是当前识别出的单词符号的长度。执行 install_id()时,若符号表中没有当前扫描到的单词,则在符号表中增加一项,其单词从缓冲区 yytext 所指的位置开始,共有 yyleng 个字符,将其复制到存放单词的指定位置,表中存入该串的指针。

例 3.19 写一个 LEX 源文件,其功能是统计文本文件中的字符数和行数。

```
%{
/* 该 LEX 程序的功能是统计文本文件中的字符数和行数,并输出结果 */
#include <stdio.h>
int num_chars = 0, num_lines = 0;          /* 全局变量定义,初值为 0 */
%}
%%                                         /* 以下是第二部分 */
\n    { ++num_chars; ++num_lines; }        /* \n 匹配一行 */
.     { ++num_chars; }                     /* .匹配任一符号,注意从第一列开始写 */
%%                                         /* 以下是第三部分 */
int main()
{ yylex();
  printf("This file has %5d chars, %5d lines", num_chars,num_lines);
  return 0;
}
int yywrap()    /* 文件结束处理函数,yylex 在读到文件结束标记 EOF 时要调用该函数,用户必须
                 提供该函数,否则在编译时会出错 */
{ return 1; }
```

该程序首先定义了两个计数器 num_chars 和 num_lines,分别记录文本文件中的字符数和行数。在 LEX 源文件中定义了与两个正规式\n 和.(换行符和任意字符)匹配时的动作,分别是将相应的计数器加 1。

3.4.3 LEX 的工作原理

LEX 编译程序的功能是根据 LEX 源程序构造一个词法分析程序,由 LEX 生成的词法分析程序由两部分组成,即一个状态转换矩阵和一个执行控制程序。

1. LEX 的工作过程

LEX 编译程序在扫描 LEX 源程序的过程中,首先扫描每一条翻译规则 p_i,为之构造一个非确定的有穷自动机 NFA M_i;其次将各条翻译规则对应的 NFA M_i 合并为一个新的NFA M,如图 3.27 所示;然后将 NFA 确定化为DFA D,并生成该 DFA D 的状态转换矩阵和控制执行程序。由于各种语言的状态转换矩阵的结构相同,所以控制执行程序对各种语言都是相同的。

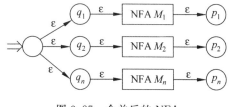

图 3.27　合并后的 NFA

2. 二义性的解决

LEX 在扫描过程中可能会遇到二义性的情况,此时应根据一定的原则来确定词法分析的识别算法,一般来说,应遵守下面两条原则。

(1)最长匹配原则:在识别单词符号的过程中,当有几个规则看来都适用时,总是寻找可能的最长子串与正规式 p_i 相匹配。

(2)优先匹配原则:如果某个子串可以与两个或更多的正规式匹配,并且匹配的长度都相同,LEX 以出现在最前面的那个 p_i 为准,也就是说,越处于前面的那个 p_i,匹配的优先

级越高。如果没有正规式可与任何非空子串相匹配,则词法分析程序应报告输入含有错误,LEX 的默认动作就将下一个字符复制到输出中并继续下去。

3. LEX 的工作过程举例

假如有如下省略了动作部分的 LEX 源程序,该程序描述了 3 个单词符号,且没有声明部分和辅助过程部分,只有翻译规则部分。

```
%%
a            {        }
abb          {        }
a * bb *     {        }
%%
```

LEX 编译程序的工作过程如下。

(1) 读取 LEX 的源程序,分别生成不确定的有穷自动机,如图 3.28 所示。

(2) 将这些 NFA 合并为一个 NFA M,如图 3.29 所示。

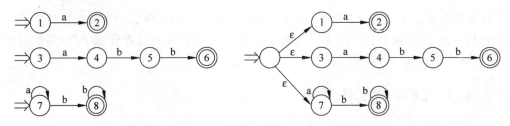

图 3.28   为每条规则生成 NFA   图 3.29   合并后的 NFA M

(3) 最后,将该 NFA 确定化后为 DFA D。

其中 DFA $D=(\{A,B,C,D,E,F\},\{a,b\},\delta,A,\{B,C,E,F\})$,其中 $A=\{0,1,3,7\}$,$B=\{2,4,7\}$,$C=\{8\}$,$D=\{7\}$,$E=\{5,8\}$,$F=\{6,8\}$,该 DFA 的状态转换矩阵和状态转换图如图 3.30 所示。

	a	b
A	B	C
B	D	E
C	C	C
D	D	C
E		F
F		C

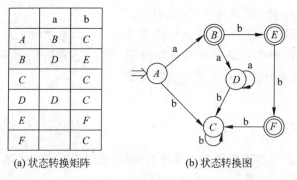

(a) 状态转换矩阵   (b) 状态转换图

图 3.30   DFA D 的状态转换矩阵和状态转换图

4. LEX 的分析控制程序

LEX 编译程序读 LEX 源程序,并构造出确定的有穷自动机的状态转换矩阵,然后生成分析控制程序(该程序对所有的语言都是相同的),以最终形成可执行的目标程序,这里通过分析一个字符串的例子来说明分析控制程序的工作原理。

假如输入字符串为 aba…,如图 3.30 所示的 DFA A 从初态 A 开始工作,当它扫描到第一个输入符号 a 时,进入状态 B;又扫描到输入符号 b 时,进入状态 E,但此状态对于下一个输入符号 a 没有后继状态,因此不能再继续往前扫描了,此时应该退回一个输入符号 a,并为了实现最初匹配原则,应按照反序检查所经历的每个状态,看哪个状态为终态。

首先检查 E,它恰好是一个终态,含有唯一的原 NFA M 的一个终态 E,因此可以判定,所识别出来的单词属于 a^*bb^* 的一个成员。

接着就立即调用该规则后面的动作。

如果在状态子集中不含 NFA 的终态,则要从扫描的字符串中再退回一个符号,然后检查相应的状态,如此继续下去。一旦已扫描的字符全部退完,但还没有到达终态,则宣布分析失败,应该调用错误处理程序进行处理。若当前状态子集中含有两个 NFA 的终态,则实施优先匹配原则。

至于规则右边的处理,只需将该动作序列复制到 lexyy.c 中即可,并且仅当最终明确所识别出的最长字符串属于 p_i 时,词法分析程序才转到相应的动作序列进行处理。

3.4.4 LEX 使用中的一些注意事项

1. C 代码的插入

(1) 写在定义部分％{和％}之间的任何文本将被直接复制到外置于任意过程的输出程序之中。

(2) 辅助过程中的任何文本都将被直接复制到 LEX 代码末尾的输出程序中。

(3) 将任何跟在翻译规则(在第一个％％之后)中的正规式之后(中间至少有一个空格)的代码插入到识别过程 yylex 的恰当位置,并在与对应的正规式匹配时执行它。代表一个行为的 C 语言代码既可以是一个 C 语言语句,也可以是一个由任何说明及由位于花括号中的语句组成的复杂的 C 语言语句段。

2. 内部名字

表 3.7 列出了 LEX 常用的内部名字,在与正规式匹配的动作函数或辅助过程中均可以使用这些内部名字。

表 3.7 一些 LEX 内部名字

LEX 内部名字	含义/使用说明
lexyy.c 或 lex.yy.c	LEX 输出文件名
yylex	LEX 扫描程序
yytext	当前正规式匹配的串
yyin	LEX 输入文件(默认为 stdin)
yyout	LEX 输出文件(默认为 stdout)
input	LEX 缓冲的输入程序
ECHO	LEX 默认行为(将 yytext 打印到 yyout)

　　表3.8中有一个特征在前面的例题中未曾提到过：LEX 为一些文件备有其自身的内部名字 yyin 和 yyout，LEX 从 yyin 中获得输入并向 yyout 发送输出。通过标准的 LEX 输入例程 input 就可自动地从文件 yyin 中得到输入。但是在前述的示例中却回避了内部输出文件 yyout，而只通过 printf 和 putchar 写到标准输出中。一个允许将输出赋到任一文件中的更好的实现方法是用 fprintf(yyout,…)和 putchar(…,yyout)取代它们。

3.4.5　使用 LEX 自动生成 Sample 语言的词法分析程序

　　根据上述解释，利用 LEX 可以编写任一种语言的词法分析程序。下面的 LEX 源程序将生成 Sample 语言词法分析程序的一部分。假定单词识别出来的动作是打印所识别出来的单词及其种别。能够识别的单词包括整数、实数、运算符、部分关键字和标识符，能够删除多余的空白，并把注释去掉。可以根据该原型添加相应的功能，识别更多的单词，完成其他词法功能。

```
%{
#include <math.h>
#include <stdlib.h>
#include <stdio.h>
%}
DIGIT   [0-9]
ID      [a-z][a-z0-9]*
%%
{DIGIT}+ {  printf("整数: %s(%d)\n",yytext,atoi(yytext));}
{DIGIT}+"."{DIGIT}+ { printf("实数:%s(%g)\n",yytext,atof(yytext));}
if|then|begin|end|program|while|repeat    {printf("关键字: %s\n",yytext);
}
{ID}                  { printf("标识符: %s\n",yytext);}
"+"|"-"|"*"|"/"   {printf("运算符: %s\n",yytext);}
"{"[^}\n]*"}" ;              /*删除注释,假定 Sample 语言的注释用{}括起来*/
[\t\n\x20]+ ;               /*删除多余的空格*/
.                      { printf("不能识别的字符: %s\n",yytext); }
%%
int main(int argc,char *argv[])
{
    ++argv; --argc;      /*跳过执行文件名到第一个参数*/
    if (argc>0) yyin = fopen(argv[0],"r");
    else yyin = stdin;
    yylex();
    return 0;
}
int yywrap()
{  return 1; }
```

　　在这个 LEX 源文件的定义部分，直接插入到 LEX 输出中的 C 语言代码是 3 个 #include 语句。定义部分还包括了单个数字和标识符的正规式的名字的定义。

　　LEX 输入的行为部分由各种正规式的列表和相应的动作组成，首先定义了整数和带小数的实数，然后在定义标识符规则之前列出了关键字规则。假若首先列出标识符规则，

LEX 的二义性解决规则就会一直将关键字识别为标识符。也可以只写出识别标识符的代码,程序运行到此处只能识别出标识符,然后再在表中查找关键字。由于单独识别的关键字使得由 LEX 生成的扫描程序代码中的表格变得很大(而且扫描程序使用的存储器空间也会因此变得很大),因此在真正的编译中倾向于使用后一种方法。

接着,LEX 输入文件中定义了识别运算符的动作,以及删除注释和多余的空白字符,此处只定义了 3 种空白字符\t、\n 和\x20,对于识别出的空白字符什么也不做,因此没有动作部分,直接用一个分号即可。最后的.表示除了匹配上述的所有规则之外的其他符号均视为不能识别。如果需要添加规则,必须在“.”之前添加。

3.5 小结

本章首先讲述了词法分析程序的设计及其实现技术,重点介绍了词法分析程序的功能和接口、词法分析程序的任务、单词的构成及表示,以及状态转换图及其实现。本章后半部分主要介绍了与词法分析自动生成程序相关的一些原理,如正规式和有穷自动机,要求掌握一些概念,以及下述转换技巧、方法和算法。

(1) 非形式描述的语言用正规式表示。

(2) 正规式与 NFA(不确定的有穷自动机)的相互转换。

(3) NFA 转换为 DFA(确定的有穷自动机)。

(4) DFA 化简为最简 DFA。

(5) 正规文法与有穷自动机的相互转换。

在本章最后详细介绍了词法分析自动生成程序 LEX 的基本原理、工作过程和使用方法。

3.6 习题

1. 判断题。对下面的陈述认为是正确的在陈述后的括号内画√,否则画×。

(1) 有穷自动机接受的语言是正规语言。 ( )

(2) 若 $r1$ 和 $r2$ 是 Σ 上的正规式,则 $r1|r2$ 也是。 ( )

(3) 设 M 是一个 NFA,并且 $L(M)=\{x,y,z\}$,则 M 的状态数至少为 4 个。 ( )

(4) 令 $\Sigma=\{a,b\}$,则 Σ 上所有以 b 开头的字构成的正规集的正规式为 $b^*(a|b)^*$。

( )

(5) 对任何一个 NFA M,都存在一个 DFA M',使得 $L(M')=L(M)$。 ( )

(6) 对一个右线性文法 G,必存在一个左线性文法 G',使得 $L(G)=L(G')$,反之亦然。

( )

2. 从供选择的答案中选出应填入下面叙述中_____处的最确切的解答。

有穷自动机可用五元组 (Q,V_T,δ,q_0,Q_f) 来描述,设有一有穷态自动机 M 定义如下: $V_T=\{0,1\}$, $Q=\{q_0,q_1,q_2\}$, $Q_f=\{q_2\}$, δ 的定义为:

$$\delta(q_0,0)=q_1 \qquad \delta(q_1,0)=q_2$$

$$\delta(q_2,1)=q_2 \qquad \delta(q_2,0)=q_2$$

M是一个___A___有穷状态自动机,它所对应的状态转换图为___B___,它所能接受的语言可以用正规式表示为___C___。其含义为___D___。

供选择的答案:

A: ① 歧义的　② 非歧义的　③ 确定的　④ 非确定的

B: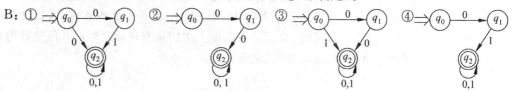

C: ① (0|1)*　② 00(0|1)*　③ (0|1)*00　④ 0(0|1)*0

D: ① 由0和1所组成的符号串的集合

② 以0为头符号和尾符号,由0和1所组成的符号串的集合

③ 以两个0结束,由0和1所组成的符号串的集合

④ 以两个0开始,由0和1所组成的符号串的集合

3. 符号表的作用是什么? 包含哪些内容? 对符号表主要进行哪些操作?

4. 词法分析器的功能是什么?

5. 画出接受以/*和*/括起来的注释的状态转换图。

6. 试写出以下语言所表示的正规式。

(1) 以01结尾的二进制数串。

(2) 不以0开头,能被5整除的十进制整数。

(3) 包含子串011的由0和1组成的符号串的全体。

(4) 不包含子串011的由0和1组成的符号串的全体。

(5) 按字典序递增排列的所有小写字母串。

(6) $\Sigma=\{0,1\}$上的含奇数个1的所有串。

(7) 包含偶数个0和1的二进制串。

(8) 具有偶数个0和奇数个1的由0和1组成的符号串的全体。

7. 试描述下列正规式所表示的语言。

(1) 0(0|1)*0

(2) ((ε|0)1*)*

(3) (0|1)*0(0|1)(0|1)

(4) 0*10*10*10*

(5) (00|11)*((01|10)(00|11)*(01|10)(00|11)*)*

8. 用状态转换图和状态转换矩阵表示识别偶数个0或偶数个1的字符串的有穷自动机。

9. 给出接受下列在字母表$\{0,1\}$上的语言的DFA。

(1) 所有以00结束的符号串的集合。

(2) 所有具有3个0的符号串的集合。

10. 构造等价于下列正规式的有穷自动机。

(1) 10 | (0|11)0*1

(2) $((0|1)^* | (11))^*$

11. 构造与下列正规式等价的最小状态的 DFA。

(1) $(a|b)^* a(a|b)$

(2) $(a|b)^* a(a|b)(a|b)$

12. 求下面的正规文法 $G[S]$ 对应的最简有穷自动机。

$$S \rightarrow aA \qquad S \rightarrow a$$
$$A \rightarrow aA \qquad A \rightarrow bB \qquad A \rightarrow a$$
$$B \rightarrow bB \qquad B \rightarrow b$$

13. 有一台自动售货机,接受 1 元和 5 角的硬币,出售每瓶 1 元 5 角的饮料,顾客每次向机器中投放不少于 1 元 5 角的硬币,就可得到一瓶饮料(注意:每次只给一瓶饮料,且不找钱)。构造该售货机的有穷自动机(可以是 NFA 或 DFA)。

14. 设计一个状态数最少的 DFA,其输入字母表是 $\{0,1\}$,它能接受以 00 或 01 结尾的所有序列,并给出相应的正规文法。

15. 某操作系统下合法的文件名规则为 device:name.extension,其中第一部分(device:)和第三部分(.extension)可默认,若 device、name 和 extension 都由字母组成,长度不限,但至少有 1 位字符。

(1) 写出识别这种文件名的正规式。

(2) 画出其对应的 NFA。

(3) 将上述得到的 NFA 确定化为等价的 DFA。

16. 举例说明词法分析程序能查出源程序中什么样的错误。

17. 一个 C 语言编译器编译下面的函数 gcd() 时,报告 parse error before 'else',这是因为 else 的前面少了一个分号。

```
long gcd(p,q)
long p,q;
{
        if (p % q == 0)
        /* then part */
        return q
        else
        /* else part */
        return gcd(q, p % q);
}
```

但是如果第一个注释

```
/* then part */
```

误写成

```
/* then part
```

那么该编译器发现不了遗漏分号的错误。这是为什么?

18. 程序算法练习。

(1) 用 C/C++ 语言编写程序,实现词法分析的部分预处理功能:从文件读入源程序,去掉程序中多余的空格和注释(用/ ∗ … ∗ /标识),用空格取代源程序中的 tab 和换行,将结果显示在屏幕上。

(2) 编写一个将 C 语言程序注释之外的所有保留字全部大写的程序。

(3) 用 C/C++语言描述下述算法:

① 把正规式变成 NFA。

② 将 NFA 确定化。

③ 将 DFA 最小化。

(4) 编程实现识别 Sample 语言标识符和实数的程序,并完成:

① 写出 Sample 语言的标识符和实数的正规式。

② 画出识别它们的 DFA M。

③ 设计出词法分析器的输出和符号表。

④ 用自己熟悉的某种语言实现识别程序。

(5) 编写一个 LEX 输入文件,该程序复制一个文件,并将每一个非空的空白符序列用一个空格代替。

(6) 编写一个 LEX 输入文件,该程序将一个 Pascal 程序中除注释之外的所有保留字全部小写。

(7) 编写一个 LEX 输入文件,使之生成可计算文本文件的字符、单词和行数且能报告这些数字的程序,其中单词是不带标点或空格的字母和/或数字的序列,标点和空格不计算为单词。

(8) 编写一个 LEX 源文件,其功能是为一个文本文件添加行号,并将其输出到屏幕上。

(9) 编写一个 LEX 源文件,其功能是将文本中的十进制数替换成十六进制数,并打印被替换的次数。

(10) 编写一个 LEX 源文件,其功能是将输入文件中注释之外的所有大写字母转变成小写字母(即任何位于分隔符/ ∗ 和 ∗ /之间的字符不变)。

第4章

语法分析

语法分析就是对高级语言的句子结构进行分析,是编译过程的核心。它的任务是识别输入的单词序列是否符合语言的语法规则,如果符合就生成语法树。根据生成语法树的方法不同,可将语法分析方法分为自上而下和自下而上两种。

4.2 节介绍自上而下语法分析方法。只有 LL(1)文法才能进行确定的自上而下的语法分析。本节还将介绍适合手工实现的递归下降分析方法和适合自动生成的预测分析方法。

4.3 节介绍自下而上语法分析方法。重点介绍算符优先分析方法和 LR 分析方法。算符优先分析方法较简单,宜于手工构造,特别适合于算术表达式的分析;LR 分析方法的适用范围更广,宜于自动生成,是目前实现大多数编译程序语法分析器采用的方法。

4.4 节主要介绍语法分析的自动生成器 YACC 的基本原理和使用方法。4.5 节主要介绍各种语法分析方法中对错误的处理方式。

4.1 语法分析概述

语法分析在编译过程中处于核心地位,如图 4.1 所示。其任务是在词法分析识别出正确的单词符号串的基础上,根据语言定义的语法规则,从单词符号串中分析并识别出各种语法成分,同时进行语法检查和错误处理。从上下文无关文法的角度看,单词符号串中的每一个单词对应于文法中的一个符号(即终结符),因此可以把单词符号串看作一个由符号组成的符号串。语法分析的过程就是按文法规则对这个符号串(又称为输入符号串)进行分析的过程。从图 4.1 可以看出,语法分析程序的输入是 token 串,输出是语法树。

图 4.1　语法分析器在编译程序中的地位

每一种程序设计语言都具有描述其语法结构的规则,如 Pascal 语言由程序块组成,程序块由语句组成,语句由表达式组成等,程序设计语言的语法规则一般用上下文无关文法来描述。按照文法可以手工实现或自动生成一个有效的语法分析程序,用来判断输入的符号串在语法上是否正确。这里所说的输入符号串是指由单词符号(文法的终结符)组成的有限序列。对 一个文法,当给定一串(终结)符号时,怎样知道它是不是该文法的一个句子(程序)

呢?根据第 2 章的方法,就是要看是否能从文法的开始符号出发推导出这个输入串,或者从概念上讲,就是能否建立一棵与输入串相匹配的语法树。按照语法树的建立方法,可以粗略地把语法分析方法分成两类:自上而下分析法和自下而上分析法。

自上而下分析法是在自左至右扫描输入串的过程中,从树根开始逐步向下建立语法树,常用的有递归下降分析和预测分析两种方法。使用自上而下的语法分析的困难在于表示源语言语法结构的文法需要满足特定的要求,但由于多数程序设计语言的控制流结构具有不同的关键字,如 if、while、for,因此这种方法的优势在于一旦检测出关键字,就知道哪个候选式是唯一的选择。

自下而上分析法是在自左至右扫描输入串的过程中,沿着从树叶向树根的方向逐步建立语法树,常用的有算符优先分析和 LR 分析两种方法。其分析过程是通过反复查找当前句型左部某部分是否构成了一个产生式的右部(句柄或最左直接短语),使用产生式规则将其用该产生式的左部的非终结符去替换(称为归约)。这样逐步进行归约,直到归约到文法的开始符号。或者说,自下而上的语法分析构造语法树的方法是:从语法树的叶结点(输入符号)开始,逐步向上归约,直到根结点(文法的开始符号)。对于给定的输入串,若能成功地归约到根结点,则证明输入符号串是正确的,否则存在语法错误。

4.2　自上而下的语法分析

自上而下的语法分析方法就是对任何输入串(由单词种别构成的源程序),试图用一切可能的办法,从文法开始符号(根结点)出发,自上而下地为输入符号串建立一棵语法树。或者说,为输入串寻找一个最左推导。问题在于一个非终结符有可能有多个候选式,在分析时到底用哪个候选式来进行替换。因此这种分析过程本质上是一种试探过程,是反复使用不同产生式谋求匹配输入串的过程,在试探过程中可能会出现一些问题,只有解决了这些问题,才能进行确定的分析。

4.2.1　自上而下分析方法中的问题探究

1. 确定的自上而下分析面临的问题

首先看两个例子。

例 4.1　假定有关系表达式文法 G[<REXPR>]:

(1) <REXPR>→x<ROP>y

(2) <ROP>→>=|>

构造输入符号串 x>y 的语法树。

我们希望从<REXPR>开始推导建立语法树,使其叶结点从左到右匹配输入符号串 x>y。

首先对文法的开始符号建立根结点<REXPR>,输入指针指向输入串的第一个符号 x,用<REXPR>的产生式(此处只有一条)向下推导,语法树如图 4.2(a)所示,此时 x 已经获得匹配。接下来输入指针后移,希望用第二个子结点<ROP>去匹配输入符号>。<ROP>有两个候选式,假定先选择使用候选式<ROP>→>=进行推导,语法树如图 4.2(b)所示,此时输入串中的 x>都已匹配。输入指针后移指向下一个输入符号 y,此时 y 与语法树中<ROP>的第二个子结点=不匹配,导致分析失败。但此时并不能断定给定的符号串不能建立语法树。因为<ROP>有两个候选式,现在只是选择其中一个使得分析失败,也许使用另一个候选式能够建立正确的语法树。所以应该回退(回溯),重新选择<ROP>的其他候选式继续分析。

此时应把用<ROP>的第一个候选式产生的子树注销,将输入指针退回指向>。对<ROP>重新选用候选式<ROP>→>进行试探,如图 4.2(c)所示。输入串中当前符号>得到匹配,输入指针向后移动指向下一个输入符号 y。在<REXPR>的第二个子结点<ROP>完成匹配后,接着希望用<REXPR>的第三个子结点去匹配输入符号 y,<REXPR>的第三个子结点 y 正好与当前输入符号 y 匹配,推导成功,为

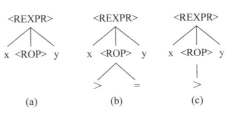

图 4.2　自上而下语法树举例 1

输入符号串 x>y 建立了语法树,证明 x>y 是文法的一个句子。

例 4.2　设某语言的算术表达式的文法 $G[<\text{EXPR}>]$ 为:

$<\text{EXPR}>→<\text{EXPR}>+<\text{TERM}>|<\text{TERM}>$

$<\text{TERM}>→<\text{TERM}>*<\text{FACTOR}>|<\text{FACTOR}>$

$<\text{FACTOR}>→<\text{ID}>|(<\text{EXPR}>)$

如果用 E 代表<EXPR>,T 代表<TERM>,F 代表<FACTOR>,i 代表<ID>,则文法变为

(1) $E→E+T|T$

(2) $T→T*F|F$

(3) $F→(E)|i$ ....(G4.1)

试建立输入串 $i*i+i$ 的语法树。

按照自上而下分析方法,希望从 E 开始向下推导对输入串建立语法树。

首先建立根结点 E,再选用 E 的候选式 $E→E+T$ 向下推导,得到的语法树如图 4.3(a)所示。由于采用最左推导,最左子结点仍然是一个非终结符,必须选用一个候选式继续向下扩展语法树,如果再选用 E 的候选式 $E→E+T$ 向下推导,得到的语法树如图 4.3(b)所示;此时最左子结点仍然是一个非终结符,必须选用一个候选式继续向下推导,再选用 $E→E+T$,如图 4.3(c)所示,对非终结符 E 的最左推导就会使语法树无休止地延伸,使分析过程陷入死循环。

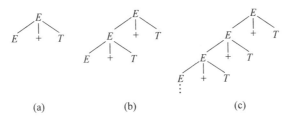

(a)　　　　(b)　　　　(c)

图 4.3　自上而下语法树举例 2

例 4.1 和例 4.2 中主要出现了两个问题,给确定的自上而下分析带来了困难。

(1) 回溯。存在形如 $A{\rightarrow}\alpha\beta_1|\alpha\beta_2$ 的产生式,即某非终结符存在多个候选式的前缀相同(称为公共左因子,或左因子),则可能造成虚假匹配(即当前的匹配可能是暂时的),使得在分析过程中可能需要进行大量回溯(如例 4.1)。大多数编译程序的语法和语义工作是同时进行的,由于回溯,需要把已做的一些语义工作推倒重来。这样既麻烦又费时,同时使得分析器很难报告输入串出错的确切位置。试探与回溯是一种穷尽一切可能的办法,效率低,代价高,在实践中的价值不大,所以要设法消除回溯。

(2) 无限循环。文法中存在形如 $A{\rightarrow}A\alpha$ 的产生式(称为左递归),分析过程又使用最左推导,就会使分析过程陷入无限循环(如例 4.2)。因为当试图用 A 的右部去匹配输入串时会发现,在没有读入任何输入符号的情况下,又要求用 A 的右部去进行新的匹配。因此,使用自上而下分析时,文法应该不含左递归。

2. 回溯的消除

回溯产生的根本原因在于某个非终结符的多个候选式存在公共左因子,如非终结符 A 的产生式如下:

$$A \rightarrow \alpha\beta_1 \mid \alpha\beta_2$$

如果输入串中待分析的字前缀也为 α,此时选用 A 的哪个候选式以寻求输入串的匹配就难以确定,可能导致回溯。因此要进行确定的分析,必须保证文法 G 的每个非终结符的多个候选式均不含公共左因子,当使用它去匹配输入串时,能够根据它所面临的输入符号准确地指派一个候选式去进行匹配,而无须试探。这时若匹配失败,则意味着输入串不是该文法的句子。

那么,如何将文法改造成符合上述要求的文法呢? 改造的方法是提取公共左因子。设文法中关于 A 的候选式为

$A \rightarrow \delta\beta_1 \mid \delta\beta_2 \mid \cdots \mid \delta\beta_n \mid \gamma_1 \mid \gamma_2 \mid \cdots \mid \gamma_m$ 　(其中每个 $\gamma_i(i=1\cdots m)$ 不以 δ 开头)
则可以把公共的 δ 提取出来,A 的候选式改写为

$$A \rightarrow \delta A' \mid \gamma_1 \mid \gamma_2 \mid \cdots \mid \gamma_m$$
$$A' \rightarrow \beta_1 \mid \beta_2 \mid \cdots \mid \beta_n$$

利用改造后的文法就可以进行确定的分析了。

例 4.3 条件(if)语句的文法有两个候选式:

$<$IFS$>{\rightarrow}$if B then S_1 else S_2

$<$IFS$>{\rightarrow}$if B then S_1

因此,在对输入符号串 if (a>b) then x=3 进行分析时,当读入输入符号 if 时,不能马上确定用哪个候选式进行匹配。通过提取公共左因子改造文法,得到

$<$IFS$>{\rightarrow}$if E then S_1 P

$P{\rightarrow}$else $S_2 \mid \varepsilon$

使用改造后的文法进行分析,当读入输入符号 if 时,就可以直接使用 if 语句的产生式向下分析,当 S_1 匹配成功后,根据下一个输入符号是不是 else,再决定是否选择 P 的候选式进行匹配。

3. 左递归的消除

若文法 G 中存在某个非终结符 A,对某个文法符号序列 α 存在推导 $A \overset{+}{\Rightarrow} A\alpha$,则称文法 G 是左递归(Left Recursion)的。左递归有直接左递归和间接左递归两类。若文法 G 中有形如 $A \to A\alpha$ 的产生式,则称该产生式对 A 直接左递归(Direct Left Recursion)。若文法 G 的产生式中没有形如 $A \to A\alpha$ 的产生式,但是 A 经过有限步推导可以得到 $A \overset{+}{\Rightarrow} A\alpha$,则称文法 G 间接左递归(Indirect Left Recursion)。自上而下语法分析在处理左递归文法时会陷入无限循环,因此,需要消除文法中出现的左递归。

1)消除文法的直接左递归

直接消除产生式中的左递归是比较容易的,主要是通过对文法的产生式进行改造,使各个非终结符不含左递归。假定关于非终结符 A 的候选式为

$$A \to A\alpha \mid \beta$$

其中 $\alpha, \beta \in (V_T \cup V_N)^*, \beta$ 不以 A 开头,那么,可以把 A 的候选式改写为如下的非直接左递归形式:

$$A \to \beta A'$$
$$A' \to \alpha A' \mid \varepsilon (\varepsilon \text{ 为空字})$$

这种形式和原来的形式是等价的,也就是说,从 A 推出的符号串是相同的。消除直接左递归实际上是把直接左递归文法改成直接右递归文法,在最左推导中就不会陷入死循环。

例 4.4 对例 4.2 中的文法 G 4.1 消除左递归后,得到如下文法:

(1) $E \to TE'$
(2) $E' \to +TE' \mid \varepsilon$
(3) $T \to FT'$
(4) $T' \to *FT' \mid \varepsilon$
(5) $F \to (E) \mid i$ (G4.2)

将上述结果推广到更一般的情形,假定文法中关于 A 的规则如下:

$$A \to A\alpha_1 \mid A\alpha_2 \mid \cdots \mid A\alpha_m \mid \beta_1 \mid \beta_2 \mid \cdots \mid \beta_n$$

其中,$\alpha_i (i = 1 \cdots m)$ 都不是 $\varepsilon, \beta_j (j = 1 \cdots n)$ 均不以 A 开头。可以把 A 的产生式改写为如下等价形式:

$$A \to \beta_1 A' \mid \beta_2 A' \mid \cdots \mid \beta_n A'$$
$$A' \to \alpha_1 A' \mid \alpha_2 A' \mid \cdots \mid \alpha_m A' \mid \varepsilon$$

2)消除文法中的间接左递归

有些文法中的左递归并不是直接的,如文法 G4.3 中的 S 不是直接左递归的,但也是左递归的,因为存在推导 $S \Rightarrow Ac \Rightarrow Bbc \Rightarrow Sabc$。

(1) $S \to Ac \mid c$
(2) $A \to Bb \mid b$
(3) $B \to Sa \mid a$ (G4.3)

对于文法中的间接左递归,可以采用先代入再消除直接左递归的方法。

例 4.5　消除文法 G4.3 中的左递归。

(1) 代入:

将产生式 $B{\rightarrow}Sa|a$ 代入 $A{\rightarrow}Bb|b$,有 $A{\rightarrow}(Sa|a)b|b$,即 $A{\rightarrow}Sab|ab|b$

将产生式 $A{\rightarrow}Sab|ab|b$ 代入 $S{\rightarrow}Ac|c$,有 $S{\rightarrow}(Sab|ab|b)c|c$,即 $S{\rightarrow}Sabc|abc|bc|c$

(2) 消除直接左递归:

$S{\rightarrow}abcS'\mid bcS'\mid cS'$

$S'{\rightarrow}abcS'\mid \varepsilon$

4. LL(1)文法

那么,是否每个非终结符 A 的多个候选式不存在公共左因子,文法也不含左递归,就可以进行确定的自上而下的语法分析呢?

考虑文法:

(1) $S{\rightarrow}Ac|Be$

(2) $A{\rightarrow}db|b$

(3) $B{\rightarrow}da|a$

现要求对输入符号串 dbc 进行分析。

分析开始时,当要求用 S 的候选式匹配 d 时,虽然 S 的两个候选式没有公共左因子,仍不能准确地选取 S 的候选式,也就是说,不能进行确定的分析。

根据上面的讨论,并非所有的文法都能进行确定的自上而下的分析。要对一个文法进行不带回溯的确定的自上而下的分析必须满足哪些条件呢? 为方便叙述,首先给出两个概念。

1) First 集的概念及其计算方法

设文法 G 不含左递归,G 的文法符号串 α 的首终结符集 $\text{First}(\alpha)(\alpha\in(V_T\bigcup V_N)^*)$定义为

$$\text{First}(\alpha)=\{a\mid \alpha \overset{*}{\Rightarrow} a\cdots,a\in V_T\}$$

若 $\alpha \overset{*}{\Rightarrow}\varepsilon$,则规定 $\varepsilon\in\text{First}(\alpha)$。换句话说,$\text{First}(\alpha)$是 α 的所有可能推导出的第一个终结符或可能的 ε,其中 α 可以是文法符号或 ε,也可以是候选式,或是候选式的一部分。

根据定义,对文法 G 中每个文法符号有 $A\in V_T$,则 $\text{First}(A)=\{A\}$;每个非终结符 $A(A\in V_N)$的 First 集可用算法 4.1 来计算。

算法 4.1　计算非终结符 A 的 First 集。

(1) 若有产生式 $A{\rightarrow}a\alpha,a\in V_T$,则把 a 加入到 $\text{First}(A)$中。

(2) 若有产生式 $A{\rightarrow}\varepsilon$,则把 ε 加入到 $\text{First}(A)$中。

(3) 若有产生式 $A{\rightarrow}X\alpha,X\in V_N$,则把 $\text{First}(X)$中非 ε 元素(记为 $\text{First}(X)\backslash\varepsilon$)加入到 $\text{First}(A)$中。

(4) 若有产生式 $A{\rightarrow}X_1X_2X_3\cdots X_k\alpha$,其中 X_1、X_2、X_3、$\cdots$、$X_k\in V_N$,则

　　当 $X_1X_2X_3\cdots X_i \overset{*}{\Rightarrow}\varepsilon(1{\leqslant}i{\leqslant}k)$时,

　　　　则把 $\text{First}(X_{i+1}\cdots X_k\alpha)$的所有非 ε 元素加入到 $\text{First}(A)$中。

　　当 $X_1X_2X_3\cdots X_k \overset{*}{\Rightarrow}\varepsilon$时,

　　　　则把 $\text{First}(\alpha)$加入 $\text{First}(A)$中。

(5) 对每一个非终结符,浏览每个产生式,连续使用上述规则,直到 First 集不再增大为止。

例 4.6 求文法 G4.2 中各个非终结符号和各个候选式的 First 集。

解：各个非终结符的 First 集如下：

$First(E) = First(T) = First(F) = \{ (, i \}$

$First(E') = \{ + , \varepsilon \}$

$First(T) = \{ (, i \}$

$First(T') = \{ * , \varepsilon \}$

$First(F) = \{ (, i \}$

$First(E \rightarrow TE') = First(T) = First(F) = \{ (, i \}$

$First(E' \rightarrow + TE') = \{ + \}$

$First(E' \rightarrow \varepsilon) = \{ \varepsilon \}$

$First(T \rightarrow FT') = First(F) = \{ (, i \}$

$First(T' \rightarrow * FT') = \{ * \}$

$First(T' \rightarrow \varepsilon) = \{ \varepsilon \}$

$First(F \rightarrow (E)) = \{ (\}$

$First(F \rightarrow i) = \{ i \}$

根据该定义，不产生回溯的分析可以进一步阐述为：如果非终结符 A 的所有候选式的首终结符集两两不相交，即对 A 的任何两个不同的候选式 α_i 和 α_j 有

$$First(\alpha_i) \bigcap First(\alpha_j) = \Phi$$

那么在分析时，当要求使用 A 向下推导进行匹配时，A 就能根据它所面临的第一个输入符号准确地指派某个候选式去进行匹配。

2) Follow 集的概念及其计算方法

如果给定的文法不含左递归，每个非终结符的候选式的首终结符集也不相交，是否就一定能进行有效的自上而下的分析呢？如果某个候选式的首终结符集含有 ε，就比较复杂。

例 4.7 使用例 4.4 中的文法 G4.2 对输入串 $i+i$ 进行分析。

首先从开始符号 E 出发匹配输入串，输入指针 IP 指向 i，由于 E 只有一个候选式，且 $i \in First(TE')$，使用 $E \rightarrow TE'$ 向下推导，建立语法树，如图 4.4(a)所示。现在要从 T 出发，IP 仍指向 i，T 只有一个候选式，且 $i \in First(FT')$，使用 $T \rightarrow FT'$ 向下推导，语法树扩展如图 4.4(b)所示。又从 F 出发，IP 仍指向 i，且 $i \in First(i)$，使用 $F \rightarrow i$ 向下推导，使输入串的第一个符号 i 得到匹配，语法树扩展如图 4.4(c) 所示。IP 后移指向＋，现在希望从 T' 出发去匹配＋，由于＋不属于 T' 的任一候选式的首终结符集，无法匹配，但由于 $\varepsilon \in First(T')$，可以使用 $T' \rightarrow \varepsilon$ 进行自动匹配(此时 IP 指针不变)，语法树扩展如图 4.4(d) 所示。接下来希望从 E' 出发匹配＋，由于＋$\in First(+TE')$，所以语法树扩展如图 4.4(e)所示，分析结束时语法树如图 4.4(f) 所示。

在本例的分析中，是否意味着当非终结符 A 面临某个输入符号 a 时，只要 a 不属于 A 的任一候选式的首终结符集，而 A 的某一候选式的首终结符集含有 ε，就可以使用 ε 进行自动匹配呢？仔细分析一下，在分析到图 4.4(c)时，只有当＋属于 E' 的某个候选式的首终结符集时才能使用 ε 产生式匹配。否则，表示出现了一个语法错误，说明不能构成句子。

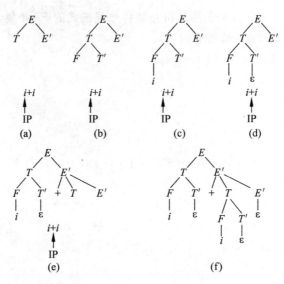

图 4.4   例 4.7 的语法分析过程

由此定义非终结符 A 的后随符号集 Follow(A)：假定 S 是文法 G 的开始符号,对 G 的任何非终结符 A 有

$$\text{Follow}(A) = \{a \mid S \overset{*}{\Rightarrow} \cdots Aa \cdots, a \in V_T\}$$

若 $S \overset{*}{\Rightarrow} \cdots A$,则规定 $\# \in$ Follow(A)。也就是说,Follow(A)是所有句型中出现在紧接 A 之后的终结符号或 $\#$。

利用 Follow 集的定义,使用 ε 产生式进行自动匹配的过程是:当非终结符 A 面临输入符号 a,且 a 不属于 A 的任一候选式的首终结符集,但 A 的某个候选式的首终结符集含有 ε 时,只有当 $a \in$ Follow(A),才能用 ε 产生式进行自动匹配。

文法 G 的每个非终结符 A 的 Follow 集可使用算法 4.2 来计算。

算法 4.2   计算文法 G 的非终结符 A 的 Follow 集。

(1) 如果 A 是开始符号,$\# \in$ Follow(A)。
(2) 若有产生式 $B \rightarrow \alpha A a \beta, a \in V_T$,把 a 加入到 Follow(A)中。
(3) 若有产生式 $B \rightarrow \alpha A X \beta, X \in V_N$,把 First($X\beta$)中非 ε 元素(记为 First($X\beta$)\ε)加入 Follow($A$)中。
(4) 若 $B \rightarrow \alpha A$,或 $B \rightarrow \alpha A \beta$ 且 $\beta \overset{*}{\Rightarrow} \varepsilon$,把 Follow($B$)加到 Follow($A$)中。
(5) 对每一个非终结符,浏览每个产生式,连续使用上述规则,直到 A 的 Follow 集不再增大为止。

例 4.8   求例 4.4 中的文法 G4.2 中的各个非终结符号的 Follow 集。

解：首先改写文法 G4.2 为

(1) $E \rightarrow TE'$
(2) $E' \rightarrow + TE'$
(3) $E' \rightarrow \varepsilon$
(4) $T \rightarrow FT'$
(5) $T' \rightarrow * FT'$
(6) $T' \rightarrow \varepsilon$
(7) $F \rightarrow (E)$

（8）$F \rightarrow i$

然后根据上述算法求各个非终结符的 Follow 集。

（1）Follow$(E) = \{ \sharp,)\}$

说明：E 是开始符号，应用规则（1）；根据产生式（7），应用规则（2）。

（2）Follow$(E') =$Follow$(E) \bigcup$Follow$(E') = \{ \sharp,)\}$

说明：根据产生式（1），应用规则（4）；根据产生式（2），应用规则（4）。

（3）Follow$(T) =$Follow$(E') \bigcup ($First$(E') \backslash \varepsilon) \bigcup$Follow$(E) \bigcup ($First$(E') \backslash \varepsilon) = \{ \sharp,), +\}$

说明：根据产生式（2）和（3），应用规则（4）；根据产生式（2），应用规则（3）；根据产生式（1）和（3），应用规则（4）；根据产生式（1），应用规则（3）。

（4）Follow$(T') =$Follow$(T) \bigcup$Follow$(T') = \{ \sharp,), +\}$

说明：根据产生式（4），应用规则（4）；根据产生式（5），应用规则（4）。

（5）Follow$(F) = ($First$(T') \backslash \varepsilon) \bigcup$Follow$(T) \bigcup ($First$(T') \backslash \varepsilon) \bigcup$Follow$(T') = \{ *, \sharp,), +\}$

说明：根据产生式（4），应用规则（3）；根据产生式（4）和（6），应用规则（4）；根据产生式（5），应用规则（3）；根据产生式（5）和（6），应用规则（4）。

5. LL(1)文法的条件

通过上述分析，一个文法要进行不带回溯的确定的自上而下分析必须满足以下 3 个条件。

（1）文法不含左递归。

（2）文法中每个非终结符 A 的各个候选式的首终结符集两两不相交。即，若
$$A \rightarrow \alpha_1 \mid \alpha_2 \mid \cdots \mid \alpha_n$$
则
$$\text{First}(\alpha_i) \bigcap \text{First}(\alpha_j) = \Phi \quad (i \neq j)$$

（3）对文法的每个非终结符 A，若它的某个候选式的首终结符集包含 ε，则
$$\text{First}(A) \bigcap \text{Follow}(A) = \Phi$$

如果一个文法 G 满足上述 3 个条件，就称文法 G 是 LL(1)文法。LL(1)中的第一个 L 表示从左到右扫描输入串，第二个 L 表示最左推导，1 表示分析时每一步只需向前查看一个符号。

例 4.9 判断下述文法是否是 LL(1)文法。

$S \rightarrow aAS \mid b$

$A \rightarrow bA \mid \varepsilon$

解：（1）该文法不含左递归，满足条件（1）。

（2）First$(S \rightarrow aAS) = \{a\}$　First$(S \rightarrow b) = \{b\}$

　　First$(A \rightarrow bA) = \{b\}$　First$(A \rightarrow \varepsilon) = \{\varepsilon\}$

S 和 A 的候选式的首终结符集都不相交，满足条件（2）。

（3）由于 First$(A) = \{ b, \varepsilon\}$，则

Follow$(A) =$First$(S) = \{a, b\}$

Follow$(A) \bigcap$First$(A) \neq \Phi$

不满足条件（3），因此该文法不是 LL(1)文法。

针对给定的 LL(1)文法,对输入串进行有效的无回溯的自上而下分析的过程是:假设要用非终结符 A 进行匹配,面临的输入符号为 a,A 的候选式为

$$A \to \alpha_1 \mid \alpha_2 \mid \cdots \mid \alpha_n$$

(1) 若 $a \in First(\alpha_i)$,则指派 α_i 去执行匹配任务。

(2) 若 a 不属于任何一个候选式的首终结符集,则

① 若 ϵ 属于某个 $First(\alpha_i)$,且 $a \in Follow(A)$,则让 A 与 ϵ 自动匹配。

② 否则,a 的出现是一种语法错误。

这样,根据 LL(1)文法的条件,每一步的分析都是确定的。

当给定一个 LL(1)文法时,如何实现它的分析程序呢? 接下来将介绍两种确定的自上而下的语法分析方法:递归下降的分析方法和预测分析方法。两种方法各有优缺点,使用递归下降分析法编写语法分析程序,书写简单,易于理解,但只有实现分析程序所使用的高级语言支持递归过程才有意义;预测分析方法是另一种有效的自上而下的分析方法,虽然复杂,但预测分析程序可以自动生成。

4.2.2　递归下降分析方法

对一个 LL(1)文法,可以构造一个不带回溯的自上而下的分析程序,这个分析程序是由一组递归子程序(或函数)组成的,每个子程序(或函数)对应文法的一个非终结符。这样的一个分析程序称为递归下降分析器(Recuisive Descent Parser)。如果能用某种高级语言写出所有的递归子程序,也就可以用这个语言的编译系统来产生整个分析程序。

递归下降分析是直接以程序的方式模拟产生式产生语言的过程。它的基本思想是:为每个非终结符构造一个子程序,每个子程序的函数体按非终结符的候选式分情况展开,遇到终结符直接匹配,遇到非终结符就调用相应非终结符的子程序。分析过程从调用文法开始符号的子程序开始,直到所有非终结符都展开为终结符并得到匹配为止。如果分析过程中达到这一步则表明分析成功,否则表明输入符号串有语法错误。由于文法是递归定义的,因此子程序也是递归的。

对应于每个非终结符 U 的子程序完成如下两项任务。

(1) 检查输入符号,决定使用 U 的哪个候选式。如果当前面临的输入符号 a 在 $First(U)$ 中,则选择使用右部的 First 集中含有 a 的候选式进行匹配。对于任何输入符号,如果当前输入符号不在 $First(U)$ 中,但有 $\epsilon \in First(U)$,则判断该输入符号是否在 $Follow(U)$ 中,如果在,ϵ 将被使用。

形式化描述为:若非终结符 U 的产生式形如 $U \to u_1 \mid u_2 \mid \cdots \mid u_n$,其递归子程序的原型如下:

```
U( ){
    lookahead = getnexttoken();              //取一个符号到 lookahead 中
    if(lookahead∈First (u₁))                 调用 u₁( );
    else if(lookahead∈First (u₂))            调用 u₂( );
    ⋮
    else if( (ε∈First(U)) && (lookahead∈Follow(U))  ) ;
    else error();                            //没有找到匹配项,出错处理
}
```

即 U 有 n 个候选式：当 U 面临的输入符号在 u_1 的首终结符集时，就选择第一个候选式进行匹配；如果在 u_2 的首终结符集时，就选择第二个候选式进行匹配；而当面临的符号不在 U 的所有候选式的首终结符集时，查看是否有 ε 产生式，如果有，判断面临的符号是否在 U 的 Follow 集中，否则就认为出现了语法错误。

（2）对应于每个候选式的子程序 u_i 通过模仿顺序处理候选式的每个符号来完成其功能。若遇到一个非终结符，导致该非终结符对应的子程序被调用；若遇到一个与当前输入符号匹配的终结符，导致下一个输入被读入；如果在某处当前输入符号与产生式的终结符不匹配，则报告错误。

形式化地描述为：对于 U 的每个右部 $u_i = x_1 x_2 \cdots x_n$ 的处理，是依次处理每个右部符号串 $x_1 x_2 \cdots x_n$，其处理过程的原型如下：

```
u_i( )
{
    处理 x_1;
    处理 x_2;
        ⋮
    处理 x_n;
}
```

每个 x_i 的处理要根据 x_i 是终结符还是非终结符分别采取不同的方法。

① 如果 x_i 是终结符，处理 x_i 就是调用下述的 match( ) 函数，该函数的功能是判断当前输入符号与文法推导中出现的符号是否相等，若相等，取下一个符号，否则出错。

```
void match (token lookahead)
{
    if ( x_i == lookahead)  {              //与当前输入符号相同,即匹配
        lookahead = getnexttoken( );       //取下一个符号到 lookahead 中
        return;                            //匹配时直接返回
    }
    else error ( );                        //不匹配,进行出错处理
}
```

② 如果 x_i 是非终结符，就直接调用相应的递归子程序 x_i( )。

例 4.10 编写例 4.4 中的文法 G4.2 对应的递归下降分析程序。

解：对每个非终结符编写其递归函数，如下所示。例如，对于 E' 有两个候选式：第一个候选式的首终结符为＋，第二个候选式为 ε。这就是说，当 E' 面临输入符号"＋"时就进入第一个候选式工作，而当面临任何其他输入符号时，E' 就自动认为获得了匹配。递归函数 E'( ) 就是根据这一原则设计的。

（1）对非终结符 E，候选式为 $E \rightarrow TE'$：

```
void E( )
{
    T( );
    E'( );
}
```

(2) 对非终结符 E',候选式为 $E' \rightarrow +TE'|\varepsilon$

```
void E'( )
{
    if (lookahead == '+')
    {
        match ('+');
        T( );
        E'( );
    }
}
```

(3) 对非终结符 T,候选式为 $T \rightarrow FT'$

```
void T( )
{
    F( );
    T'( );
}
```

(4) 对非终结符 T',候选式为 $T' \rightarrow *FT'|\varepsilon$

```
void T'( )
{
    if (lookahead == '*')
    {
        match ('*');
        F( );
        T'( );
    }
}
```

(5) 对非终结符 F,候选式为 $F \rightarrow i|(E)$

```
void F( )
{
    if (lookahead == '(')
    {
        match ('(');
        E( );
        if (lookahead == ')')  match (')');
        else error ( );
    }
    else if (lookahead == 'i')  match ('i');
        else error ( );
}
```

　　对于规模比较小的语言,递归下降分析法是很有效的方法,它简单灵活,容易构造。其缺点是程序与文法直接相关,对文法的任何改变均需对程序进行相应的修改,另外,由于递归调用多,导致速度慢,占用空间多。尽管这样,它还是许多高级语言,如 Pascal,C 语言等编译系统常常采用的语法分析方法。

递归下降分析器也可以用状态转换图（又称语法图）来设计。对于语法分析器,状态转换图的画法是：每个非终结符都对应一个状态转换图,边上的标记是终结符和非终结符。对每个非终结符 A 执行如下操作。

（1）创建一个开始状态和一个终态。

（2）对每个产生式 $A{\rightarrow}X_1X_2\cdots X_n$,创建一条从开始状态到终止状态的路径,边上的标记分别为 $X_1,X_2,\cdots,X_n$。

文法 G4.2 的状态转换图如图 4.5 所示。在状态转换图上,标有终结符的转换意味着如果该终结符与当前输入符号相同,就进行相应的状态转换；标有非终结符 A 的转换就是对与 A 对应的函数的调用。

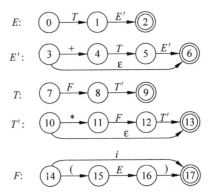

图 4.5　文法 G4.2 的状态转换图

根据状态转换图很容易写出递归的语法分析程序。开始,语法分析器进入开始符号的状态转换图的开始状态（如图 4.5 中的状态 0）,输入指针指向输入符号串的第一个符号。如果经过一些动作后,语法分析器进入某个状态 s,如果在状态转换图上状态 s 到 t 的边上标有终结符 a,当前输入符号正好是 a,则语法分析器读入该符号并将输入指针向右移动一位指向下一个输入符号,语法分析器进入状态 t；如果边上的标记为非终结符 A,则语法分析器进入 A 的状态转换图的初始状态,不读入任何输入符号,即不移动输入指针,一旦语法分析器到达 A 的终止状态时,则立刻返回状态 t；如果边上标有 ε,语法分析器就直接进入状态 t,而不移动输入指针。根据图 4.5 写出的递归函数与例 4.10 中的函数相同。

可以对图 4.5 所示的状态转换图进行化简,如首先对 E' 的图进行化简,得到图 4.6(a)中的 E' 的图,再将 E' 的图代入到 E 中,即得到 E 的图,同理可得到 T' 和 T 的图。最终的状态转换图如图 4.6(b)所示。

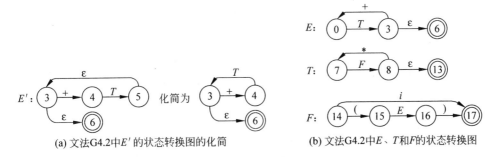

(a) 文法G4.2中E'的状态转换图的化简　　(b) 文法G4.2中E、T和F的状态转换图

图 4.6　文法 G4.2 的化简的状态转换图

图 4.6 中状态转换图的工作是以一种相互递归的方式进行的,因此,每个状态转换图的作用就如同一个递归函数。根据简化后的状态转换图,就可以从前面的递归下降分析程序中删除函数 $E'()$ 和 $T'()$,并将 $E()$ 和 $T()$ 都进行改造。

```
void E( )
{
    T( );
```

```
    while (lookahead == '+')
    {
        match ('+');
        T();
    }
}

void T()
{
    F();
    while (lookahead == '*')
    {
        match ('*');
        F();
    }
}
```

4.2.3　预测分析方法

预测分析方法(Forecasting Parse)是自上而下分析的另一种有效方法,通过显式地维护一个状态栈和一个二维分析表进行联合控制来实现。

1. 预测分析的工作过程

预测分析器由 3 个部分组成:预测分析程序(总控程序)、先进后出栈(Stack)和预测分析表 M。另有一个输入缓冲区,产生一个输出流,如图 4.7 所示。

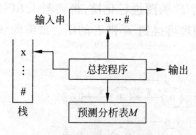

图 4.7　预测分析器模型

输入缓冲区包含待分析的串,以♯来标记输入串的结束。栈用于存放分析过程中的文法符号序列。预测分析表 M 是一个二维数组,与文法有关,元素 $M[A,a]$ 中的下标 A 表示非终结符,a 为终结符或♯(注:♯不是文法的终结符,把它当成输入串的结束符有利于简化分析算法的描述)。$M[A,a]$ 中存放着一条关于 A 的产生式,表明当用非终结符 A 向下推导时,如果面临输入符号 a 应选用的候选式;当 $M[A,a]$ 为空时,表明用 A 为左部向下推导时不应该面临输入符号 a,因此表中内容为空表示出现语法错误。表 4.1 是例 4.4 中的文法 G4.2 的预测分析表。

表 4.1　文法 G4.2 的预测分析表

	i	+	*	(	)	♯
E	$E{\to}TE'$			$E{\to}TE'$		
E'		$E'{\to}+TE'$			$E'{\to}\varepsilon$	$E'{\to}\varepsilon$
T	$T{\to}FT'$			$T{\to}FT'$		
T'		$T'{\to}\varepsilon$	$T'{\to}*FT'$		$T'{\to}\varepsilon$	$T'{\to}\varepsilon$
F	$F{\to}i$			$F{\to}(E)$		

预测分析过程如图4.8所示。开始时,将♯和文法开始符号放入栈底。总控程序在任何时候都是根据栈顶符号 X 和当前的输入符号进行工作的,而与文法无关。对于任何(X,a),总控程序每次都执行下述3种动作之一。

(1) 若 $X=a\neq"♯"$,则获得一次匹配,应把 X 从栈顶弹出,让输入指针指向下一个输入符号。

(2) 若 $X=a="♯"$,则宣布分析成功,停止分析过程。

(3) 若 X 是一个非终结符,则查看分析表 M。若 $M[X,a]$ 中存放着关于 X 的一个产生式,则首先把 X 从栈顶弹出,然后,把产生式的右部符号串按反序一一压入栈中(若右部符号为 ε,则意味着什么也不压栈)。若 $M[X,a]$ 为空或存放着"出错标志",则调用出错处理程序 ERROR。

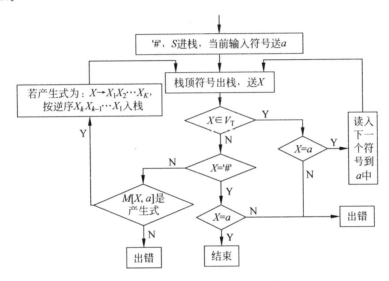

图4.8 预测分析程序总控程序的工作过程

图中符号说明如下:

♯: 句子括号即输入串的结束符。

S: 文法的开始符号。

X: 存放当前栈顶符号的工作单元。

a: 存放当前输入符号的工作单元。

例 4.11 使用表4.1对输入串 i+i*i 进行预测分析。

使用表4.1进行预测分析的过程及栈的变化如表4.2所示。输入指针指向剩余输入串最左边的符号。语法分析器跟踪的是输入串的最左推导,即推导所使用的产生式正好就是最左推导使用的那些产生式。

表4.2 对符号串 i+i*i 的分析过程

步 骤	分 析 栈	剩余输入串	推导所用产生式或匹配
1	♯E	i+i*i♯	$E \rightarrow TE'$
2	♯$E'T$	i+i*i♯	$T \rightarrow FT'$
3	♯$E'T'F$	i+i*i♯	$F \rightarrow i$

步　　骤	分　析　栈	剩余输入串	推导所用产生式或匹配
4	$\#E'T'i$	$i+i*i\#$	i 匹配
5	$\#E'T'$	$+i*i\#$	$T'\to\varepsilon$
6	$\#E'$	$+i*i\#$	$E'\to+TE'$
7	$\#E'T+$	$+i*i\#$	$+$ 匹配
8	$\#E'T$	$i*i\#$	$T\to FT'$
9	$\#E'T'F$	$i*i\#$	$F\to i$
10	$\#E'T'i$	$i*i\#$	i 匹配
11	$\#E'T'$	$*i\#$	$T'\to*FT'$
12	$\#E'T'F*$	$*i\#$	$*$ 匹配
13	$\#E'T'F$	$i\#$	$F\to i$
14	$\#E'T'i$	$i\#$	i 匹配
15	$\#E'T'$	$\#$	$T'\to\varepsilon$
16	$\#E'$	$\#$	$E'\to\varepsilon$
17	$\#$	$\#$	接受

2. 预测分析表的构造

预测分析的关键是在分析过程中如何确定用非终结符的哪个候选式来进行推导。例 4.11 通过查表的方式来选取所用的产生式。对于任意文法 G,如何构造它的预测分析表 M 呢? 构造分析表算法的思想很简单。假定 $A\to\alpha$ 是一个产生式,$a\in\text{First}(\alpha)$,那么,当 A 在栈顶且 a 是当前输入符号时,α 应被当作是 A 的唯一匹配,$M[A,a]$ 中应放进产生式 $A\to\alpha$;当 $\alpha=\varepsilon$ 或 $\alpha\overset{+}{\Rightarrow}\varepsilon$ 且当前输入符号 $a\in\text{Follow}(A)$(a 可能是终结符或 $\#$)时,$A\to\alpha$ 就认为已自动得到匹配。因此,应把 $A\to\alpha$ 放进 $M[A,a]$ 中。根据这个思想,可以得到下面的构造预测分析表 M 的算法。

算法 4.3　预测分析表的构造算法。

(1) 对文法 G 的每个产生式 $A\to\alpha$ 执行第(2)步和第(3)步。

(2) 对每个终结符 $a\in\text{First}(\alpha)$,则把 $A\to\alpha$ 加至 $M[A,a]$ 中。

(3) 若 $\varepsilon\in\text{First}(\alpha)$,则对任何 $b\in\text{Follow}(A)$,把 $A\to\alpha$ 加至 $M[A,b]$ 中; 若 $\varepsilon\in\text{First}(\alpha)$,且 $\#\in\text{Follow}(A)$,把 $A\to\alpha$ 加至 $M[A,\#]$ 中。

(4) 把所有无定义的 $M[A,a]$ 标上"出错标志"。

例 4.12　为例 4.4 中的文法 G4.2 构造预测分析表。

解:

(1) 根据 4.3 节讲述的条件,文法 G4.2 不含左递归,每个非终结符的各个候选式的 First 集不相交,对 E'、T' 含有 ε 产生式,$\text{First}(E')\bigcap\text{Follow}(E')=\Phi$,$\text{First}(T')\bigcap\text{Follow}(T')=\Phi$,因此文法 G4.2 为 LL(1)文法。

(2) 建立一个以非终结符为行,终结符和 $\#$ 为列的空表格,根据算法 4.3 的步骤填表。首先计算各个候选式的 First 集,如果含有 ε,再计算左边非终结符的 Follow 集。计算和填表过程如下:

由于 $\text{First}(E\to TE')=\{(,i\}$,因此产生式 $E\to TE'$ 应放入 E 所对应的行,($和 i 对应

的列。

由于 First $(E'{\rightarrow}+TE')=\{\ +\ \}$，因此产生式 $E'{\rightarrow}+TE'$ 应放入 E' 所对应的行，$+$ 对应的列。

由于 First $(E'{\rightarrow}\varepsilon)=\{\ \varepsilon\ \}$，因此，计算 E' 的 Follow 集，由于 Follow $(E')=\{\ ),\sharp\ \}$，因此 $E'{\rightarrow}\varepsilon$ 应填入 E' 对应的行，$)$ 和 $\sharp$ 对应的列。

由于 First $(T{\rightarrow}FT')=\{\ (,i\}$，因此产生式 $T{\rightarrow}FT'$ 应放入 T 所对应的行，$($ 和 i 对应的列。

由于 First $(T'{\rightarrow}*FT')=\{\ *\ \}$，因此产生式 $T'{\rightarrow}*FT'$ 应放入 T' 所对应的行，$*$ 对应的列。

由于 First $(T'{\rightarrow}\varepsilon)=\{\ \varepsilon\ \}$，因此，计算 T' 的 Follow 集，由于 Follow $(T')=\{\ +,),\sharp\ \}$，因此 $T'{\rightarrow}\varepsilon$ 应填入 T' 对应的行，$+$、$)$ 和 $\sharp$ 对应的列。

由于 First $(F{\rightarrow}(E))=\{\ (\ \}$，因此产生式 $F{\rightarrow}(E)$ 应放入 F 所对应的行，$($ 对应的列。

由于 First $(F{\rightarrow}i)=\{\ i\ \}$，因此产生式 $F{\rightarrow}i$ 应放入 F 所对应的行，i 对应的列。

(3) 最终结果如表 4.1 所示。

例 4.13 已知某语言中程序的文法 G 为：

$<$PROGRAM$>{\rightarrow}$begin $<$STL$>$ end

$<$STL$>{\rightarrow}<$STMT$>|<$STL$>;<$STMT$>$

$<$STMT$>{\rightarrow}<$NCONDITION$>|<$CONDITION$>$

$<$NCONDITION$>{\rightarrow}$a

$<$CONDITION$>{\rightarrow}<$IFS$>|<$IFS$>$ else $<$STMT$>$

$<$IFS$>{\rightarrow}<$IFCLAUSE$><$NCONDITION$>$

$<$IFCLAUSE$>{\rightarrow}$if c then

(1) 将 G 改写为等价的 LL(1) 文法，并加以证明。

(2) 构造改写后的文法的预测分析表。

(3) 判断输入串 begin if c then a else a end 是否为文法 G 的句子。

解：

(1) 将文法简化为 $G[P]$：

$P{\rightarrow}bTd$

$T{\rightarrow}S|T;S$

$S{\rightarrow}N|C$

$N{\rightarrow}a$

$C{\rightarrow}I|IeS$

$I{\rightarrow}ZN$

$Z{\rightarrow}ict$

相应地，将输入串化简为 bictaead，即判定该符号串是否是一个句子。

① 消去 $G[P]$ 中的左递归 T 和公共左因子 I，等价的文法 $G'[P]$ 为：

$P{\rightarrow}bTd$

$T{\rightarrow}SF$

$F{\rightarrow};SF|\varepsilon$

$S{\rightarrow}N|C$

$N{\rightarrow}$a

$C{\rightarrow}ID$

$D{\rightarrow}eS|{\varepsilon}$

$I{\rightarrow}ZN$

$Z{\rightarrow}$ict

② 计算每个候选式的 First 集,如果含有 ε,计算其左边非终结符 Follow 集,结果如下:

First$(P{\rightarrow}bTd)=\{b\}$

First$(T{\rightarrow}SF)=\{a,i\}$

First$(S{\rightarrow}N)=\{a\}$

First$(S{\rightarrow}C)=\{i\}$

First$(F{\rightarrow};SF)=\{;\}$

First$(F{\rightarrow}{\varepsilon})=\{{\varepsilon}\}$

First$(N{\rightarrow}a)=\{a\}$

First$(C{\rightarrow}ID)=\{i\}$

First$(I{\rightarrow}ZN)=\{i\}$

First$(D{\rightarrow}eS)=\{e\}$

First$(D{\rightarrow}{\varepsilon})=\{{\varepsilon}\}$

First$(Z{\rightarrow}ict)=\{i\}$

由于只有 F 和 D 含有 ε 产生式,因此只需计算 Follow(F) 和 Follow(D)

Follow$(F)=\{d\}$

Follow$(D)=\{;,d\}$

③ 判断:由于该文法已不含左递归,S 的候选式有两个,其中:

First$(N)\bigcap$ First$(C)=\{a\}\bigcap\{i\}={\varPhi}$

F 和 D 均含有为 ε 产生式,根据条件 3:

First$(F)\bigcap$Follow$(F)=\{;\}\bigcap\{d\}={\varPhi}$

First$(D)\bigcap$Follow$(D)=\{e\}\bigcap\{;,d\}={\varPhi}$

所以文法 $G'[P]$ 是 LL(1)的文法。

(2) 构造改写后的文法 $G'[P]$ 的预测分析表,如表 4.3 所示。

表 4.3　$G'[P]$ 的预测分析表

	b	d	;	a	e	i	c	t	#
P	P→bTd								
T				T→SF		T→SF			
F		F→ε	F→;SF						
S				S→N		S→C			
N				N→a					
C						C→ID			
I						I→ZN			
D		D→ε	D→ε		D→eS				
Z						Z→ict			

（3）用表 4.3 对输入串 bictaead 进行分析的步骤如下。

步 骤	符 号 栈	剩余输入串	规 则
1	♯P	bictaead♯	$P \rightarrow bTd$
2	♯dTb	bictaead♯	匹配
3	♯dT	ictaead♯	$T \rightarrow SF$
4	♯dFS	ictaead♯	$S \rightarrow C$
5	♯dFC	ictaead♯	$C \rightarrow ID$
6	♯dFDI	ictaead♯	$I \rightarrow ZN$
7	♯dFDNZ	ictaead♯	$Z \rightarrow ict$
8	♯dFDNtci	ictaead♯	匹配
9	♯dFDNtc	ctaead♯	匹配
10	♯dFDNt	taead♯	匹配
11	♯dFDN	aead♯	$N \rightarrow a$
12	♯dFDa	aead♯	匹配
13	♯dFD	ead♯	$D \rightarrow eS$
14	♯dFSe	ead♯	匹配
15	♯dFS	ad♯	$S \rightarrow N$
16	♯dFN	ad♯	$N \rightarrow a$
17	♯dFa	ad♯	匹配
18	♯dF	d♯	$F \rightarrow \varepsilon$
19	♯d	d♯	匹配
20	♯	♯	接受

到达接受状态，分析成功，说明输入串 bictaead 是文法 G' 的句子，从而得到输入串 begin if c then a else a end 是文法 G 的句子。

4.2.4 Sample 语言自上而下语法分析程序的设计

本节主要讲述用递归下降分析方法实现 Sample 语言的语法分析程序。Sample 语言的语法成分包括以下 4 类。

（1）带类型的简单变量的说明语句和常量说明语句。

（2）算术表达式和布尔表达式。

（3）简单赋值语句。

（4）各种控制语句：如 if 语句、while 语句、do while 语句和 for 语句。

文法的描述参见第 2 章。递归下降分析方法主要是根据文法的产生式，从开始符号自上而下进行分析。语法分析程序的输入是词法分析输出的 token 文件，通过分析检查输入的 token 序列是否符合文法要求，输出是语法树，也可以暂时不输出，等到第 5 章与语法制导的翻译程序一起输出。语法分析程序的接口如图 4.9 所示。

递归下降分析法是从文法的开始符号向下分析。Sample 语言的开始符号是＜program＞。根据第 2 章描述的文法可知，Sample 语言程序是按照一定的顺序组织的，因此，语法分析程序也是按照一定的顺序处理

图 4.9 语法分析程序的接口

的。一个完整的 Sample 语言程序(见 2.5.7 节)由程序的头部(以 program 开头)、常量说明、变量说明和最后的用 begin…end. 括起来的可执行语句组成。语法分析程序不断读取 token 字,根据所读取的 token 字进行相应的处理,如根据文法,读取 program 就已知程序开始,其后一定有一个标识符表示程序的名字;读到 const 表示常量说明开始;读到 var 表示变量说明开始;当读到 begin 表示后续读入部分是可执行语句,在处理可执行语句时,语句之间没有固定的顺序,根据读取的前导字分类调用不同的语句处理程序。对每一个语句的处理都会读取 token 字,生成语法树和错误列表。当读取 end. 时表示程序结束,可以进行后续处理,如关闭文件、进行输出。语法分析程序的处理流程的描述如图 4.10 所示。

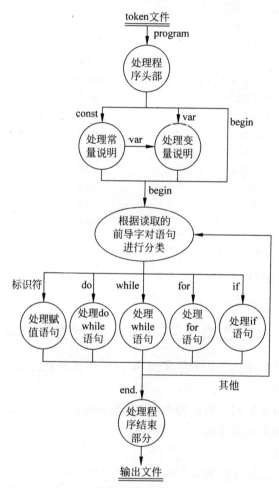

图 4.10　语法分析程序的处理流程

　　在上述处理流程中,每一个处理都是检查后续的 token 串组成的序列是否符合文法要求,各种语句的处理可以是嵌套的,同时还需要调用表达式的文法处理。

　　下面是根据 Sample 语言语法描述的程序结构构造的总控程序的框架。

```
void parser( )                          /*语法分析总控程序*/
{
    token = getnexttoken();
```

```
if (token 不是 "program") error();     /*程序头部应以 program 开头*/
token = getnexttoken();
if (token 不是 标识符) error();        /*program 后应跟程序名称*/
token = getnexttoken();
if (token 不是 '; ') error();          /*程序名字后应跟分号*/
token = getnexttoken();
if (token 是 "const"){
      handle_const( );                 /*调用常量说明处理函数*/
      token = getnexttoken();
}
if (token 是 "var") {
      handle_var( );                   /*调用变量说明处理函数*/
      token = getnexttoken();
}
if (token 不是 "begin") error();       /*begin 标识可执行程序的开始*/
token = getnexttoken();
ST_SORT(token);                        /*用 ST_SORT()来分类调用处理各个可执行语句*/
token = getnexttoken();
if (token 不是 "end. ") error();       /*end.标识整个程序结束*/
}
```

下面以 if 语句为例来说明语法分析程序的实现。if 语句的文法定义为:

$<\text{IFS}> \rightarrow \text{if } E \text{ then } S_1 \text{ else } S_2$;

根据该文法,可以写出如下的递归下降的分析程序。

```
ifs( )  {                              /*当读取的首字符是 if 时,才调用该函数*/
    token = getnexttoken();            /*读下一个单词,它是布尔表达式的第一个单词*/
    BEXP(token);                       /*调用布尔表达式的分析程序*/
    token = getnexttoken();            /*读下一个单词*/
    if(token 不是 "then") error;       /*布尔表达式分析完毕,如程序正确,其后应为 then*/
    token = getnexttoken();            /*读入下一个单词,是可执行语句 S₁ 的第一个单词*/
    ST_SORT(token);                    /*分类调用处理 then 后的不同语句*/
    token = getnexttoken();
    if(token 是 "else") {              /* if…then…else 结构时处理 else 部分*/
          token = getnexttoken();
          ST_SORT(token);             /*处理 else 后的可执行语句*/
    }
    else if(token 不是 ";") error;     /* 无 else 的 if…then 结构后必有分号*/
}
```

4.3 自下而上的语法分析

上一节介绍了自上而下的语法分析,其目的是从文法的开始符号出发,根据语法规则建立一棵以文法开始符号为根、以被分析符号串为叶结点的语法树。

自下而上语法分析的目的仍然是构造一棵语法树。它构造的过程是先以被分析符号串的各个符号为叶结点,根据文法规则,以产生式左部的非终结符为父结点,逐步向上构造子树,最后得到以文法开始符号为根的语法树。本节重点介绍这种方法中的一些基本概念。

4.3.1 自下而上分析方法概述

1."移进—归约"分析方法

在第 2 章介绍过归约的基本概念,它是推导的逆过程。自下而上语法分析的基本思想是"移进—归约"。设置一个栈,从输入符号串(指的是从词法分析器送来的单词符号)出发,将输入符号逐个移入栈中,边移入边分析,一旦栈顶形成某个产生式的右部时,就用该产生式左部的非终结符代替,称为归约(Reduction)。重复这一过程,直到归约到栈中只剩下文法的开始符号,即可确认输入符号串是文法的句子,分析成功;否则出错。

例 4.14 假设文法 G 为:

(1) $S \rightarrow aAbB$

(2) $A \rightarrow c \mid Ac$

(3) $B \rightarrow d$ (G4.4)

试对输入符号串 accbd 进行分析,检查该符号串是否是文法 G 的一个句子。

具体分析过程如表 4.4 所示。分析前设置一个分析栈,并将♯压入栈底。接着第一个输入符号 a 进栈,a 不是任何产生式的右部,因此继续将 c 移进栈,此时栈顶的 c 已形成产生式 $A \rightarrow c$ 的右部,于是把栈顶的 c 归约为 A(表中第 4 步);再移进下一个 c,栈顶的两个符号 Ac 形成了产生式 $A \rightarrow Ac$ 的右部,将其归约为 A(表中第 6 步);继续移进 b,此时栈顶的符号串 aAb、Ab 或 b 都不是任何产生式的右部,因此继续移进 d,而 d 已形成了产生式 $B \rightarrow d$ 的右部,因此将 d 归约为 B(表中第 9 步);此时,栈顶的符号串 aAbB 恰好是第一个产生式的右部,直接把它归约为开始符号 S。分析成功,说明输入串 accbd 是文法 G 的一个句子。

表 4.4 输入串 accbd 的自下而上分析过程

步　骤	分　析　栈	输　入　串	分　析　动　作
1	♯	accbd♯	预备
2	♯a	ccbd♯	移进
3	♯ac	cbd♯	移进
4	♯aA	cbd♯	归约($A \rightarrow c$)
5	♯aAc	bd♯	移进
6	♯aA	bd♯	归约($A \rightarrow Ac$)
7	♯aAb	d♯	移进
8	♯aAbd	♯	移进
9	♯aAbB	♯	归约($B \rightarrow d$)
10	♯S	♯	归约($S \rightarrow aAbB$)

在上述分析过程中,每一步归约都是将栈顶的符号串归约为产生式左部的符号,也就是说进行归约的符号串总是出现在分析栈的栈顶而不会出现在栈的中间。把栈顶的这样一串符号称为"可归约串"。

上述过程共用了 10 步,分别用了 4 个产生式进行了 4 次归约。初看起来,这种移进—

归约很简单,其实不然。在本例中的第 6 步,如果不是将 Ac 归约为 A,而是将 c 归约为 A,使分析栈中的符号串为 aAA,这样显然达不到归约为 S 的目的,从而也就无法得知输入串 accbd 是一个合法的句子。由此可以看出,可归约串必定是某个产生式的右部,但是构成某个产生式右部的栈顶符号串不一定是可归约串。

从上述分析可以看出,自下而上分析的关键问题有两个:一是判断栈顶符号是否形成了可归约串,二是决定选用哪个产生式进行归约。不同的自下而上的语法分析方法对上述两个问题的定义和处理方法不同。

在上述分析过程中,共进行了 4 种操作。

(1) 移进:把输入符号串中的当前符号移进栈。

(2) 归约:发现栈顶已形成可归约串,用适当的产生式的左部去替换这个串。

(3) 接受:宣布分析成功,可以看成是"归约"的一种特殊形式,是栈顶为开始符号 S,输入串已读入完毕的一种特殊状态。

(4) 出错处理:是指发现栈顶的内容与输入串相悖,分析工作无法正常进行,此时需调用出错处理程序进行诊察和校正,并对栈顶内容和输入符号进行调整。

上述语法分析过程可以看成是自下而上构造语法树的过程,每一步归约都可以画出一棵子树来,随着归约的完成,这些子树被连成一棵完整的语法树。根据表 4.5 的分析过程构造语法树的过程如图 4.11 所示。

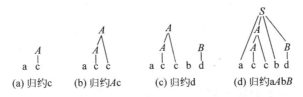

图 4.11 句型 accbd 的语法树的自下而上构造过程

2. 规范归约、短语和句柄

假设有一文法 G,开始符号为 S,如果有

$$S \overset{*}{\Rightarrow} x\beta y \text{ 且 } A \overset{+}{\Rightarrow} \beta (\text{其中 } x, y, \beta \in (V_T \cup V_N)^*, A \in V_N)$$

则称 β 是句型 $x\beta y$ 相对于非终结符 A 的短语(Phrase)。特别地,如果

$$A \to \beta$$

则称 β 是句型 $x\beta y$ 的直接短语(Direct Phrase)。位于一个句型的最左直接短语称为该句型的句柄(Handle)。

注意"短语"的定义,只有 $A \overset{+}{\Rightarrow} \beta$ 或 $A \to \beta$ 不一定意味着 β 是一个短语,必须有 $S \overset{*}{\Rightarrow} x\beta y$ 这一条件,即 $x\beta y$ 必须是一个句型,离开句型来讨论短语没有意义。

例 4.15 考虑在例 4.2 中出现过的文法 G4.1:

(1) $E \to E + T \mid T$

(2) $T \to T * F \mid F$

(3) $F \to (E) \mid i$ (G4.1)

给定句型 $i_1 + i_2 * i_3$,判断其短语、直接短语和句柄。

解：由于存在推导：

$$E \Rightarrow E+T \Rightarrow T+T \Rightarrow F+T \Rightarrow i_1+T \Rightarrow i_1+T*F$$
$$\Rightarrow i_1+F*F \Rightarrow i_1+i_2*F \Rightarrow i_1+i_2*i_3$$
$$E \Rightarrow T \Rightarrow F \Rightarrow i_1 \quad T \Rightarrow F \Rightarrow i_2 \quad F \Rightarrow i_3 \quad T \Rightarrow T*F \Rightarrow i_2*i_3$$

所以可以看出：

i_1、i_2、i_3、i_2*i_3、$i_1+i_2*i_3$ 是句型 $i_1+i_2*i_3$ 的短语；

直接短语有 i_1、i_2、i_3；

句柄是 i_1。

i_1+i_2 不是短语，因为不存在从 E 到 $T*i_3$ 的推导。

根据定义来判断句型的短语和句柄比较困难。如果使用语法树来表示一个句型，则句型中的句柄和短语就一目了然。一棵语法树的一棵子树是由该树的某个结点(作为子树的根)连同它的所有子孙组成的。一个子树的所有树叶结点自左至右排列起来形成一个相对于子树根的短语。只有父子两代结点形成的子树的树叶结点自左至右排列起来才能形成相对于子树根的直接短语；一个句型的句柄是这个句型所对应的语法树中最左边那个构成直接短语的子树的叶子结点自左至右的排列。

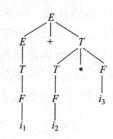

图 4.12　句型 $i_1+i_2*i_3$ 的语法树

图 4.12 是句型 $i_1+i_2*i_3$ 的语法树。从该语法树可以得出例 4.15 的结论。

在例 4.14 的归约过程中，每一步归约的都是当前句型的句柄。若一个文法无二义性，则该文法的某句型中的句柄就是唯一的。在例 4.14 中的第 6 步，Ac 是句柄，而 c 不是句柄。

下面对例 4.14 用句柄对输入符号串 accbd 进行归约。对每一步归约，都是先寻找句柄，并用相应产生式的左部符号进行替换，归约过程如下。

句　　型	句　　柄	归约规则
accbd	c	$A \rightarrow c$
a**A**cbd	Ac	$A \rightarrow Ac$
a**A**b**d**	d	$B \rightarrow d$
aA**bB**	aAbB	$S \rightarrow aAbB$
S		

下面回顾一下第 2 章讲过的几个概念。假定 α 是文法 G 的一个句子，我们称序列 α_n，α_{n-1}，…，α_0 是 α 的一个规范归约，如果此序列满足：

(1) $\alpha_n = \alpha$。

(2) α_0 为文法的开始符号，即 $\alpha_0 = S$。

(3) 对任何 $i(0 \leqslant i \leqslant n)$，$\alpha_{i-1}$ 是从 α_i 经把句柄替换为相应产生式的左部符号而得到的。

在上述例子中，序列 accbd，a**A**cbd，a**A**b**d**，**a**A**bB**，**S** 构成句子 accbd 的一个规范归约。简单地讲，在归约过程中始终对句柄进行归约而形成的序列称为规范归约，规范归约也称最左归约。由规范归约所得到的句型称为规范句型。

将上述规范归约过程的顺序倒过来，得到：

$$S \Rightarrow aAbB \Rightarrow aAbd \Rightarrow aAcbd \Rightarrow accbd$$

该过程和句型的最右推导一致,因此,最右推导又称为规范推导。如果文法 G 是无二义的,规范推导(最右推导)的逆过程必是规范归约(最左归约)。

注意句柄的"最左"特征,这一点对于"移进—归约"来说很重要,因为句柄的"最左"性和分析栈的栈顶两者是相关的。由于句型中的非终结符由归约产生,而句柄在句型的最左边,所以,在一个规范句型中,句柄的右边只可能出现终结符,不可能出现非终结符。基于这一点,可用句柄来刻画"移进—归约"过程的"可归约串"。因此,规范归约的实质是,在移进过程中,当发现栈顶呈现句柄时就用相应产生式的左部符号进行替换(即归约)。

为了加深对"句柄"和"归约"这些重要概念的理解,我们使用修剪语法树的办法来进一步阐明自下而上的分析过程。

例如,对图 4.11(d)所示的语法树采用修剪语法树的方法来实现归约,即每次寻找当前语法树的句柄(在语法树中用虚线勾出),然后将句柄中的树叶剪去(即实现一次归约),得到一个新的句型;再寻找新的句型中的句柄,这样不断地修剪下去,当剪到只剩下根结时,就完成了整个归约过程,如图 4.13 所示。

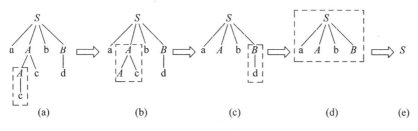

图 4.13　修剪语法树实现归约

本节简单地讨论了规范归约和句柄这两个基本概念,但并没有解决如何寻找句柄、如何归约的问题。事实上,规范归约的中心问题就是如何寻找或确定一个句型的句柄。寻找句柄的不同方法形成了不同的自下而上的分析方法。

4.3.2　算符优先分析法

在算术表达式的求值过程中,运算次序是先乘除后加减,这说明了乘除运算的优先级高于加减运算的优先级;乘除优先级相同,加减优先级相同;在相同优先级的情况下,出现在左边的运算符先运算,这称为左结合。如果计算的每一步做一个运算,那么求值过程的每一步都是唯一的。这说明运算的次序只与运算符有关,而与运算对象无关。算符优先分析法的思想源于这种表达式的分析,因此算符优先分析的关键是定义文法 G 中相邻算符之间的优先关系,即给出算符之间的优先级和同一级别的结合性质,以指示表达式的计算次序。

算符优先分析法是一种简单直观的自下而上分析方法,它特别适合分析程序设计语言中的各类表达式。在归约过程中起决定作用的是相邻运算符的优先级。但并不是所有文法都能用算符优先分析法进行分析,只有下面介绍的算符优先文法才能进行算符优先分析。

1. 算符优先文法

一个文法,如果它的任何产生式的右部都不含两个相继(并列)的非终结符,即不含如下

形式的产生式:

$$P \rightarrow \cdots QR \cdots$$

则称该文法 G 为算符文法(Operator Grammar),也称 OG 文法。

例如,文法 $E \rightarrow E+E|E*E|(E)|i$,其中任何一个产生式都不包含两个非终结符相邻的情况,因此该文法是算符文法。

在后面的定义中,a、b 代表任意终结符,P、Q、R 代表任意非终结符;"…"代表由终结符和非终结符组成的任意序列,包括空字。

假定 G 是不含 ε-产生式的算符文法,终结符对 a、b 之间的优先关系定义如下。

(1) a ≐ b 当且仅当文法 G 中含有形如 $P \rightarrow \cdots ab \cdots$ 或 $P \rightarrow \cdots aQb \cdots$ 的产生式。

(2) a ⋖ b 当且仅当 G 中含有形如 $P \rightarrow \cdots aR \cdots$ 的产生式,且 $R \overset{+}{\Rightarrow} b \cdots$ 或 $R \overset{+}{\Rightarrow} Qb \cdots$。

(3) a ⋗ b 当且仅当 G 中含有形如 $P \rightarrow \cdots Rb \cdots$ 的产生式,且 $R \overset{+}{\Rightarrow} \cdots a$ 或 $R \overset{+}{\Rightarrow} \cdots aQ$。

假定 G 是一个不含 ε-产生式的算符文法,任何终结符对 (a,b) 之间如果至多只满足下述 3 种优先关系之一:

$$a \doteq b, \quad a \lessdot b, \quad a \gtrdot b$$

则称 G 是一个算符优先文法(Operator Precedence Grammar),简称 OPG 文法。算符优先文法是无二义性的。

例 4.16 对文法 $E \rightarrow E+E|E*E|(E)|i$,证明该文法不是 OPG 文法。

证明:首先该文法是不含 ε-产生式的算符文法。但是

因为 $E \rightarrow E+E,E \Rightarrow E*E$,则有 $+ \lessdot *$,语法子树如图 4.14(a)所示。

又因为 $E \rightarrow E*E,E \Rightarrow E+E$,则有 $+ \gtrdot *$,语法子树如图 4.14 (b)所示。

在 $+$ 和 $*$ 之间同时存在两种优先关系,所以该文法不是 OPG 文法。

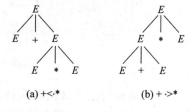

图 4.14   文法 $E \rightarrow E+E|E*E|(E)|i$ 语法子树

2. 算符优先表的构造

如果 G 是一个算符优先文法,则可以根据终结符之间的优先关系进行语法分析,终结符之间的优先关系可以指导句柄的选取。因此,如果要对算符优先文法 G 进行优先关系分析,则必须首先求出各个终结符对之间的优先关系。用表格形式来表示文法中各终结符之间的优先关系,这种表称为算符优先关系表(Operator Precedence Relation Table)。

1) 按照定义手工构造算符优先关系表

例 4.17 根据定义计算表达式文法 G4.1 的算符优先关系表。

(1) $E \rightarrow E+T|T$

(2) $T \rightarrow T*F|F$

(3) $F \rightarrow (E)|i$ (G4.1)

第一步:首先规定,♯ 作为句子的起始和终止界符,为了分析过程的确定性,把 ♯ 号作为终结符对待。为保证语法分析的进行,拓展文法 G,增加一个产生式:(0)$E' \rightarrow ♯E♯$,即

必须有♯$\lessdot$a和b$\gtrdot$♯成立,其中a为任何从E推导出的所有句型中的第一个终结符,b为任何从E推导出的所有句型中的最后一个终结符。

第二步:根据第(3)个产生式F→(E),有($\doteq$);根据产生式E→E+T和T→T*F,有+$\lessdot$*;根据产生式T→T*F和F⇒(E),有*$\lessdot$(;根据第(3)个产生式F→(E),且E⇒E+T,有(($\lessdot$+和+$\gtrdot$));……。总之,根据文法中优先关系的定义,可以得到各个可能相邻的终结符对之间的优先关系。

第三步,对文法中的任意两个不可能相邻的终结符,它们之间无优先关系,在表中以空白表示。最后得到文法 G4.1 的算符优先关系表,如表 4.5 所示。

表 4.5　表达式文法算符优先关系表

	+	*	i	(	)	♯
+	$\gtrdot$	$\lessdot$	$\lessdot$	$\lessdot$	$\gtrdot$	$\gtrdot$
*	$\gtrdot$	$\gtrdot$	$\lessdot$	$\lessdot$	$\gtrdot$	$\gtrdot$
i	$\gtrdot$	$\gtrdot$			$\gtrdot$	$\gtrdot$
(	$\lessdot$	$\lessdot$	$\lessdot$	$\lessdot$	$\doteq$	
)	$\gtrdot$	$\gtrdot$			$\gtrdot$	$\gtrdot$
♯	$\lessdot$	$\lessdot$	$\lessdot$	$\lessdot$		$\doteq$

说明:

(1) 在优先关系表中,空白部分表示两个符号之间没有优先关系,如果这样的两个符号在符号串中相继出现是一种语法错误。

(2) 相同的终结符之间的优先关系不一定是$\doteq$。如表 4.5 中有 *$\gtrdot$*,在此可表示结合性。

(3) 如果 a$\doteq$b,不一定 b$\doteq$a。如表 4.5 中有($\doteq$),而")"与"("之间无优先关系。

(4) 如果 a$\lessdot$b,不一定 b$\gtrdot$a,即不具有对称性。因为优先关系表只定义相邻运算符之间的优先关系,a、b 相邻时,不一定 b、a 相邻,如表 4.5 中有($\lessdot$i,但 i 与"("之间没有优先关系。

(5) 如果 a$\lessdot$b,b$\lessdot$c,不一定 a$\lessdot$c,即不具有传递性。a、b 相邻且 b、c 相邻时,不一定 a、c 相邻。

2) 使用算法构造算符优先关系表

为了使用算法来实现算符优先关系表的自动生成,首先定义一个非终结符的 FirstVT 和 LastVT 集。

对文法 G 的任一非终结符 P,定义如下两个集合:

FirstVT$(P) = \{a \mid P \xrightarrow{+} a\cdots$ 或 $P \xrightarrow{+} Qa\cdots, a\in V_T$ 而 $Q\in V_N\}$,即 P 能推导出的第一个终结符号。

LastVT$(P) = \{a \mid P \xrightarrow{+} \cdots a$ 或 $P \xrightarrow{+} \cdots aQ, a\in V_T$ 而 $Q\in V_N\}$,即 P 能推导出的最后一个终结符号。

有了这两个集合后,就可以通过检查文法的产生式来求各终结符对之间的优先关系。

(1) $\doteq$关系:若有形如 P→…ab… 或 P→…aQb… 的产生式,则 a$\doteq$b。可直接查看产生式得到。

(2) $\lessdot$关系:若有形如 Q→…aP… 的产生式,对任何 b∈FirstVT(P),有 a$\lessdot$b。

(3) ⋗关系：若有形如 $Q→\cdots Pb\cdots$ 的产生式，对任何 $a∈LastVT(P)$，有 $a⋗b$。

由此可知，有了 FirstVT 和 LastVT 的定义，只要给出求文法的非终结符的 FirstVT 和 LastVT 集合的算法，就可以自动构造文法的优先关系表。

构造 FirstVT(P)的算法是基于下面两条规则。

(1) 若有产生式 $P→a\cdots$ 或 $P→Qa\cdots$，则 $a∈FirstVT(P)$，其中 P、$Q∈V_N$，$a∈V_T$；

(2) 若有产生式 $P→Q\cdots$，且 $a∈FirstVT(Q)$，则 $a∈FirstVT(P)$。

在实现 FirstVT 集的计算时，首先建立一个布尔数组 $F[P,a]$，行为所有的非终结符，列为所有的终结符，其初值为全 0；然后通过上面的规则(1)对数组 F 进行初始化；再利用规则(2)修改数组 F，即如果发现 $a∈FirstVT(P)$，修改 $F[P,a]=1$；最后在二维数组 F 中，每行中元素为 1 对应的终结符构成的集合就是该行对应的非终结符的 FirstVT 集，即 $FirstVT(P)=\{a\mid F[P,a]=1\}$。该计算过程可通过一个堆栈来实现，其形式化描述如算法 4.4 所示。

算法 4.4 FirstVT 集的构造。

(1) 对每个非终结符 P 和终结符 a 设置 $F[P,a]=0$。

(2) 对每个形如 $P→a\cdots$ 或 $P→Qa\cdots$ 的产生式

  $F[P, a] = 1;$ //应用规则(1)

  PUSH(P, a);   // (P, a)压栈

(3) 当堆栈非空时

  将栈顶元素弹出至(Q,a)

  对每条形如 $P→Q\cdots$ 的产生式   //应用规则(2)

   $F[P, a] = 1;$

   PUSH(P, a);   //(P, a)压栈

例 4.18 构造文法 G4.1 中每个非终结符的 FirstVT 集。

解：(1) 建立一个 3 行 5 列的数组 F，置全部元素为 0。

(2) 应用规则(1)，用形如 $P→a\cdots$ 或 $P→Qa\cdots$ 的产生式对数组 F 初始化并压栈，如表 4.6 所示。

(3) 对堆栈进行操作，并寻找形如 $P→Q\cdots$ 的产生式，修改数组 F 的值，得到的结果如表 4.7 所示。因此：

$FirstVT(E) = \{ +, *, (, i \}$

$FirstVT(T) = \{ *, (, i \}$

$FirstVT(F) = \{(, i \}$

同理，可以构造计算 LastVT 集的算法。LastVT 集的构造基于下面两条规则。

表 4.6　应用规则(1)后的数组 F

	+	*	(	)	i
E	1				
T		1			
F			1		1

表 4.7　最终结果数组 F

	+	*	(	)	i
E	1	1	1		1
T		1	1		1
F			1		1

(1) 若有产生式 $P→\cdots a$ 或 $P→\cdots aQ$，则 $a∈LastVT(P)$，其中 P、$Q∈V_N$，$a∈V_T$。

(2) 若 $a∈LastVT(Q)$，且有产生式 $P→\cdots Q$，则 $a∈LastVT(P)$。

当计算出每个非终结符的 FirstVT 集和 LastVT 集,就能够构造文法 G 的算符优先关系表,可用算法 4.5 来形式化地描述。

算法 4.5 构造文法 G 的算符优先关系表。

对文法 G 中的每个产生式 $P \to X_1 X_2 \cdots X_n$

对 $i = 1$ 到 $n - 1$,检查相邻的文法符号的下述 4 种情况:

(1) 如果 $X_i \in V_T$ 且 $X_{i+1} \in V_T$,
则 $X_i \doteq X_{i+1}$;   /* $P \to \cdots ab \cdots$ */

(2) 如果 $i \leqslant n - 2$,且 $X_i \in V_T$,$X_{i+2} \in V_T$,$X_{i+1} \in V_N$,
则 $X_i \doteq X_{i+2}$;   /* $P \to \cdots aQb \cdots$ */

(3) 如果 $X_i \in V_T$,且 $X_{i+1} \in V_N$,
则对每一个 $a \in \text{FirstVT}(X_{i+1})$,设置 $X_i \lessdot a$;   /* $P \to \cdots aR \cdots$ */

(4) 如果 $X_i \in V_N$,且 $X_{i+1} \in V_T$,
则对每一个 $a \in \text{LastVT}(X_i)$,设置 $a \gtrdot X_{i+1}$;   /* $P \to \cdots Rb \cdots$ */

例 4.19 利用算法 4.5 求文法 G4.1 的算符优先关系表。

解:

(1) 同手工构造一样,对文法进行拓展,增加产生式:$(0) E' \to \# E \#$。

(2) 计算各终结符对之间的优先关系。

① 计算 $\doteq$ 关系:由产生式 $(0) E' \to \# E \#$ 和 $(3) F \to (E)$,通过算法第(2)步,可得 $\# \doteq \#$,$(\doteq)$ 成立。

② 计算每个非终结符的 FirstVT 集和 LastVT 集:

$\text{FirstVT}(E') = \{ \# \}$ $\text{LastVT}(E') = \{ \# \}$

$\text{FirstVT}(E) = \{ +, *, (, i \}$ $\text{LastVT}(E) = \{ +, *,), i \}$

$\text{FirstVT}(T) = \{ *, (, i \}$ $\text{LastVT}(T) = \{ *,), i \}$

$\text{FirstVT}(F) = \{ (, i \}$ $\text{LastVT}(F) = \{), i \}$

③ 计算 $\lessdot$ 关系(利用算法 4.5 的第(3)步,逐条扫描产生式,寻找形如"$P \to \cdots aR \cdots$"的产生式,则 $a \lessdot \text{FirstVT}(R)$):

由 $E' \to \# E \#$ 得到 $\# \lessdot \text{FirstVT}(E)$;

由 $E \to E + T$ 得到 $+ \lessdot \text{FirstVT}(T)$;

由 $T \to T * F$ 得到 $* \lessdot \text{FirstVT}(F)$;

由 $F \to (E)$ 得到 $(\lessdot \text{FirstVT}(E)$。

④ 计算 $\gtrdot$ 关系(利用算法第(4)步,逐条扫描产生式,寻找形如"$\cdots Rb \cdots$"的产生式,则 $\text{LastVT}(R) \gtrdot b$):

由 $E' \to \# E \#$ 得到 $\text{LastVT}(E) \gtrdot \#$;

由 $E \to E + T$ 得到 $\text{LastVT}(E) \gtrdot +$;

由 $T \to T * F$ 得到 $\text{LastVT}(T) \gtrdot *$;

由 $F \to (E)$ 得到 $\text{LastVT}(E) \gtrdot)$。

通过以上步骤构造优先关系表如表 4.5 所示。

3. 算符优先分析过程

有了算符优先关系表,就可以对任意给定的符号串进行算符优先分析,进而判定输入符号串是否为该文法的句子。

　　算符优先分析法通过比较相邻终结符间的优先关系来进行分析,仍然采用"移进—归约"方式不断移进输入符号,识别可归约串,并进行归约。但是,利用算符优先分析法进行分析,由于仅考虑了终结符之间的优先关系,没有考虑非终结符之间的优先关系,所以每次归约的并不一定是当前句型的句柄。实际上,算符优先分析法不是用句柄来刻画"可归约串",而是用最左素短语(Leftmost Prime Phrase)来刻画"可归约串"。

　　所谓素短语(Prime Phrase)是指这样的一个短语,它至少含有一个终结符,并且除它自身外,不含有更小的素短语。所谓最左素短语是指处于句型最左边的那个素短语。

　　从该定义可以看出,最左素短语必须具备 3 个条件。

　　(1) 至少包含一个终结符。

　　(2) 除自身外不包含其他素短语(最小性)。

　　(3) 在句型中具有最左性。

　　例 4.20　对文法 G4.1 求句型 $T+T*F+i$ 的短语、素短语和最左素短语。

　　解：句型 $T+T*F+i$ 的语法树如图 4.15 所示。根据语法树可知：$T+T*F+i$,$T+T*F$,T,$T*F$ 和 i 都是该句型的短语。由素短语的定义和最左素短语必须具备的条件可知,只有 i 和 $T*F$ 为素短语,$T*F$ 为最左素短语。$T+T*F$(含素短语 $T*F$)、$T+T*F+i$(含素短语 $T*F$ 和 i)和 T(不含终结符)都不是素短语。

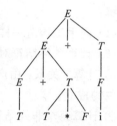

图 4.15　句型 $T+T*F+i$ 的语法树

　　算符优先文法中的句型(括在两个 ♯ 号之间)可以写成更一般的形式：

$$\sharp N_1 a_1 N_2 a_2 \cdots N_n a_n N_{n+1} \sharp \qquad (4.1)$$

其中 a_i($1 \leqslant i \leqslant n$)是终结符,$N_i$($1 \leqslant i \leqslant n+1$)是可有可无的非终结符,也就是说,句型中含有 n 个终结符,任何两个终结符之间最多只有一个非终结符。任何算符优先文法的句型都具有这种结构形式。

　　算符优先分析法基于下面这个定理：一个算符优先文法 G 的任何句型(式 4.1)的最左素短语是满足如下条件的最左子串 $N_i a_i \cdots N_j a_j N_{j+1}$：

$$a_{i-1} \lessdot a_i$$
$$a_i \doteq a_{i+1}, \cdots, a_{j-1} \doteq a_j$$
$$a_j \gtrdot a_{j+1}$$

即 $a_{i-1} \lessdot a_i \doteq a_{i+1}, \cdots, a_{j-1} \doteq a_j \gtrdot a_{j+1}$。

　　此定理告诉我们,出现在 a_i 和 a_j 之间的终结符一定属于该素短语。从语法树和最左素短语的定义,在算符优先分析中,每次归约的都是当前句型的最左素短语,它无法归约由单个非终结符组成的可归约串(如 $E \rightarrow T$),因为单个非终结符不能构成最左素短语。

　　算符优先分析的实质是在归约时用优先关系来指导最左素短语的选择,优先性低于"$\lessdot$"用来标识最左素短语的头,优先性高于"$\gtrdot$"用来标识最左素短语的尾。

　　实现算符优先分析过程仍然采用移进—归约方式,使用一个符号栈和一个输入缓冲区,当前句型表示为：

符号栈内容＋输入缓冲区内容 ＝ ♯当前句型♯

　　算符优先分析可描述为以下过程：

（1）开始：符号栈中为♯，输入缓冲区为"输入串♯"。

（2）移进—归约。

① 从左向右扫描输入符号并移进堆栈，查找算符优先关系表，直至找到某个 j 满足 $a_j \gtrdot a_{j+1}$ 时为止。

② 从 a_j 开始往左扫描符号栈，直至找到某个 i 满足 $a_{i-1} \lessdot a_i$ 为止。

③ $N_i a_i \cdots N_j a_j N_{j+1}$ 形式的子串就构成最左素短语，用相应产生式进行归约。

（3）结束：如果符号栈中为♯S，输入缓冲区为♯，则分析成功；否则失败。

例 4.21 利用算符优先分析法判断输入符号串 i+i*i 是否是文法 G4.1 的句子。

解：文法 G4.1 的算符优先关系表如表 4.5 所示，算符优先分析过程如表 4.8 所示。

表 4.8 i+i*i 的算符优先分析过程

步 骤	栈	输入缓冲区	句 柄	说 明
1	♯	i+i*i♯		初始状态
2	♯i	+i*i♯		♯$\lessdot$i，i 入栈
3	♯F	+i*i♯	i	♯$\lessdot$i$\gtrdot$+，用 $F \rightarrow i$ 归约
4	♯F+	i*i♯		♯$\lessdot$+，+ 入栈
5	♯F+i	*i♯		+$\lessdot$i，i 入栈
6	♯F+F	*i♯	i	+$\lessdot$i$\gtrdot$*，用 $F \rightarrow i$ 归约
7	♯F+F*	i♯		+$\lessdot$*，* 入栈
8	♯F+F*i	♯		*$\lessdot$i，i 入栈
9	♯F+F*F	♯	i	*$\lessdot$i$\gtrdot$♯，用 $F \rightarrow i$ 归约
10	♯F+T	♯	F*F	+$\lessdot$*$\gtrdot$♯，用 $T \rightarrow T*F$ 归约
11	♯E	♯	F+T	♯$\lessdot$+$\gtrdot$♯，用 $E \rightarrow E+T$ 归约

从该过程可以看出，算符优先分析不是一种严格的规范归约。在整个归约过程中，归约只检查句型中自左至右的终结符序列的优先关系，不涉及终结符之间可能存在的非终结符，即实际上可以认为这些非终结符是相同的。在寻找最左素短语时，只要自左到右终结符和非终结符的位置相同，且对应的终结符相同即可。

算符优先分析过程可用算法 4.6 进行形式化描述。在算法中使用了一个符号栈 S，用来存放在分析过程中使用的终结符和非终结符，top 指示栈顶的位置。

算法 4.6 利用算符优先关系表进行分析的过程。

(1) top = 1; S[top] = '♯';　　　　　　　　　　//初始化

(2) 把当前输入符号读进 a；

(3) 如果 $S[top] \in V_T$，则设 j = top 否则设 j = top - 1;　//j 指向终结符
　　　　//终结符之间最多只有一个非终结符，故若 $S[top] \notin V_T$，则 $S[top-1] \in V_T$

(4) 比较栈顶符号 $S[j]$ 与输入符号 a 的优先关系
　　① 如果 $S[j] < a$ or $S[j] \doteq a$，则　　　　　//栈顶 $S[j] < a$ 或 $S[j] \doteq a$
　　　　top = top + 1　　　　　　　　　　　　　　//则 a 入栈，栈顶上移
　　　　S[top] = a;
　　② 如果 $S[j] \gtrdot a$　　　　　　　　　　　　//$S[j] \gtrdot a$，找到最左素短语的尾
　　　　循环执行下述操作，直到 $S[j] \doteq Q$
　　　　　Q = S[j];　　　　　　　　　　　　　　//循坏向前查找最左素短语的头，用 j 记录
　　　　　IF ($S[j-1] \in V_T$)　　$j = j - 1$

```
        ELSE   j = j - 2;                    //查找栈中的终结符
                                             //循环退出时找到了最左素短语的头
    把 S[j + 1]…S[top] 归约为某个非终结符 N;
    top = j + 1;                             //最左素短语出栈
    S[top] = N;                              //将归约后的非终结符 N 入栈
```
　　(5) 若栈中为♯S,且 a = '♯',则分析成功; 否则 a 入栈,转(2)。

　　此算法工作过程中,若出现 $j-1 \leqslant 0$,则意味着输入串有错。在正确的情况下,算法工作结束时符号栈将呈现♯S♯。

　　在文法 G4.1 中,用算符优先分析方法分析句子 i+i,归约过程是:先将第一个最左素短语 i 归约为 F,然后把第二次归约的最左素短语 i(第二个 i)也归约为 F,第三次把最左素短语 F+F 归约为 E,语法树如图 4.16(a)所示。对规范归约来说,其归约过程是:先把第一个 i 归约为 F,接着将 F 归约为 T,再将 T 归约为 E;然后重复相同的过程把第二个 i 归约为 F,再将 F 归约为 T;最后将 E+T 归约为 E。上述归约的语法树如图 4.16 (b)所示。

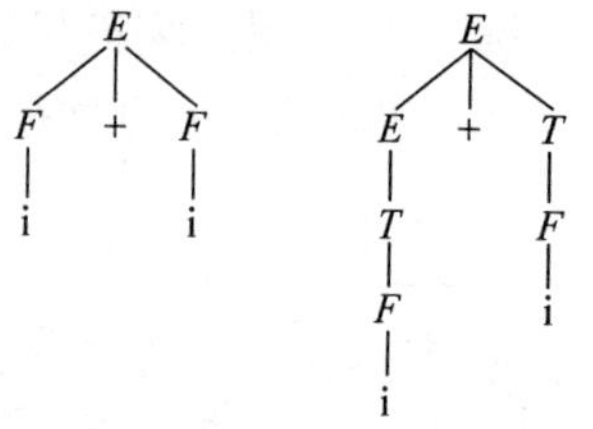

(a)算符优先归约　　(b)规范归约

图 4.16　句子 i+i 的两种归约的语法树

　　因此算符优先分析比规范归约要快,因为算符优先分析只与终结符之间的优先关系有关,非终结符对归约没有影响,甚至对非终结符可直接跳过不进行归约,即跳过所有形如 $P \rightarrow Q$ 的右部仅含单个非终结符的产生式,跳过的非终结符不进入符号栈。如 i+i*i 的 LL(1)分析过程需要 17 步,如表 4.2 所示;而算符优先分析过程只需要 11 步,如表 4.8 所示。算符优先分析也有缺点,有可能把本来不成句子的输入串也误认为是句子,但这种缺点易于从技术上加以弥补。

*4. 算符优先函数

　　用优先关系表来表示每对终结符之间的优先关系存储量大,查找费时。在实际使用中,一般不直接使用优先关系表,而是使用优先函数。如果给每个终结符赋一个值(即定义终结符的一个函数 f),值的大小反映其优先关系,则终结符对 a、b 之间的优先关系就转换为两个优先函数 $f(a)$ 与 $f(b)$ 的值的比较。

　　一个终结符在栈中(左)与在输入串中(右)的优先值是不同的。例如,既存在着 +⋗ 又存在着)⋗+。因此,对一个终结符 a 而言,它应该有一个左优先数 $f(a)$ 和一个右优先数 $g(a)$,这样就定义了每个终结符的一对函数值。

　　根据一个文法的算符优先关系表,将每个终结符 θ 与两个自然数 $f(\theta)$ 和 $g(\theta)$ 对应,如果 $f(\theta)$ 和 $g(\theta)$ 的选择满足如下关系:

　　若 $\theta_1 \lessdot \theta_2$,则 $f(\theta_1) < g(\theta_2)$

　　若 $\theta_1 \doteq \theta_2$,则 $f(\theta_1) = g(\theta_2)$

　　若 $\theta_1 \gtrdot \theta_2$,则 $f(\theta_1) > g(\theta_2)$

则称 f 和 g 为优先函数。其中,f 称为入栈优先函数,g 称为比较优先函数。

　　定义了优先函数后,算符优先分析法中两个终结符之间优先关系的比较就可用优先函数来代替了,这既便于作比较运算,又能节省存储空间。但优先函数有一个缺点,就是原先不存在优先关系的两个终结符由于与自然数相对应就变成可比较的了,这样可能会掩盖输入串中的错误。解决这一问题的办法是：可以通过检查栈顶符号 θ 和输入符号 a 的具体内容来发现那些原先不可比较的情形。

注意，由于优先函数与自然数对应，对给定的文法，如果存在优先函数，则一定存在多个优先函数，即 f 和 g 的选择不是唯一的。也有许多优先关系表不存在对应的优先函数。例如，表 4.9 给出的优先关系表就不存在优先函数。

表 4.9 不存在优先函数的优先关系表

	a	b
a	$\doteq$	$\gtrdot$
b	$\doteq$	$\doteq$

在表 4.9 中，假定存在 f 和 g，则应有
$$f(a)=g(a) \quad f(a)>g(b) \quad f(b)=g(a) \quad f(b)=g(b)$$
这将导致如下矛盾：
$$f(a)>g(b)=f(b)=g(a)=f(a)$$

如果优先函数存在，那么，根据优先关系表构造优先函数 f 和 g 的一个简单方法是关系图法。关系图法就是用图的方式来表示两个函数 f 和 g 的关系。用它求优先函数的过程如下。

(1) 对所有终结符 a（包括 #），用有下标的 f_a、g_a 为结点名，画出全部 n 个终结符所对应的 $2n$ 个结点。

(2) 若 $a \gtrdot b$ 或 $a \doteq b$，则画一条从 f_a 到 g_b 的箭弧；若 $a \lessdot b$ 或 $a \doteq b$，则画一条从 g_b 到 f_a 的箭弧。

(3) 如果用上述方法构造的图中存在环路，就不存在优先函数；如果不存在环路，就存在优先函数。存在优先函数时，对每个结点都赋予一个数，此数等于从该结点出发所能到达的结点（包括出发结点自身在内）的个数，赋给 f_a 的数作为 $f(a)$，赋给 g_b 的数作为 $g(b)$。

例 4.22 求出文法 G4.5 的优先函数。

(1) $E \to E+T \mid T$

(2) $T \to T*F \mid F$

(3) $F \to i$ (G4.5)

解：(1) 文法 G4.5 的算符优先关系表如表 4.10 所示。

表 4.10 文法 G4.5 的算符优先关系表

	$+$	$*$	i	$\#$
$+$	$\gtrdot$	$\lessdot$	$\lessdot$	$\gtrdot$
$*$	$\gtrdot$	$\gtrdot$	$\lessdot$	$\gtrdot$
i	$\gtrdot$	$\gtrdot$		$\gtrdot$
$\#$	$\lessdot$	$\lessdot$	$\lessdot$	$\doteq$

(2) 用关系图法构造的关系图如图 4.17 所示。

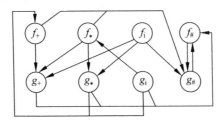

图 4.17 文法 G4.5 的优先关系图

（3）由图 4.17 所示的优先关系图求得各终结符的优先函数,如表 4.11 所示。

表 4.11　文法 G4.5 的优先函数

	+	*	i	#
f	4	6	6	2
g	3	5	7	2

4.3.3　LR 分析法

LR 分析法是一种自下而上符合规范归约的语法分析方法,L 表示从左到右扫描输入符号串,R 表示构造一个最右推导的逆过程。LR 分析法功能强大,适用于大多数上下文无关文法。LR 分析法比递归下降分析法、LL(1)分析法和算符优先分析法对文法的限制要少得多,对大多数用无二义的上下文无关文法描述的语言都可以用 LR 分析器予以识别,而且速度快,并能准确、及时地指出输入串的任何语法错误及出错位置。其缺点是对于一个实用的程序设计语言的分析器的构造工作量相当大,实现复杂。LR 分析方法分为 4 种。

（1）LR(0)分析。它使用简单的方法构造分析表,分析表不大,分析简单,容易实现。虽然它功能最弱,局限性很大,只对无冲突的文法有效,但它是进行其他 LR 分析的基础。

（2）简单的 LR 方法(SLR)。在 LR(0)分析的基础上,向前查看一个输入符号。这种方法较易实现,分析表和 LR(0)分析表大小相同,分析能力强于 LR(0),有较高的使用价值。

（3）规范的 LR 方法。分析能力最强,适用于大多数上下文无关文法,但分析表体积庞大,代价很高。

（4）向前看的 LR 方法(LALR)。其分析能力和代价介于 SLR 和规范的 LR 之间。它可用于大多数程序设计语言的文法,并可高效地实现。

1. LR 分析概述

1) LR 分析的基本思想

在第 4.3.1 节中已经讨论过,自下而上分析是一种移进—归约过程,在分析过程中,若栈顶符号串形成句柄就进行归约,因此自下而上分析法的关键是在分析过程中如何确定句柄。在 LR 分析法中,根据当前分析栈中的符号串（通常以状态表示）和向右顺序查看输入串的 K（本节中 $K=0$ 和 1）个符号就可唯一地确定分析动作是移进还是归约,以及用哪个产生式归约,因而也就能唯一地确定句柄。

LR 分析的基本思想是：在规范归约的过程中,一方面用栈存放已移进和归约出的整个符号串,即记住“历史”；另一方面,LR 分析器还要面对“现实”的当前输入符号；再根据所用产生式推测未来可能面临的输入符号,即对未来的“展望”。当某可归约符号串出现在栈顶时,需要根据已记载的“历史”、“展望”和“现实”的输入符号 3 方面的内容来决定栈顶的符号串是否构成了真正的句柄,是否能够进行归约。

2) LR 分析器的构成

LR 分析器由 LR 分析程序、分析表和一个栈组成,如图 4.18 所示。

（1）LR 分析程序：即总控程序,也称为驱动程序,用于控制分析器的动作。对所有的 LR 分析器,LR 分析程序都是相同的。其工作过程很简单,它的任何一步动作都是根据栈顶状态和当前输入符号去查分析表,完成分析表中规定的动作。

（2）分析栈：包括文法符号栈和相应的状态栈,其结构如图 4.19 所示。将"历史"和"展望"综合成"状态"。栈里的每个状态概括了从分析开始直到某一归约阶段的全部历史和展望资料,分析时不必像算符优先分析法那样必须翻阅栈中的内容才能决定是否要进行归约,只需根据栈顶状态和现行输入符号就可以唯一决定下一个动作。显然,文法符号栈是多余的,它已经概括到状态栈里了,保留在这里是为了让大家更加明确归约过程。S_0 和 ♯ 是分析开始前预先放入栈里的初始状态和句子括号;栈顶状态为 S_m,符号串 $X_1 X_2 \cdots X_m$ 是至今已移进—归约出的文法符号串。

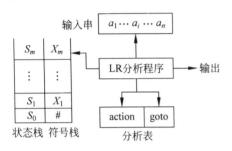

图 4.18　LR 分析器框图

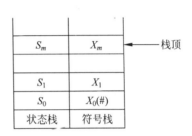

图 4.19　LR 分析器中的分析栈的结构

（3）分析表：是 LR 分析器的核心部分。不同的文法分析表不同,同一个文法采用的 LR 分析方法不同时,分析表也不同。分析表分为"动作"(action)表和"状态转换"(goto)表两部分,以二维数组表示,如文法 G4.1 的一个 LR 分析表如表 4.12 所示。为了在归约时使用文法的产生式编号,将文法 G4.1 改写为 G4.1′:

（1）$E \rightarrow E + T$

（2）$E \rightarrow T$

（3）$T \rightarrow T * F$

（4）$T \rightarrow F$

（5）$F \rightarrow (E)$

（6）$F \rightarrow i$　　　　　　　　　　　　　　　　　　　　　　　　　　　(G4.1′)

在 LR 分析表中,action[S,a]表示当状态为 S 面临输入符号 a 时应采取的动作。每一项 action[S,a]规定了如下 4 种动作之一。

① 移进：表中用 S_i 来表示。当前输入符号 a 进符号栈,下一输入符号变成当前输入符号,当前状态 i(即 S_i 的下标)入栈。

② 归约：表中用 r_j 来表示。按第 j 个产生式进行归约(j 为上述改写文法后的编号)。

③ 接受：表中用 acc 来表示。表示分析成功,停止分析器的工作。

④ 报错：表中的空白部分。表示发现源程序含有错误,调用出错处理程序。

goto[S,X]表示状态 S 面对文法符号 X 时的下一状态(X 是终结符和非终结符,显然,goto[S,X]定义了一个以文法符号为字母表的 DFA。为了减少分析表的占用空间,在表示各个分析表时,已将 X 为终结符号的 goto 表与 action 表合并)。

表 4.12　文法 G4.1′的 LR 分析表

状态	action						goto		
	i	+	*	(	)	#	E	T	F
0	S_5			S_4			1	2	3
1		S_6				acc			
2		r_2	S_7		r_2	r_2			
3		r_4	r_4		r_4	r_4			
4	S_5			S_4			8	2	3
5		r_6	r_6		r_6	r_6			
6	S_5			S_4		r_1		9	3
7	S_5			S_4					10
8		S_6			S_{11}				
9		r_1	S_7		r_1	r_1			
10		r_3	r_3		r_3	r_3			
11		r_5	r_5		r_5	r_5			

3) LR 分析过程

LR 的分析过程可以用三元式来表示:

$$(状态栈,符号栈,剩余输入符号串)$$

这个三元式分别表示分析过程中状态栈、符号栈以及输入符号串的变化。

初始时,将状态 S_0 和 # 压入状态栈和符号栈。此时的三元式为:

$$(S_0, \#, a_1 a_2 \cdots a_n \#)$$

分析过程中任一时刻可以用如下的三元式来表示:

$$(S_0 S_1 \cdots S_m, \# X_1 X_2 \cdots X_m, a_i a_{i+1} \cdots a_n \#)$$

分析器下一步的动作是根据栈顶状态 S_m 和当前输入符号 a_i 查 action 表,根据表中的内容完成相应的动作,从而引起三元式的变化。变化情况如下。

(1) 移进。当前输入符号 a_i 进符号栈,下一输入符号变为当前输入符号,将 action 表中指出的下一状态 S'(即 action$[S_m, a_i]$ 中的下标)进状态栈。三元式变为

$$(S_0 S_1 \cdots S_m S', \# X_1 X_2 \cdots X_m a_i, a_{i+1} \cdots a_n \#)$$

(2) 归约。按某个产生式 $A \rightarrow \beta$ 进行归约,若产生式的右端长度为 r,则两个栈顶的 r 个元素同时出栈。将归约后的符号 A 进符号栈;根据 goto 表,把 (S_{m-r}, A) 的下一状态 $S' = $ goto$[S_{m-r}, A]$ 进状态栈。三元式变为

$$(S_0 S_1 \cdots S_{m-r} S', \# X_1 X_2 \cdots X_{m-r} A, a_i a_{i+1} \cdots a_n \#)$$

归约的动作不改变现行输入符号,执行归约的动作意味着 $\beta(X_{m-r+1} \cdots X_m)$ 已呈现于栈顶,且是一个相对于 A 的句柄。

(3) 接受。宣布分析成功,停止分析器的工作,三元式不再变化。

(4) 报错。发现源程序中的错误,调用出错处理程序,三元式变化过程终止。

LR 分析程序按上述方式查表控制三元式的变化,直至执行"接受"或"报错"为止。

例 4.23　利用分析表 4.12 对输入串 i+i*i# 进行 LR 分析。

解:分析过程如表 4.13 所示。

表 4.13　输入串 i+i∗i 的 LR 分析过程

序号	状态栈	符号栈	产生式	输入串	说　　　明
1	0	#		i+i∗i#	0 和 # 进栈
2	05	#i		+i∗i#	i 和 S_5 进栈
3	03	#F	$F \rightarrow i$	+i∗i#	i 和 S_5 退栈，F 和 S_3 进栈
4	02	#T	$T \rightarrow F$	+i∗i#	F 和 S_3 退栈，T 和 S_2 进栈
5	01	#E	$E \rightarrow T$	+i∗i#	T 和 S_2 退栈，E 和 S_1 进栈
6	016	#E+		i∗i#	＋和 S_6 进栈
7	0165	#E+i		∗i#	i 和 S_5 进栈
8	0163	#E+F	$F \rightarrow i$	∗i#	i 和 S_5 退栈，F 和 S_3 进栈
9	0169	#E+T	$T \rightarrow F$	∗i#	F 和 S_3 退栈，T 和 S_9 进栈
10	01697	#E+T∗		i#	∗ 和 S_7 进栈
11	016975	#E+T∗i		#	i 和 S_5 进栈
12	01697 10	#E+T∗F	$F \rightarrow i$	#	i 和 S_5 退栈，F 和 S_{10} 进栈
13	0169	#E+T	$T \rightarrow T \ast F$	#	F∗T 和 S_{10}、S_7、S_9 退栈，T 和 S_9 进栈
14	01	#E	$E \rightarrow E+T$	#	T+E 和 S_9、S_6、S_1 退栈，E 和 S_1 进栈

　　一个文法，如果能构造一个 LR 分析表，且它的每个入口均是唯一确定的，则把这个文法称为 LR 义法。并非所有上下文无关文法都是 LR 文法，但多数程序语言都可用 LR 文法来描述。对 LR 文法，当分析器对输入串进行自左至右扫描时，一旦句柄出现于栈顶，就能及时对它进行归约。

　　在有些情况下，LR 分析器需要"展望"和实际检查未来的 k 个输入符号才能决定是采取"移进"还是"归约"。一般而言，一个文法如果能用一个每步最多向前检查 k 个输入符号的 LR 分析器进行分析，则这个文法就称为 LR(k) 文法。

　　在各种 LR 分析方法中，LR 分析程序和分析表的形式都是相同的，差别在于分析表的内容，不同的文法和不同的 LR 分析方法，其分析表都是不同的。因此，进行 LR 分析的关键是分析表的构造，下面分别介绍 4 种不同的 LR 分析方法中分析表的构造。

　　在 4.3.1 节讨论的规范归约中，由栈中的文法符号和现实的输入符号来识别句柄。对一个 LR 分析器来说，栈顶的状态包含了分析所需的一切"历史"和"展望"信息，因此 LR 分析器不需要扫描整个栈就知道什么时候句柄出现在栈顶。因此，可以用一个有穷自动机来确定栈顶的句柄。LR 分析表的 goto 函数实质上就是这样的有穷自动机。

2. LR(0)分析

1) 活前缀和项目

　　字的前缀(Prefix)是指该字的任意首部。例如，字 abc 的前缀有 ε、a、ab 或 abc。活前缀(Viable Prefix)是指规范句型的一个前缀，它不含句柄之后的任何符号(即活前缀是指在规范句型中句柄之前的部分和句柄的前缀)。对于文法 G，若有规范推导 $S \overset{*}{\Rightarrow} \delta A \omega$，且可继续规范推导出 $S \overset{*}{\Rightarrow} \delta \alpha \beta \omega$，其中，$\delta \in V^*, A \in V_N, \alpha \in V^+, \omega \in V_T^*$，则 $\alpha\beta$ 是 $\delta\alpha\beta\omega$ 的句柄，$\delta\alpha\beta$ 的任何前缀都是 $\delta\alpha\beta\omega$ 的活前缀。因为句柄是活前缀的后缀，识别活前缀就可以找到句柄；找到了句柄，就可以对句柄归约。

　　对一个文法 G，可以构造一个 DFA 来识别 G 的所有规范句型的活前缀。在此基础上，将它自动转换成 LR 分析表。

在 LR 分析的任何时候,栈里的文法符号(自栈底向上)$X_1 X_2 \cdots X_m$ 应该构成活前缀,把输入串的剩余部分匹配于其后即应成为规范句型(如果整个输入串为一个句子的话)。因此,在规范归约过程中的任何时刻只要已分析过的部分(即在符号栈中的符号串)一直保持为可归约成某个活前缀,就表明输入串已被分析过的部分没有发现语法错误。加上输入串的剩余部分,恰好就是活前缀所属的规范句型。一旦栈顶出现句柄,就被归约成某个产生式的左部符号,所以活前缀不包括句柄之后的任何符号。用"项目"来表示分析过程中已经分析过的部分。

为了表征句柄与活前缀间的关系,即句柄是否已在当前活前缀中出现,以及已有多少句柄符号在其中出现,需引入 LR(0)项目的概念。文法 G 的一个 LR(0)项目(简称项目)是在 G 的某个产生式右部的某个位置添加一个圆点。例如,产生式 $A \rightarrow XYZ$ 对应有 4 个项目:

(1) $A \rightarrow \cdot XYZ$　　(2) $A \rightarrow X \cdot YZ$　　(3) $A \rightarrow XY \cdot Z$　　(4) $A \rightarrow XYZ \cdot$

产生式 $A \rightarrow \varepsilon$ 只对应一个项目 $A \rightarrow \cdot$ 。一个项目指明了在分析过程中的某个时刻已经看到产生式所能推出的字符串的多大一部分。如上例中第一个项目意味着希望能从输入串中看到 XYZ 推出的符号串;第二个项目意味着已经从输入串中看到从 X 推出的符号串,希望能从后面的输入串进一步看到从 YZ 推出的符号串;最后一个项目表示已经从输入串中看到从 XYZ 推出的全部符号串,此时可以将 XYZ 归约为 A。

若干个项目组成的集合称为项目集。例如,对于上述产生式的 4 个项目即构成一个项目集。

例 4.24　求文法 G4.6 的所有项目。

(0) $S' \rightarrow E$

(1) $E \rightarrow aA \mid bB$

(2) $A \rightarrow cA \mid d$

(3) $B \rightarrow cB \mid d$　　　　　　　　　　　　　　　　　　　　　　　　　　　　　　(G4.6)

解:针对该文法的每个产生式写出对应的项目如下。

(1) $S' \rightarrow \cdot E$　　　　　　(2) $S' \rightarrow E \cdot$　　　　　　(3) $E \rightarrow \cdot aA$

(4) $E \rightarrow a \cdot A$　　　　　　(5) $E \rightarrow aA \cdot$　　　　　　(6) $A \rightarrow \cdot cA$

(7) $A \rightarrow c \cdot A$　　　　　　(8) $A \rightarrow cA \cdot$　　　　　　(9) $A \rightarrow \cdot d$

(10) $A \rightarrow d \cdot$　　　　　　(11) $E \rightarrow \cdot bB$　　　　　　(12) $E \rightarrow b \cdot B$

(13) $E \rightarrow bB \cdot$　　　　　　(14) $B \rightarrow \cdot cB$　　　　　　(15) $B \rightarrow c \cdot B$

(16) $B \rightarrow cB \cdot$　　　　　　(17) $B \rightarrow \cdot d$　　　　　　(18) $B \rightarrow d \cdot$

项目中的圆点用来指示识别位置,圆点之左是在分析栈栈顶的已识别的部分,圆点之右是期待从输入符号串中识别的符号串(可以把圆点理解为栈内外的分界点)。

如果项目 i 和项目 j 出自同一产生式,而且项目 j 的圆点只落后于项目 i 一个位置,则称项目 j 是项目 i 的后继项目,如在上面的例子中,项目(2)是项目(1)的后继项目,项目(4)是项目(3)的后继项目。在一个项目中紧跟在圆点后面的符号称为该项目的后继符号,表示下一时刻将会遇到的符号。

可以根据圆点所在的位置和后继符号的类型把项目分为以下几种。

(1) 归约项目:凡圆点在最右端(即后继符号为空)的项目,如 $A \rightarrow \alpha \cdot$,表明一个产生式的右部已分析完,句柄已形成,可以归约。

(2) 接受项目:对文法的开始符号 S' 的归约项目,如 $S'\rightarrow\alpha\cdot$,表明已分析成功。

(3) 移进项目:后继符号为终结符的项目,如 $A\rightarrow\alpha\cdot a\beta$(其中 a 为终结符),分析动作是把 a 移进符号栈。

(4) 待约项目:后继符号为非终结符的项目,如 $A\rightarrow\alpha\cdot B\beta$(其中 B 为非终结符),它表明所对应的项目等待将非终结符 B 所能推出的串归约为 B,才能继续向后分析。

由此可知,句柄、LR(0)项目与活前缀间的关系有如下 3 种。

(1) 当句柄 α 已完全出现在规范句型的活前缀之中,即 α 作为活前缀的一个后缀出现于分析栈的栈顶,则相应的 LR(0)项目为"$A\rightarrow\alpha\cdot$",并将其称为归约项目,因为此时应按产生式 $A\rightarrow\alpha$ 归约活前缀中的句柄 α。

(2) 当句柄的一个真前缀 β_1 已出现于分析栈的栈顶,即活前缀中仅含有句柄的一部分符号,则相应的 LR(0)项目为 $A\rightarrow\beta_1\cdot\beta_2$,此时期望能从余留的输入串形成句柄的后缀 β_2。于是,若 β_2 形如 $X\beta$,当 $X\in V_T$ 时,相应的分析动作自然是将正扫描的输入符号移进栈中,故将相应的 LR(0)项目 $A\rightarrow\beta_1\cdot X\beta$ 称为移进项目;而当 $X\in V_N$ 时,期望通过从余留的输入符号中归约出非终结符号 X,故将相应的 LR(0)项目 $A\rightarrow\beta_1\cdot X\beta$ 称为待约项目。

(3) 当活前缀中不含有句柄 α 的任何符号时,相应的 LR(0)项目为 $A\rightarrow\cdot\alpha$,显然它是上述第二类 LR(0)项目当 $\beta_1=\varepsilon$ 时的特殊情形。

现在将每一个项目看作一个状态,来构成识别一个文法所有活前缀的 DFA。这个 DFA 的所有状态(项目集)称为这个文法的 LR(0)项目集规范族。LR(0)项目集规范族是构造 LR(0)分析表的基础。

为了构造文法 G 的 LR(0)项目集规范族,使接受状态易于识别,首先对原文法进行拓广。设原文法 G 的开始符号为 S,增加产生式 $S'\rightarrow S$ 就得到拓广文法 G',S' 为 G' 的开始符号。拓广文法的目的是为了对某些右部含有开始符号的文法,在归约过程中能分清是已归约到文法的最初开始符,还是文法右部出现的开始符号,拓广文法的开始符号 S' 只在左部出现,确保了不会混淆。在拓广文法 G' 中,有且仅有一个接受项目 $S'\rightarrow S\cdot$,这就是唯一的"接受"状态。

构造 LR(0)项目集规范族的方法有两种。

(1) 列出拓广文法的所有项目,构造其 NFA,再用第 3 章介绍的子集法确定化为 DFA。这种方法工作量较大。

(2) 使用类似于第 3 章的闭包和状态转换函数的概念,直接进行构造。

2) 构造 NFA 并确定化来构造 LR(0)项目集规范族

构造识别文法 G 的活前缀的 NFA 的步骤如下。

(1) 写出文法的所有项目,每个项目作为一个状态。

(2) 规定项目 1:$S'\rightarrow\cdot S$ 为 NFA 的唯一初态。

(3) 如果状态 i 和状态 j 出自同一产生式,而且状态 j 的圆点只落后于状态 i 一个位置,称状态 j 是状态 i 的后继状态,如状态 i 为

$$X\rightarrow X_1\cdots X_{i-1}\cdot X_i\cdots X_n$$

而状态 j 为

$$X\rightarrow X_1\cdots X_i\cdot X_{i+1}\cdots X_n$$

那么：① 如果 X_i 是终结符 a，则从状态 i 画一条弧到状态 j，标记为 a。

② 如果 X_i 是非终结符 A，则从状态 i 画一条弧到状态 j，标记为 A；并且从状态 i 画 ε 弧到所有的 $A \to \cdot \beta$ 的状态(所有圆点出现在最左边的 A 的项目)。

(4) 归约项目表示结束状态(句柄识别态)，用双圈表示，双圈外有 $*$ 号者表示句子的"接受"态。

例 4.25　构造文法 G4.6 的 LR(0)项目集规范族。

解：对于文法 G4.6，首先写出文法 G 的所有项目，如例 4.24 所示，每个项目就是一个状态。构造识别文法 G 的所有活前缀的 NFA，如图 4.20 所示，图中的状态编号与项目编号对应。

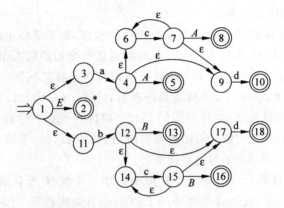

图 4.20　识别文法 G4.6 活前缀的 NFA

使用第 3 章介绍的子集法，把 NFA 确定化，得到一个以项目集为状态的 DFA，它是建立 LR 分析表的基础。图 4.21 是图 4.20 对应的 DFA。

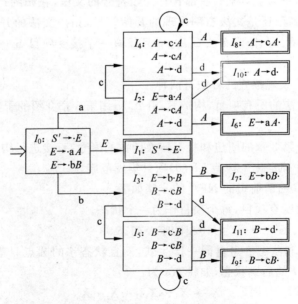

图 4.21　识别文法 G4.6 的活前缀的 DFA

3) 使用闭包和状态转换函数来构造 LR(0) 项目集规范族

设 I 是文法 G' 的任一项目集,项目集 I 的闭包 Closure(I) 是从 I 出发由下面两条规则构造的项目集。

(1) 初始时,把 I 的每个项目都加入到 Closure(I) 中。

(2) 如果 $A \rightarrow \alpha \cdot B\beta$ 在 Closure(I) 中,将所有不在 Closure(I) 中的形如 $B \rightarrow \cdot \gamma$ 的项目加入 Closure(I) 中;重复执行这条规则,直至没有更多的项目可加入到 Closure(I) 为止。

构造 Closure(I) 时注意:对任何非终结符 B,若某个圆点在左边的项目 $B \rightarrow \cdot \gamma$ 进入到 Closure(I),则 B 的所有形如 $B \rightarrow \cdot \beta$ 的项目也将加入 Closure(I) 中。

例 4.26 对于文法 G4.6,设 $I = \{A \rightarrow c \cdot A\}$,则

Closure(I) $= \{A \rightarrow c \cdot A, A \rightarrow \cdot cA, A \rightarrow \cdot d\}$,这就是图 4.21 中 I_4 的项目集。

项目集 I 的状态转换函数 GO(I, X) 也称为 I 的后继状态,它表示在状态 I 面临文法符号 X(终结符或非终结符)应该转移到的状态。函数 GO(I, X) 定义为

$$GO(I, X) = \text{Closure}(J)$$

其中 $J = \{$任何形如 $A \rightarrow \alpha X \cdot \beta$ 的项目 $\mid A \rightarrow \alpha \cdot X\beta \in I\}$,$A \rightarrow \alpha X \cdot \beta$ 和 $A \rightarrow \alpha \cdot X\beta$ 源于同一个产生式,仅圆点相差一个位置,也就是说,J 是 I 中某个项目的后继项目,即由项目集 I 出发的标记为 X 的有向边,到达的状态为 Closure(J)。

我们说一个项目 $A \rightarrow \beta_1 \cdot \beta_2$ 对活前缀 $\alpha\beta_1$ 是有效的,其条件就是存在规范推导 $S \overset{*}{\Rightarrow} \alpha A\omega \Rightarrow \alpha\beta_1\beta_2\omega$。一般而言,同一个项目可能对好几个活前缀都是有效的。若归约项目 $A \rightarrow \beta_1 \cdot$ 对活前缀 $\alpha\beta_1$ 是有效的,则表明应把符号串 β_1 归约为 A,即把活前缀 $\alpha\beta_1$ 变成 αA;若移进项目 $A \rightarrow \beta_1 \cdot \beta_2$ 对活前缀 $\alpha\beta_1$ 是有效的,则表明句柄尚未形成,下一步动作应该是移进。直观地说,若 I 是对某个活前缀 γ 有效的项目集,则 GO(I, X) 就是对 γX 有效的项目集。

例 4.27 对文法 G4.6 令 $I = \{S' \rightarrow \cdot E, E \rightarrow \cdot aA, E \rightarrow \cdot bB\}$,即图 4.21 中的项目集 I_0,求 GO(I, a)。

解:GO(I, a) 就是检查 I 中所有那些圆点之后紧跟着 a 的项目,如项目 $E \rightarrow \cdot aA$,把这个项目的圆点右移一位,得到项目 $E \rightarrow a \cdot A$,于是 $J = \{E \rightarrow a \cdot A\}$,再对 J 求闭包 Closure(J),得到 GO(I, a) $= \{E \rightarrow a \cdot A, A \rightarrow \cdot cA, A \rightarrow \cdot d\}$,就是图 4.21 中的项目集 I_2。

通过项目集的闭包和状态转换函数可以很容易地构造拓广文法 G' 的 LR(0) 项目集规范族和识别活前缀的 DFA,步骤如下。

(1) 设项目集 Closure($\{S' \rightarrow \cdot S\}$) 为该 DFA 的初态。

(2) 对初态集或其他已构造出的项目集使用状态转换函数 GO(I, X),求出新的项目集,X 为项目集 I 的所有后继符号,并在 I 和 GO(I, X) 之间添加弧线,标记为 X。重复该步骤直到不出现新的项目集为止。算法描述如下:

算法 4.7 构造 LR(0) 项目集规范族和识别活前缀的 DFA

(1) $C = \{\text{Closure}(\{S' \rightarrow \cdot S\})\}$;
(2) 重复执行(3),直到 C 中项目集不再增加;
(3) 对 C 中的每个项目集 I 和每个文法符号 X,求 GO(I, X)
　　　如果 GO(I, X) $\neq \Phi$ 且 GO(I, X) $\notin C$,把 GO(I, X) 加入 C 中;
　　　在 I 和 GO(I, X) 之间添加标记为 X 的弧线

根据该算法重新构造文法 G4.6 的项目集规范族,结果如图 4.21 所示。项目集规范族

C 中共有 12 个项目集,GO 函数将它们连接成一个识别文法 G4.6 的活前缀的 DFA,其中 I_0 为初态,I_1 为接受态。显然两种构造方法产生的结果是相同的。

4) LR(0)分析表的构造

LR(0)分析表是 LR(0)分析器的重要组成部分,它是总控程序完成动作的依据,可以根据该文法的识别活前缀的 DFA 来构造。

LR(0)分析表用一个二维数组表示,行标为状态号,列标为文法符号和♯号。分析表的内容由两部分组成,一部分为动作(action)表,它表示当前状态面临某个输入符号应做的动作是移进、归约、接受或出错,动作表的列标只包含终结符和♯;另一部分为转换(goto)表,它表示在当前状态下面临文法符号时应转向的下一个状态,goto 表的列标只包含非终结符(而终结符的转换实际上已经包含在 action 表中了)。

一个项目集中可能包含移进项目、归约项目、待约项目或接受项目 4 种项目中的一种或几种,但是一个 LR(0)项目集中不能有下列情况存在。

(1) 移进和归约项目同时存在。

若项目集形如 $\{A \rightarrow \alpha \cdot a\beta, B \rightarrow \gamma \cdot \}$,这时不管面临哪个输入符号都不能确定移进 a 还是把 γ 归约为 B,因为 LR(0)分析是不向前查看符号的,所以对归约的项目不管当前符号是什么都应归约。在一个项目集中同时存在移进和归约项目时称该状态含有移进—归约冲突(Shift-Reduce Conflict)。

(2) 归约和归约项目同时存在。

若项目集形如 $\{A \rightarrow \beta \cdot, B \rightarrow \gamma \cdot \}$,这时不管面临哪个输入符号都不能确定归约为 A 还是归约为 B。在一个项目集中同时存在两个或两个以上归约项目时称该状态含有归约—归约冲突(Reduce-Reduce Conflict)。

如果一个文法的 LR(0)项目集规范族中不存在移进—归约冲突或归约—归约冲突时,称这个文法为 LR(0)文法。

对于 LR(0)文法,可直接从它的项目集规范族 C 和识别活前缀的 DFA 构造出 LR(0)分析表,算法描述如算法 4.8 所示。假定 $C = \{I_0, I_1, \cdots, I_n\}$,为简单起见,直接用 k 表示项目集 I_k 对应的状态,令包含项目 $S' \rightarrow \cdot S$ 的状态为分析器的初态。

算法 4.8　构造 LR(0)分析表

(1) 若项目 $A \rightarrow \alpha \cdot X\beta \in I_k$ 且 GO$(I_k, X) = I_j$:
　　若 $X \in V_T$,则置 action$[k, X] = S_j$,即将 (j, a)进栈;
　　若 $X \in V_N$,则置 goto$[k, X] = j$。
(2) 若项目 $A \rightarrow \alpha \cdot \in I_k$,则对任何 $a \in V_T$(或结束符♯),置 action$[k, a] = r_j$(设 $A \rightarrow \alpha$ 是文法 G' 的第 j 个产生式),即用 $A \rightarrow \alpha$ 归约。
(3) 若项目的 $S' \rightarrow S \cdot \in I_k$,则置 action$[k, ♯] = $ acc,即接受。
(4) 分析表中凡不能用规则(1)~(3)填入的空白均置为"出错标志"。

由于 LR(0)文法的项目集规范族的每个项目集不含冲突项目,因此按上述方法构造的分析表的每个入口都是唯一的(即不含多重定义)。称如此构造的分析表是一张 LR(0)分析表,使用 LR(0)分析表的分析器称作 LR(0)分析器。

例 4.28　构造文法 G4.6 的 LR(0)分析表。

首先,文法 G4.6 是一个已经拓广后的文法。将各个产生式进行编号,改写为 G4.6′。

(0) $S' \rightarrow E$

(1) $E{\rightarrow}aA$

(2) $E{\rightarrow}bB$

(3) $A{\rightarrow}cA$

(4) $A{\rightarrow}d$

(5) $B{\rightarrow}cB$

(6) $B{\rightarrow}d$ (G4.6′)

其次,根据算法 4.7 构造项目集规范族和识别活前缀的 DFA。如图 4.21 所示。从图中可以看出,所有项目集中均不含冲突项目,因此这个文法是一个 LR(0)文法。

最后,根据算法 4.8 得到 LR(0)分析表,如表 4.14 所示。

表 4.14　文法 G4.6 的 LR(0)分析表

状态	action					goto		
	a	**b**	**c**	**d**	**#**	**E**	**A**	**B**
0	S_2	S_3				1		
1					acc			
2			S_4	S_{10}			6	
3			S_5	S_{11}				7
4			S_4	S_{10}			8	
5			S_5	S_{11}				9
6	r_1	r_1	r_1	r_1	r_1			
7	r_2	r_2	r_2	r_2	r_2			
8	r_3	r_3	r_3	r_3	r_3			
9	r_5	r_5	r_5	r_5	r_5			
10	r_4	r_4	r_4	r_4	r_4			
11	r_6	r_6	r_6	r_6	r_6			

例 4.29 考察表达式文法 G4.1 的拓广文法 G4.7:

(0) $S'{\rightarrow}E$

(1) $E{\rightarrow}E{+}T$

(2) $E{\rightarrow}T$

(3) $T{\rightarrow}T*F$

(4) $T{\rightarrow}F$

(5) $F{\rightarrow}(E)$

(6) $F{\rightarrow}i$ (G4.7)

构造识别该文法活前缀的有穷自动机,如图 4.22 所示。

在这 12 个项目集中,I_1、I_2、I_9 中存在移进—归约冲突,因而文法 G4.7 不是 LR(0)文法,不能构造 LR(0)分析表。下面将介绍 SLR 分析方法来解决该冲突,对文法进行分析。

3. SLR(1)分析

1) SLR(1)文法

只有当一个文法 G 是 LR(0)文法,即识别 G 的活前缀的 DFA 中的每个状态都不出现

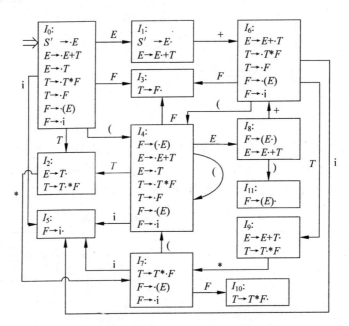

图 4.22 识别文法 G4.7 的活前缀的 DFA

冲突时,才能构造出 LR(0)分析表。由于大多数实用的程序设计语言的文法都不能满足 LR(0)文法的条件,本节将介绍对于 LR(0)项目集规范族中有冲突的项目集用向前查看一个符号的办法来解决冲突。这种办法将能满足一部分文法的要求,因为只对有冲突的状态才向前查看一个符号,即查看 Follow 集,以确定完成哪个动作,这种分析方法称为简单的 LR(1)分析法,用 SLR(1)表示。

假定一个 LR(0)项目集规范族中有如下形式的项目集(状态)I:

$$I = \{X \rightarrow \alpha \cdot b\beta, A \rightarrow \gamma \cdot, B \rightarrow \delta \cdot\}$$

其中 α、β、γ、δ 为文法符号串,b 为终结符。在这个项目集中,第一个项目是移进项目,第二、三个项目是归约项目。在该项目集中含有移进—归约冲突和归约—归约冲突。那么只有在所有含有 A 或 B 的句型中,直接跟在 A 或 B 后的可能的终结符的集合(即 Follow(A)和 Follow(B))互不相交,且都不包含 b 时,才能唯一确定下一个动作,即只有满足

$$\text{Follow}(A) \bigcap \text{Follow}(B) = \Phi$$

$$\text{Follow}(A) \bigcap \{b\} = \Phi$$

$$\text{Follow}(B) \bigcap \{b\} = \Phi$$

这 3 个条件时,如果状态 I 面临某输入符号 a,才可以采取如下的移进—归约策略:

(1) 若 $a = b$,则移进。

(2) 若 $a \in \text{Follow}(A)$,则用产生式 $A \rightarrow \gamma$ 进行归约。

(3) 若 $a \in \text{Follow}(B)$,则用产生式 $B \rightarrow \delta$ 进行归约。

(4) 此外,报错。

通常而言,假设 LR(0)项目集规范族中的项目集 I 中有 m 个移进项目:$A_1 \rightarrow \alpha_1 \cdot a_1\beta_1$, $A_2 \rightarrow \alpha_2 \cdot a_2\beta_2, \cdots, A_m \rightarrow \alpha_m \cdot a_m\beta_m$ 和 n 个归约项目:$B_1 \rightarrow \gamma_1 \cdot, B_2 \rightarrow \gamma_2 \cdot, \cdots, B_n \rightarrow \gamma_n \cdot$,那么,只要集合$\{a_1, a_2, \cdots, a_m\}$ 和 Follow(B_1),Follow(B_2),$\cdots$,Follow(B_n)两两不相交,就可

以通过检查当前输入符号 a 属于上述 $n+1$ 个集合中的哪一个集合来解决冲突,即

(1) 若 $a \in \{a_1, a_2, \cdots, a_m\}$,则移进。

(2) 若 $a \in \text{Follow}(B_i)$,$i=1,2,\cdots,n$,则用产生式 $B_i \rightarrow \gamma_i$ 进行归约。

(3) 此外,报错。

冲突性动作的这种解决方法叫做 SLR(1)方法。如果某文法的 LR(0)项目集规范族的项目集中存在的冲突都能用 SLR(1)方法解决,称这个文法是 SLR(1)文法,所构造的分析表为 SLR(1)分析表。数字 1 的意思是,在分析过程中最多向前看一个符号。使用 SLR(1)分析表的分析器称为 SLR(1)分析器。

下面考察例 4.29 中的 3 个含有冲突的项目集。

在 I_1 中:$S' \rightarrow E \cdot$

$\quad\quad\quad E \rightarrow E \cdot + T$

由于 $\text{Follow}(S')=\{\sharp\}$,而 $S' \rightarrow E \cdot$ 是唯一的接受项目,所以当且仅当面临句子的结束符 $\sharp$ 时,句子才被接受。又因 $\{\sharp\} \cap \{+\} = \Phi$,因此 I_1 中的冲突可解决。

在 I_2 中:$E \rightarrow T \cdot$

$\quad\quad\quad T \rightarrow T \cdot * F$

由于 $\text{Follow}(E)=\{+,),\sharp\}$,$\text{Follow}(E) \cap \{*\} = \{+,),\sharp\} \cap \{*\} = \Phi$,因此面临输入符为 +、)或 $\sharp$ 时,用产生式 $E \rightarrow T$ 进行归约;当面临输入符为 * 时,移进;其他情况则报错。

在 I_9 中:$E \rightarrow E + T \cdot$

$\quad\quad\quad T \rightarrow T \cdot * F$

与 I_2 类似,由于 $\text{Follow}(E) \cap \{*\} = \{+,),\sharp\} \cap \{*\} = \Phi$,因此面临输入符为 +、)或 $\sharp$ 时,用产生式 $E \rightarrow E+T$ 进行归约;当面临输入符为 * 时,移进;其他情况则报错。

综上,例 4.29 中的冲突均可用 SLR(1)方法解决。因此文法 G4.7 是 SLR(1)文法。

2) SLR(1)分析表的构造

SLR(1)分析表的构造与 LR(0)分析表的构造类似,只是需要在含有冲突的项目集中分别进行处理。

首先,构造出文法的 LR(0)项目集规范族,并计算所有非终结符的 Follow 集。假定项目集规范族 $C=\{I_0,I_1,\cdots,I_n\}$,其中 I_k 为项目集的名字,k 表示状态,令包含 $S' \rightarrow \cdot S$ 项目的状态 k 为分析器的初态。那么,SLR(1)分析表的构造算法如算法 4.9 所示。

算法 4.9 SLR(1)分析表的构造

(1) 若项目 $A \rightarrow \alpha \cdot X\beta \in I_k$ 且 $\text{GO}(I_k,X)=I_j$:

  若 $X \in V_T$,则置 $\text{action}[k,X]=S_j$,即将 (j,a)进栈;

  若 $X \in V_N$,则置 $\text{goto}[k,X]=j$。

(2) 若项目 $A \rightarrow \alpha \cdot \in I_k$,则对任何 $a \in V_T$(或结束符 $\sharp$),若 $a \in \text{Follow}(A)$时,置 $\text{action}[k,a]=r_j$(设 $A \rightarrow \alpha$ 是文法 G' 的第 j 个产生式),即用 $A \rightarrow \alpha$ 归约。

(3) 若项目 $S' \rightarrow S \cdot \in I_k$,则置 $\text{action}[k,\sharp]=\text{acc}$,即接受。

(4) 分析表中凡不能用规则(1)~(3)填入的空白均置为"出错标志"。

按照该方法构造的含有 action 和 goto 两部分的分析表,如果表的每个入口不含多重定义,则称它为文法 G 的一张 SLR(1)分析表。使用 SLR(1)分析表的分析器称为 SLR(1)分析器。

例 4.30 对例 4.29 中的文法 G4.7 构造 SLR(1)分析表,如表 4.15 所示。

表 4.15 文法 G4.7 的 SLR(1)分析表

状态	action						goto		
	i	+	*	(	)	#	E	T	F
0	S_5			S_4			1	2	3
1		S_6				acc			
2		r_2	S_7		r_2	r_2			
3		r_4	r_4		r_4	r_4			
4	S_5			S_4			8	2	3
5		r_6	r_6		r_6	r_6			
6	S_5			S_4		r_1		9	3
7	S_5			S_4					10
8		S_6			S_{11}				
9		r_1	S_7		r_1	r_1			
10		r_3	r_3		r_3	r_3			
11		r_5	r_5		r_5	r_5			

尽管采用 SLR(1)方法能够对某些 LR(0)项目集规范族中存在冲突的项目集通过向前查看一个符号的办法得到解决,但是实际上大多数实用的程序设计语言的文法也不能满足 SLR(1)文法的条件。若按上述方法构造的分析表存在多重定义的入口(即含有动作冲突),则说明文法不是 SLR(1)的。这种情况下,不能用上述算法构造分析表。

例 4.31 给定文法 G4.8,是已拓广的文法:

(0) $S' \rightarrow S$

(1) $S \rightarrow aAd$

(2) $S \rightarrow bAc$

(3) $S \rightarrow aec$

(4) $S \rightarrow bed$

(5) $A \rightarrow e$ (G4.8)

用 $S' \rightarrow \cdot S$ 作为初态集的项目,构造识别文法 G' 活前缀的 DFA,如图 4.23 所示。

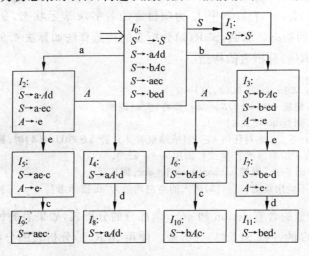

图 4.23 识别文法 G4.8 的活前缀的 DFA

可以发现在项目集 I_5 和 I_7 中存在移进和归约冲突。

I_5：$S{\rightarrow}ae \cdot c$ $A{\rightarrow}e \cdot$

I_7：$S{\rightarrow}be \cdot d$ $A{\rightarrow}e \cdot$

归约项目左部非终结符的 $\mathrm{Follow}(A)=\{c,d\}$

在 I_5 中，$\mathrm{Follow}(A)\bigcap\{c\}=\{c,d\}\bigcap\{c\}\neq\Phi$

在 I_7 中，$\mathrm{Follow}(A)\bigcap\{d\}=\{c,d\}\bigcap\{d\}\neq\Phi$

因此 I_5 和 I_7 中的冲突不能用 SLR(1)方法解决，而文法 G4.8 是非二义的，这就意味着该文法不是 SLR(1)的，不能求 SLR(1)分析表，即该文法不能使用 SLR(1)分析方法。下面将介绍 LR(1)方法来解决这种冲突。

*4. LR(1)分析

1）LR(1)分析的基本概念

由于用 SLR(1)方法解决动作冲突时，对于归约项目 $A{\rightarrow}\alpha \cdot$，只要当前面临的输入符号 $a\in\mathrm{Follow}(A)$ 时，就确定采用产生式 $A{\rightarrow}\alpha$ 进行归约，但是如果栈中的符号串为 $\beta\alpha$，归约后变为 βA，再移进当前符号 a，则栈里变为 βAa，而实际上 βAa 未必为文法规范句型的活前缀。因此，在这种情况下，用 $A{\rightarrow}\alpha$ 进行归约是无效的。

例如，在识别表达式文法 G4.7 的活前缀 DFA 中，如图 4.22 所示，项目集 I_2 存在移进—归约冲突，即$\{E{\rightarrow}T \cdot,T{\rightarrow}T \cdot *F\}$，若栈顶状态为 2，栈中符号为 ♯T，当前输入符为 ')'，)$\in\mathrm{Follow}(E)$，这时按 SLR(1)方法应该用产生式 $E{\rightarrow}T$ 进行归约，归约后栈顶符号为 ♯E，而再加当前符 ')'后，栈中为 ♯E)，不是文法 G4.7 规范句型的活前缀。

因此可以看出，SLR(1)方法虽然相对于 LR(0)有所改进，但仍然存在着无效归约，也说明 SLR(1)方法向前查看一个符号的方法仍不够确切，LR(1)方法恰好可以解决 SLR(1)方法在某些情况下存在的无效归约问题。

可以设想让每个状态含有更多的"展望"信息，这些信息将有助于克服动作冲突和排除用 $A{\rightarrow}\alpha$ 所进行的无效归约，在必要时对状态进行分裂，使得 LR 分析器的每个状态能够确切地指出 α 后跟哪些终结符时才允许把 α 归约为 A。

这就需要重新定义项目，使得每个项目都附带有 k 个终结符。现在每个项目的一般形式为

$$[A \rightarrow \alpha \cdot \beta,a_1a_2 \cdots a_k]$$

其中，$A{\rightarrow}\alpha \cdot \beta$ 是一个 $LR(0)$项目，$a_i\in V_T^*$。这样的一个项目称为一个 $LR(k)$项目，项目中的 $a_1a_2 \cdots a_k$ 称为它的向前搜索字符串(或展望串)。向前搜索字符串仅对归约项目$[A{\rightarrow}\alpha \cdot,a_1a_2 \cdots a_k]$有意义，对于任何移进或待约项目不起作用。归约项目$[A{\rightarrow}\alpha \cdot,a_1a_2 \cdots a_k]$意味着当它所属的状态呈现在栈顶且后续的 k 个输入符号为 $a_1a_2 \cdots a_k$ 时，才可以把栈顶的句柄 α 归约为 A。这里，只讨论 $k\leqslant1$ 的情形，因为对多数程序语言的语法来说，向前搜索(展望)一个符号就可以确定"移进"还是"归约"。这样，归约项目都形如$[A{\rightarrow}\alpha \cdot,a]$，搜索字符 $a\in\mathrm{Follow}(A)$。

一个 LR(1)项目$[A{\rightarrow}\alpha \cdot \beta,a]$对活前缀 γ 是有效的，其含义是如果存在规范推导

$$S\overset{*}{\Rightarrow}\delta A\omega\Rightarrow\delta\alpha\beta\omega$$

其中，$\gamma=\delta\alpha$，a 是 ω 的第一个符号，或者当 ω 为 ε 时，a 为 ♯。

例 4.32　考虑文法

(1) $S \rightarrow BB$

(2) $B \rightarrow bB \mid a$　　　　　　　　　　　　　　　　　　　　　　(G4.9)

项目 $[B \rightarrow b \cdot B, b]$ 对活前缀 $\gamma = bbb$ 是有效的,因为根据上述定义有 $S \overset{*}{\Rightarrow} bbBba \Rightarrow bbbBba$,其中 $\delta = bb, A = B, \alpha = b, \beta = B, \omega = ba$。

2) LR(1)项目集规范族的构造

构造有效的 LR(1)项目集规范族本质上和构造 LR(0)项目集规范族的方法相同,也需要两个函数:Closure(I)和 GO(I, X)。

假定 I 是一个项目集,它的闭包 Closure(I)可按如下方式构造。

(1) 将 I 中的所有项目都加入 Closure(I)。

(2) 若项目 $[A \rightarrow \alpha \cdot B\beta, a] \in$ Closure(I),$B \rightarrow \gamma$ 是一个产生式,那么对于任何 $b \in$ First(βa),如果 $[B \rightarrow \cdot \gamma, b]$ 原来不在 Closure(I)中,则把它加进去。重复执行该过程,直到 Closure(I)不再增大为止。

令 I 是一个项目集,X 是一个文法符号,则转换函数 GO(I, X)定义为:

$$GO(I, X) = Closure(J)$$

其中,$J = \{$任何形如 $[A \rightarrow \alpha X \cdot \beta, a]$ 的项目 $\mid [A \rightarrow \alpha \cdot X\beta, a] \in I\}$。

利用 GO 和 Closure 函数,可以求文法 G 的 LR(1)项目集规范族,算法描述如下。

算法 4.10　构造 LR(1)项目集规范族及识别活前缀的 DFA。

(1) $C = \{Closure (\{[S' \rightarrow \cdot S, \#]\})\}$;

(2) 重复执行(3)的动作,直到 C 不再增大;

(3) 对 C 中的每个项目集 I 和 G' 的每个符号 X,求 GO(I, X)

　　如果 GO(I, X) $\neq \Phi$ 且 GO(I, X) $\notin C$,把 GO(I, X)加入 C 中;

　　在 I 和 Go(I, X)之间添加标记为 X 的弧线。

例 4.33　例 4.31 的 I_5 和 I_7 中的冲突不能用 SLR(1)方法解决,可利用算法 4.10 来构造 LR(1)项目集规范族,如图 4.24 所示。这样 LR(1)项目集规范族有效地解决了 I_5 和 I_7 中的移进—归约冲突。由于归约项目的搜索符集合与移进项目的移进符集合不相交,所以

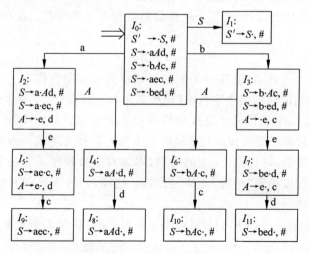

图 4.24　识别文法 G4.9 的 LR(1)项目活前缀的 DFA

在 I_5 中,当面临输入符为 d 时归约,为 c 时移进;而在 I_7 中,当面临输入符为 c 时归约,为 d 时移进。冲突可以全部解决,因此该文法是 LR(1)文法。

3) LR(1)分析表的构造

根据文法 LR(1)项目集族 C 可以构造 LR(1)分析表。假定 $C=\{I_0,I_1,\cdots,I_n\}$,I_k 的下标 k 为分析表的状态,含有 $[S'\rightarrow\cdot S,\sharp]$ 的状态为分析器的初态。LR(1)分析表可按算法 4.11 构造。

算法 4.11 LR(1)分析表构造。

(1) 若项目 $[A\rightarrow\alpha\cdot a\beta,b]\in I_k$,且 $GO(I_k,a)=I_j$,其中 $a\in V_T$,则置 action[k,a] = S_j。即把输入符号 a 和状态 j 分别移入文法符号栈和状态栈。

(2) 若项目 $[A\rightarrow\alpha\cdot,a]\in I_k$,其中 $a\in V_T$,则 action[k,a] = r_j,即用产生式 $A\rightarrow\alpha$ 进行归约,j 是在文法中对产生式 $A\rightarrow\alpha$ 的编号。

(3) 若项目 $[S'\rightarrow S\cdot,\sharp]\in I_k$,则置 action[k,$\sharp$] = acc,表示接受。

(4) 若 $GO(I_k,A)=I_j$,其中 $A\in V_N$,则置 goto[k,A] = j。表示当栈顶符号为 A 时,从状态 k 转换到状态 j。

(5) 凡不能用规则(1)~(4)填入分析表中的元素均置报错标志。

按上述算法构造的分析表若不存在多重定义入口(即动作冲突)的情形,则称它是文法 G 的规范的 LR(1)分析表,使用这种分析表的分析器叫做规范的 LR 分析器或 LR(1)分析器,具有规范的 LR(1)分析表的文法称为一个 LR(1)文法。如果用上述方法构造的分析表出现冲突时,该文法就不是 LR(1)的。

例 4.34 求例 4.33 的 LR(1)分析表。

解:利用算法 4.11,得到例 4.33 的 LR(1)分析表,如表 4.16 所示。

表 4.16 文法 G4.9 的 LR(1)分析表

状态	action						goto	
	a	b	c	d	e	$\sharp$	S	A
0	S_2	S_3					1	
1						acc		
2				S_5				4
3				S_7				6
4				S_8				
5			S_9	r_5				
6			S_{10}					
7			r_5	S_{11}				
8						r_1		
9						r_3		
10						r_2		
11						r_4		

由表 4.16 可以看出,对 LR(1)的归约项目不存在任何无效归约。但在多数情况下,同一个文法的 LR(1)项目集的个数比 LR(0)项目集的个数多,甚至可能多好几倍。这是因为同一个 LR(0)项目集的搜索字符集合可能不同,多个搜索符集合则对应着多个 LR(1)项目

集。例如下面的例 4.35 中的文法 G4.9′是一个 LR(0)文法，其 LR(0)项目集规范族中只有
7 个状态，而 LR(1)项目集规范族中有 10 个状态。

就文法的描述能力来说，有下面的结论：
$$LR(0) \subset SLR(1) \subset LR(1) \subset 无二义文法$$

例 4.35   文法 G4.9 的拓广文法 G4.9′为：

(0) $S' \rightarrow S$

(1) $S \rightarrow BB$

(2) $B \rightarrow bB$

(3) $B \rightarrow a$ (G4.9′)

构造识别该文法的活前缀的 DFA。

解：该文法的 LR(1)项目集族的计算方法是：用$[S' \rightarrow \cdot S, \sharp]$作为初态集的项目，然
后利用闭包和 GO 函数进行计算。项目集族 C 和 GO 函数表示的识别活前缀的有穷自动机
如图 4.25 所示。

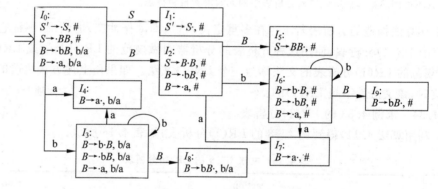

图 4.25   识别文法 G4.9′的 DFA

再根据图 4.25,以及算法 4.11,可以得到 LR(1)分析表,如表 4.17 所示。

表 4.17   文法 G4.9′的 LR(1)分析表

状态	action			goto	
	b	**a**	**#**	**S**	**B**
0	S_3	S_4		1	2
1			acc		
2	S_6	S_7			5
3	S_3	S_4			8
4	r_3	r_3			
5			r_1		
6	S_6	S_7			9
7			r_3		
8	r_2	r_2			
9			r_2		

*5. LALR(1)分析

LALR 方法是一种折中方法,它的分析表比 LR(1)分析表要小得多,能力也弱一些,但它能应用在一些 SLR(1)不能应用的场合。实际的编译器经常使用这种方法,大多数程序设计语言的语法结构能方便地由 LALR 文法表示。

就分析器的大小而言,SLR 和 LALR 的分析表对同一个文法有同样多的状态,而规范 LR(1)分析表要大得多。例如,对 Pascal 这样的语言,SLR 和 LALR 的分析表有几百个状态,而规范 LR(1)分析表有几千个状态。所以,使用 SLR 和 LALR 比使用 LR 要经济得多。

在 LR(1)分析表中,若存在两个状态(项目集)除向前搜索符不同外,其他部分都是相同的,称这样的两个 LR(1)项目集是同心的,相同部分称为它们的心,如图 4.25 中的 I_3 和 I_6 是同心的。如果把同心的 LR(1)项目集合并,心仍相同(心就是一个 LR(0)项目集),超前搜索符集为各同心集超前搜索符的并集,合并同心集后 GO 函数自动合并,如将 I_3 和 I_6 合并后得到 I_{36} :{$B \rightarrow b \cdot B, a/b/\sharp$ $B \rightarrow \cdot bB, a/b/\sharp$ $B \rightarrow \cdot a, a/b/\sharp$}。这种 LR 分析法称为 LALR 方法。对同一个文法,LALR 分析表和 LR(0)、SLR 分析表具有相同数目的状态。

若合并 LR(1)项目集规范族中的同心集后没有产生新的冲突,称为 LALR(1)项目集。合并同心集可能会推迟发现错误的时间,但错误出现的位置仍是准确的。

下面给出构造 LALR 分析表的算法,其基本思想是:首先构造 LR(1)项目集族,如果它不存在冲突,就把同心集合并。若合并后的项目集族不存在"归约—归约"冲突(即不存在同一个项目集中有两个像 $A \rightarrow c \cdot$ 和 $B \rightarrow c \cdot$ 这样的产生式具有相同的搜索符),就能按这个项目集族构造分析表。

算法 4.12 构造 LALR 分析表。

(1) 构造文法 G 的 LR(1)项目集规范族,$C = \{I_0, I_1, \cdots, I_n\}$。

(2) 合并所有的同心集,得到 LALR(1)的项目集族 $C' = \{J_0, J_1, \cdots, J_m\}$。含有项目 $[S' \rightarrow \cdot S, \sharp]$ 的 J_k 为分析表的初态。

(3) 由 C' 构造动作(action)表。其方法与 LR(1)分析表的构造相同。

① 若$[A \rightarrow \alpha \cdot a\beta, b] \in J_k$,且 $GO(J_k, a) = J_j$,其中 $a \in V_T$,则置 action$[k, a] = S_j$,即把输入符号 a 和状态 j 分别移入文法符号栈和状态栈。

② 若项目$[A \rightarrow \alpha \cdot, a] \in J_k$,其中 $a \in V_T$,则置 action$[k, a] = r_j, r_j$ 的含义是按产生式 $A \rightarrow \alpha$ 进行归约,$A \rightarrow \alpha$ 是文法的第 j 个产生式。

③ 若项目$[S' \rightarrow S \cdot, \sharp] \in I_k$,则置 action$[k, \sharp] = $ acc,表示分析成功,接受。

(4) goto 表的构造。对于不是同心集的项目集,转换函数的构造与 LR(1)的相同;对同心集项目,由于合并同心集后,新集的转换函数也为同心集,所以,转换函数的构造也相同。

假定 $I_{i1}, I_{i2}, \cdots, I_{in}$ 是同心集,合并后的新集为 J_k,转换函数 $GO(I_{i1}, X), GO(I_{i2}, X), \cdots, GO(I_{in}, X)$也为同心集,将其合并后记作 J_i,因此,有 $GO(J_k, X) = J_i$,所以当 X 为非终结符时,$GO(J_k, X) = J_i$,则置 goto$[k, X] = i$,表示在 k 状态下遇到非终结符 X 时,把 X 和 i 分别移到文法符号栈和状态栈。

(5) 分析表中凡不能用(3)、(4)填入信息的空白均填上出错标志。

经上述算法构造的分析表若不存在冲突,则称它为文法 G 的 LALR 分析表,存在这种分析表的文法称为 LALR 文法。使用 LALR 分析表的分析器称为 LALR 分析器。

LALR 与 LR(1)的不同之处是,当输入串有误时,LR(1)能够及时发现错误,而 LALR 则可能还继续执行一些多余的归约动作,但决不会执行新的移进,即 LALR 能够像 LR(1)

一样准确地指出出错的地点。

例 4.36　对例 4.35 的文法 G4.9′,求该文法的 LALR(1)分析表。

解:根据图 4.25 的 LR(1)项目集规范族,可发现同心集如下:

$I_3: B→b·B,a/b$　　　　　和　$I_6: B→b·B,\#$

　　$B→·bB,a/b$　　　　　　　　$B→·bB,\#$

　　$B→·a,a/b$　　　　　　　　　$B→·a,\#$

$I_4: B→a·,a/b$　　　　　和　$I_7: B→a·,\#$

$I_8: B→bB·,a/b$　　　　　和　$I_9: B→bB·,\#$

即 I_3 和 I_6,I_4 和 I_7,I_8 和 I_9 分别为同心集,将同心集合并后为:

$I_{36}: B→b·B,a/b/\#$　　$B→·bB,a/b/\#$　　$B→·a,a/b/\#$

$I_{47}: B→a·,a/b/\#$

$I_{89}: B→bB·,a/b/\#$

同心集合并后仍不包含冲突,因此该文法是 LALR 文法。

构造该文法的 LALR(1)分析表的步骤是:I_3 和 I_6 合并后用 I_{36} 表示,I_4 和 I_7 合并后用 I_{47} 表示,I_8 和 I_9 合并后用 I_{89} 表示,对文法合并同心集后的 LALR(1)分析表如表 4.18 所示,这就和该文法的 LR(0)分析表相同。

表 4.18　文法 G4.9′的 LALR(1)分析表

状态	action			goto	
	b	**a**	**#**	**S**	**B**
0	$S_{3,6}$	$S_{4,7}$		1	2
1			acc		
2	$S_{3,6}$	$S_{4,7}$			5
3,6	$S_{3,6}$	$S_{4,7}$			8,9
4,7	r_3	r_3	r_3		
5			r_1		
8,9	r_2	r_2	r_2		

*6. 二义文法在 LR 分析中的应用

对一个文法,如果它的任何"移进—归约"分析器都存在这样的情况:尽管栈的内容和下一个输入符号都已了解,但仍无法确定分析动作是"移进"还是"归约",或者无法从几种可能的归约中确定其一,则该文法是非 LR 的。LR 文法肯定是无二义的,而任何一个二义文法绝不是 LR 文法,也不是一个算符优先文法或 LL(k)文法。任何一个二义文法均不存在相应的确定的语法分析器,但是对某些二义文法,可以进行适当修改,给出优先性和结合性,从而构造出比相应的非二义文法更优越的 LR 分析器。

例如:第 2 章给出的算术表达式的二义文法 G2.1 为

$$E→E+E \mid E*E \mid (E) \mid i \qquad\qquad (G2.1)$$

相应的非二义文法为:

$$E→E+T \mid T$$

$T \rightarrow T * F \mid F$

$F \rightarrow (E) \mid i$ 　　　　　　　　　　　　　　　　　　　　　　　(G4.1)

现在来构造算术表达式的二义文法 G2.1 的 LR(0)项目集。

将文法 G2.1 拓广,写成如下形式:

(0) $E' \rightarrow E$

(1) $E \rightarrow E + E$

(2) $E \rightarrow E * E$

(3) $E \rightarrow (E)$

(4) $E \rightarrow i$ 　　　　　　　　　　　　　　　　　　　　　　　(G4.10)

定义各状态如表 4.19 所示,LR(0)项目集规范族及识别活前缀的 DFA 如表 4.20 所示。

表 4.19　G4.12 的状态定义

I_0:	I_4:	I_2:
$E' \rightarrow \cdot E$	$E \rightarrow E+ \cdot E$	$E \rightarrow (\cdot E)$
$E \rightarrow \cdot E+E$	$E \rightarrow \cdot E+E$	$E \rightarrow \cdot E+E$
$E \rightarrow \cdot E*E$	$E \rightarrow \cdot E*E$	$E \rightarrow \cdot E*E$
$E \rightarrow \cdot (E)$	$E \rightarrow \cdot (E)$	$E \rightarrow \cdot (E)$
$E \rightarrow \cdot i$	$E \rightarrow \cdot i$	$E \rightarrow \cdot i$
I_3:	I_1:	I_5:
$E \rightarrow i \cdot$	$E' \rightarrow E \cdot$	$E \rightarrow E * \cdot E$
	$E \rightarrow E \cdot +E$	$E \rightarrow \cdot E+E$
I_9:	$E \rightarrow E \cdot *E$	$E \rightarrow \cdot (E)$
$E \rightarrow (E) \cdot$		$E \rightarrow \cdot i$
I_6:	I_7:	I_8:
$E \rightarrow (E \cdot)$	$E \rightarrow E+E \cdot$	$E \rightarrow E * E \cdot$
$E \rightarrow E \cdot +E$	$E \rightarrow E \cdot +E$	$E \rightarrow E \cdot +E$
$E \rightarrow E \cdot *E$	$E \rightarrow E \cdot *E$	$E \rightarrow E \cdot *E$

表 4.20　G4.12 的 DFA(用矩阵表示)

	+	*	(	)	i	#	E
I_0			I_2		I_3		I_1
I_1	I_4	I_5				acc	
I_2			I_2		I_3		I_6
I_3							
I_4			I_2		I_3		I_7
I_5			I_2		I_3		I_8
I_6	I_4	I_5		I_9			
I_7	I_4	I_5					
I_8	I_4	I_5					
I_9							

从表 4.19 中可以看出,状态 I_1、I_7 和 I_8 中存在移进-归约冲突,现在逐个分析冲突的解决方法。

在 I_1 中,归约项目 $E' \rightarrow E \cdot$ 实际上为接受项目。由于 $\mathrm{follow}(E') = \{ \# \}$,也就是只有遇到句子的结束符号 $\#$ 才能接受,因而与移进项目的移进符号 $+$ 或 $*$ 不会冲突,所以可用 SLR(1) 方法解决,即当前输入符为 $\#$ 时则接受,遇 $+$ 或 $*$ 时则移进。

在 I_7 和 I_8 中,由于归约项目 $[E \rightarrow E + E \cdot]$ 和 $[E \rightarrow E * E \cdot]$ 的左部都为非终结符 E,而 $\mathrm{follow}(E) = \{ \#, +, * \}$,而移进项目均有 $+$ 和 $*$,也就存在

$$\mathrm{follow}(E) \cap \{+, *\} \neq \Phi$$

因而 I_7 和 I_8 中的冲突不能用 SLR(1) 的方法解决,也可以证明该二义文法用 LR(k) 方法仍不能解决此冲突。

然而可以定义优先关系和结合性来解决这类冲突,假如规定 $*$ 号优先级高于 $+$ 号,且它们都服从左结合,则在 I_7 中,由于 $*$ 的优先级高于 $+$,所以遇 $*$ 移进,又因 $+$ 服从左结合,所以遇 $+$ 则用 $E \rightarrow E + E$ 去归约;在 I_8 中,由于 $*$ 的优先级高于 $+$,服从左结合,不论遇到 $+$、$*$ 或 $\#$ 号都应归约。

该二义文法的 LR 分析表如表 4.21 所示。

表 4.21　对表达式二义文法的 LR 分析表

状态	action						goto
	$+$	$*$	$($	$)$	i	$\#$	E
0			S_2		S_3		1
1	S_4	S_5				acc	
2			S_2		S_3		6
3	r_4	r_4		r_4		r_4	
4			S_2		S_3		7
5			S_2		S_3		8
6	S_4	S_5		S_9			
7	r_1	S_5		r_1		r_1	
8	r_2	r_2		r_2		r_2	
9	r_3	r_3		r_3		r_3	

现用表 4.21 对输入表达式串 i+i*i$\#$ 进行分析,分析过程如表 4.22 所示。

表 4.22　用二义文法分析表对输入串 i+i*i$\#$ 的分析过程

步骤	状态栈	符号栈	输入串	action	goto
1	0	$\#$	i+i*i$\#$	S_3	
2	03	$\#$i	+i*i$\#$	r_4	1
3	01	$\#E$	+i*i$\#$	S_4	
4	014	$\#E+$	i*i$\#$	S_3	
5	0143	$\#E+$i	*i$\#$	r_4	7
6	0147	$\#E+E$	*i$\#$	S_5	
7	01475	$\#E+E*$	i$\#$	S_3	
8	014753	$\#E+E*$i	i$\#$	r_4	8
9	014758	$\#E+E*E$	$\#$	r_2	7
10	0147	$\#E+E$	$\#$	r_1	1
11	01	$\#E$	$\#$	acc	

不难发现,对二义文法规定了优先关系和结合性后的 LR 分析速度比相应的非二义文法的 LR 分析速度要快一些,对输入串 i+i＊i♯ 的分析,用表 4.21 比用表 4.15 少了 3 步,对于其他的二性文法也可用类似的方法处理,可能构造出无冲突的 LR 分析表。

4.4　语法分析器的自动生成工具 YACC

LR 分析方法的一个主要缺点是分析表很大,因此不宜手工构造分析器,必须求助于自动产生 LR 分析程序的生成器来辅助构造语法分析器。这类工具很多,本节将介绍使用 LALR 原理的语法分析自动生成器 YACC,它实现了 4.3.3 节讨论的许多概念,而且应用非常广泛。

4.4.1　YACC 概述

YACC(Yet Another Compiler-Compiler)是一个著名的编译程序自动生成工具,它是 20 世纪 70 年代初期由 Johnson 等人在美国 Bell 实验室研制开发的一个基于 LALR(1)的语法分析程序构造工具。早期作为 UNIX 系统中的一个实用程序,现在已经得到广泛应用,被用来帮助实现了几百个编译器。YACC 还不是一个完整的编译程序自动生成器,它只能生成语法分析程序,还不能产生完整的编译程序。YACC 的输入是要编写语法分析器的语言的语法描述规格说明,它基于 LALR 语法分析的原理自动构造一个该语言的语法分析器,同时还能根据规格说明中给出的语义子程序建立规定的翻译。

一个语法分析器可用 YACC 按图 4.26 所示的方式构造出来。首先,用 YACC 规定的格式将 L 语言的规格说明(文法产生式)建立到一个源文件中,YACC 源程序以 .y 为后缀(例如 trans.y),运行 YACC(运行方式是在命令行输入 c＞yacc trans.y,本章使用的是 bison,因此使用的命令是 c＞bison trans.y),把文件 trans.y 翻译为一个 C 语言程序(上例中的 C 语言程序名为 trans_tab.c),它使用的是 LALR(1)方法。程序 trans_tab.c 包含用 C 语言编写的 LALR 分析器和其他用户准备的 C 语言例程。为了使 LALR 分析表少占空间,使用了紧凑技术压缩分析表的大小。

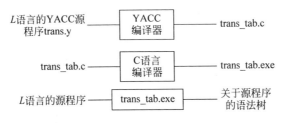

图 4.26　用 YACC 建立翻译器的过程

然后,用 C 语言的编译程序对 trans_tab.c 进行编译(Windows 环境下可用 tcc 或 lcc 进行编译,c＞tcc trans_tab.c,在 UNIX 下使用 cc trans.tab.c -ly),编译的结果是目标程序 trans_tab.exe(UNIX 下得到的输出是 trans.tab.out),该目标程序是可执行程序。最后运行该目标程序,就能完成符合 L 语言规范的源程序的语法分析。如果还需要其他例程的话,它们可以和 trans_tab.c 一起编译或装载,就和使用 C 语言程序一样。

4.4.2　YACC 源文件的格式

YACC 源程序由 3 部分组成,格式如下:

说明部分
%%
翻译规则
%%
用 C 语言编写的辅助例程

其中:

(1) 说明部分包括两个可选择的部分。第一部分用"%{"和"%}"括起来,说明语义动作中使用的数据类型、全局变量和语义值的联合类型等,这部分内容包括直接放入输出文件的任何 C 语言代码(用%{和%}括起来,主要包括其他源代码文件的 # include 指示);另一部分用"%"开头,说明建立分析程序的有关记号、数据类型以及文法规则的信息。包括终结符及运算符的优先级等,这里说明的记号可以在 YACC 源程序的第二部分和第三部分中使用。

(2) 翻译规则部分位于第一个%%后面,每条规则包括修改的 BNF 格式的文法产生式以及在识别出相关的文法规则时被执行的 C 语言代码(即根据 LALR(1)分析算法在归约时使用的动作)。文法规则中使用的元符号惯例是:通常,竖线被用作替换(也可分别写出替换项)。用来分隔文法规则的左右两边的箭头符号→在 YACC 中被一个冒号取代了,而且必须用分号来结束每个文法规则。如产生式集合为

左部→选择 1 | 选择 2 | ⋯ | 选择 n

在 YACC 中写成

左部: 选择 1 {语义动作 1}
　　| 选择 2 {语义动作 2}
　　　　⋮
　　| 选择 n{语义动作 n};

在 YACC 产生式中,加单引号的字符'c'是由单个字符 c 组成的记号;没有引号的字母数字串若也没有声明为记号,则是非终结符。右部的各个选择之间用竖线隔开,最后一个右部的后面用分号,表示该产生式集合的结束。第一个左部非终结符是开始符号。

YACC 的语义动作是 C 语言的语句序列。在语义动作中,符号 \$\$ 表示引用左部非终结符的属性值,而 \$i 表示引用右部第 i 个文法符号的属性值。每当归约一个产生式时,执行与之关联的语义动作,所以语义动作一般是从各 \$i 的值决定 \$\$ 的值。

(3) YACC 源程序的第三部分位于第二个%%后面,是一些 C 语言写的支持例程。在这部分中必须提供名字为 yylex( )的词法分析器(可以用 LEX 来产生 yylex( )),如果需要的话,本部分还可以加上其他例程,如错误恢复例程。

词法分析器 yylex( )返回记号和属性。返回的记号类别,如 DIGIT,必须在 YACC 程序的第一部分声明;属性值必须通过 YACC 定义的变量 yylval 传给分析器。

例 4.37　为说明怎样准备 YACC 的源程序,下面以构造台式计算器的翻译程序为例,该台式计算器读入一个算术表达式,对其求值,然后打印其结果。

首先给出台式计算器识别的表达式的文法：

$E \rightarrow E + T \mid E - T \mid T$

$T \rightarrow T * F \mid F$

$F \rightarrow (E) \mid DIGIT$

记号 DIGIT 是 0～9 的单个的数字。由该文法写出的 YACC 源程序如下：

```
%{
#include <ctype.h>
%}
%token DIGIT
%%
line    :expr '\n'          {printf("%d\n", $1);}
        ;
expr    :expr '+' term      {$$ = $1 + $3;}
        |expr '-' term      {$$ = $1 - $3;}
        |term
        ;
term    :term '*' factor    {$$ = $1 * $3}
        |factor
        ;
factor  :'('expr')'         {$$ = $2;}
        |DIGIT
        ;
%%

main() {
    return yyparse();
}

int yylex() {
    int c;
    while((c = getchar()) == ' ');   /*跳过空格*/
    if (isdigit(c)) {
        yylval = c - '0';
        return DIGIT;
    }
    if (c == '\n') return 0;
    return c;
}

int yyerror(char *s) {
    fprintf(stderr,"%s\n",s);        /*printing the error message*/
    return 1;
}
```

在这个 YACC 源程序中，说明部分的第一部分只有一个包含语句，它使得 C 语言的预处理程序包含标准头文件<ctype.h>，该文件中含有对函数 isdigit()的声明。说明部分的第二部分是对文法记号的说明，本例中只将 DIGIT 声明为记号。

对非终结符 E 有 3 个产生式：

$$E \rightarrow E + T \mid E - T \mid T$$

和它们相关的语义动作就写成

```
expr    : expr '+' term    {$$ = $1 + $3;}
        | expr '-' term    {$$ = $1 - $3;}
        | term
        ;
```

注意,在第一个产生式中,非终结符 term 是右部的第 3 个文法符号,'+'是第二个文法符号。第一个产生式的语义动作是把右部 expr 的值和 term 的值相加,把结果赋给左部非终结符 expr,作为它的值。第 3 个产生式的语义动作描述省略了,因为当右部只有一个文法符号时,语义动作默认就是值的复写,即语义动作是{$$ = $1;}。

注意,在语法规则中加了一个新的开始产生式

```
line    : expr '\n'    {printf ( "%d\n", $1); }
```

该产生式的意思是,这个台式计算器的输入是一个表达式后面跟一个换行字符。它的语义动作是打印表达式的十进制值并且换行。

4.4.3　YACC 的翻译规则

YACC 文法规则中的记号有两种。第一,文法规则的单引号中的任何字符都表示它本身。因此,单字符记号就可直接被包含在这种风格的文法规则中,如例 4.37 中的运算符记号＋、－和＊(以及括号记号等)。其次,在定义部分用 YACC 的记号声明(以％token 开始)来声明符号记号,如例 4.37 中的记号 DIGIT,这样的记号被 YACC 赋予了不会与任何字符值相冲突的数字值。典型地,YACC 用数字 258 作为初始值给记号赋值。YACC 将这些记号定义作为 # define 语句插入到输入代码中。因此,在输出文件 trans_tab.c 中就可能会找到行 #define DIGIT 258 作为 YACC 对源文件中的％token DIGIT 声明的对应。YACC 坚持定义所有的符号记号本身,而不是从别的地方引入一个定义。但是却有可能通过在记号声明中的记号名之后书写一个值来指定赋给记号的数字值。例如,写成％token DIGIT 18 就将给 DIGIT 赋值 18(而不是 258)。

在例 4.37 中的规则部分中,还可以看到非终结符 exp、term 和 factor 的规则。由于还需要打印出一个表达式的值,所以还有另外一个称为 line 的规则,而且将其与打印动作相结合。因为 line 的规则放在所有规则的最前面,所以 line 被作为文法的开始符号。若不是这样,可在定义部分用 ％start line 来定义,这样就不必将 line 的规则放在开头了。

YACC 中的动作是由在每个文法规则中将其写作真正的 C 语言代码(在花括号中)来实现的。通常,尽管也有可能在一个文法规则的中间写出要执行的动作,但动作代码仍是放在每个文法规则候选式的末尾(但在竖线或分号之前)。在书写动作时,可以享受到 YACC 伪变量的好处。当识别一个文法规则时,规则中的每个符号都拥有一个值,除非它被参数改变了,该值将被认为是一个整型(稍后将会看到这种情况)。这些值由 YACC 保存在一个与分析栈保持平行的语义栈中。每个在栈中的符号值都可通过使用以 $ 开始的伪变量来引用。$$代表刚才被归约出来的非终结符的值,也就是在文法规则左边的符号。伪变量 $1、$2 和 $3 等都代表了文法规则右边的每个连续的符号。因此在例 4.37 中,文法规则

和动作 exp : exp '+' term { $$ = $1 + $3;}就意味着当识别出一个符号串可用规则 exp→exp + term 进行归约时,就将产生式右边的 exp 的值与 term 的值相加作为左边的 exp 的值。

所有的非终结符都是通过用户提供的这些动作来得到它们的值。记号也可以被赋值,但这是在扫描器中实现的。YACC 假设记号的值已赋给了 YACC 内部定义的变量 yylval,且在识别记号时必须给 yylval 赋值。因此,在文法和动作 factor : DIGIT { $$ = $1;} 中,值 $1 指的是当识别记号时已在前面被赋值为 yylval 的 DIGIT 的值。

4.4.4　YACC 的辅助程序

例 4.37 的第 3 个部分(辅助程序部分)包括 3 个过程的定义。第一个是 main 的定义,之所以包含它是因为 YACC 输出的结果可被直接编译为可执行的程序。过程 main 调用 yyparse,yyparse 是 YACC 所产生的分析过程的名称。这个过程被声明是返回一个整型值。当分析成功时,该值为 0;当分析失败时,该值为 1(即发生一个错误,且还没有执行错误恢复)。

YACC 生成的 yyparse 过程接着又调用一个扫描程序过程,该过程为了与 LEX 词法分析程序生成器兼容,所以就假设叫做 yylex(参见第 3 章 3.4 节)。因此,YACC 说明还包括了 yylex 的定义。在这个特定的情况下,yylex 过程非常简单。YACC 的词法分析器用 C 语言的函数 getchar()每次读入一个输入字符,如果是数字字符,则将它的值存入变量 yylval 中,返回 DIGIT,否则,将字符本身作为记号返回。它所需要做的只有返回下一个非空字符;但若这个字符是一个数字,此时就必须识别单个元字符记号 DIGIT 并返回它在变量 yylval 中的值。这里有一个例外:由于假设一行中输入了一个表达式,所以当扫描程序已到达了输入的末尾时,输入的末尾将由一个新行字符(在 C 语言中的'\n')指出。YACC 希望输入的末尾通过 yylex 由空值 0 标出(这也是 LEX 的一个惯例)。最后就定义了一个 yyerror 过程。当在分析中遇到错误时,YACC 就使用这个过程打印出一个错误信息(典型地,YACC 打印串"语法错误",但这个行为可由用户改变)。

4.5　语法分析程序中的错误处理

语法错误是高级语言程序设计中最容易出现的错误,因此编译程序中的语法分析程序应尽可能地帮助用户找到错误,指出错误的位置,以便用户对源程序的调试。然而由于有多种不同的语法分析方法,其处理和发现错误的方式可能不一样,本节主要介绍各种语法分析方法中的错误处理方式。

4.5.1　语法分析中的错误处理的一般原则

语法分析器至少应能判断出一个程序在语句构成上是否正确,即如果源程序包括语法错误,则必须指出某个错误的存在;反之若程序中没有语法错误,分析程序不应声称有错误存在。除了这个最低要求之外,分析程序还应该对不同层次的错误作出不同的反应。通常的错误处理程序试图给出一个有意义的错误信息,尽可能地判断出错误发生的位置。有些分析程序还可以进行错误校正(Error Correction),即试图从给出的不正确的程序中推断出正确的程序,如跳过某些单词、添加标点符号等。若语法分析器发现了错误但不做错误校正,很难生成有意义的错误信息。

语法分析中的错误处理应遵循以下原则。

(1) 发现错误为主,校正错误为辅,校正的目的是为了使语法分析能进行下去。

(2) 错误局部化,选择一个适当的位置恢复分析过程。分析程序应尽可能多地分析代码,更多地找到真实的错误,而不是出现错误后马上停止分析;即使跳过部分代码,也应使语法分析程序跳过的语法成分最少。

(3) 准确报告,应尽早给出错误发生的位置,否则错误位置可能会丢失;减少重复信息与株连信息,应避免出现错误级联问题(Error Cascade),这有可能会产生一个冗长的虚假的出错信息;还应避免错误的无限循环,此时即使没有任何输入也会产生一个错误信息的无限级联。

上述原则不可能同时满足,所以在实际编写语法分析器的错误处理时应作一些折中。如为了避免错误级联和无穷循环问题,分析程序应跳过一些输入符号,这与"尽可能多的分析输入代码"的原则相矛盾。

语法分析中的错误处理方法通常有以下几种。

(1) 忽略方式:在分析某个句子时,当碰到某个不适当的符号时,忽略后继符号,直到遇到某个分界符(如;和 end 等)为止。与此同时,还应该从分析栈内移出该句已识别部分。

(2) 删除符号:这种方法很容易实现,完全不需要改变分析栈。当读入不适当的符号之后,就删除这个符号及后继的一些符号,直到遇到合适的符号为止。

(3) 插入符号:某些情况下,如缺少运算符、分界符等,以语法分析程序所做的工作最少为原则,在适当的位置添加适当的符号是合理的,此时应通知用户缺少相应的符号,但语法分析可以按正确结果继续。

(4) 在产生式的适当位置添加相应的错误信息,或对产生式进行某些形式的改变以便能尽快从某种类型的错误中恢复过来。

4.5.2 自上而下语法分析的错误处理

1. 自上而下语法分析错误处理的一般方法

自上而下语法分析中错误校正的一个标准形式叫做应急方式(Panic Mode)。错误处理可能要在大量的记号中找到一个恢复分析的位置(在最糟的情况下,它可能会用完所有剩余的输入符号)。应急方式能保证在进行错误校正时不会进入无穷循环之中。应急方式处理的基本机制是为每个递归过程提供一个额外的由同步符号(Synchronizing Token)组成的参数。在分析处理时,作为同步符号的符号在每个调用发生时被添加到这个集合之中。如果遇到错误,分析程序就向前扫描(Scan Ahead),丢弃遇到的符号,直到看到某个输入符号与同步集合中的一个符号相同为止,并从这里恢复分析。在做这种快速扫描时,通过不生成新的出错信息(在某种程度上)来避免错误级联。这种处理方法的效果依赖于同步符号的选取,一般从以下几方面来考虑同步符号的选取。

(1) 把 Follow(A)中的所有符号放入非终结符 A 的同步符号集。如果在遇到错误时跳过输入符号直到出现 Follow(A)中的符号,就把 A 从栈中弹出,继续分析。

(2) 只使用 Follow 集是不够的。例如,在 C 语言中,分号作为语句的结束符号就在某语句的非终结符的 Follow 集中,而作为下一个语句开头的关键字就不在其中。这样,如果在某个语句后少了一个分号,下一个语句开头的关键字就会被跳过。因此,应考虑加入相应的语句开头的关键字到同步符号集中。

(3) 把 First 集合中的符号也加入到同步集合中,这样递归下降分析程序在看到输入符号串中出现了 First 集中的符号时就可以恢复错误。

(4) 如果某个非终结符有 ε 产生式,就可以将 ε 作为缺省情况,这样可以推迟错误的检测,但不能导致错误丢失。

2. 递归下降分析程序中的错误处理方式

在递归下降分析中,出现下面两种情况则说明出现了语法错误。

(1) 在推导过程中当前输入符号和文法推导的符号不匹配。

(2) 在递归过程中调用形成死循环。

我们通过对 4.2.2 节中的递归下降分析过程设置同步符号集,以阐述递归下降分析器中应急方式的错误校正。除保持 match 函数之外,增加两个函数 checkinput(完成对 First 集先行检查)和 scanto(应急方式处理时跳过不必要的符号):

```
checkinput(firstset,followset)
{   if not(token in firstset) then error;   /*报告不在 First 集中*/
    scanto(firstset∪followset);
}
scanto(synchset)
{   while not(token in synchset∪{#})
        lookahead = nexttoken( );      /*跳过符号,直到出现了同步符号集中的符号*/
}
```

这样 4.2.2 节中的 F 函数就可以加上错误处理(现在带 synchset 参数),如下:

```
//对非终结符 F, 候选式为 F→i|(E)
void F(synchset )
{
    checkinput({'(', 'i'}, synchset);
    if (lookahead == '(') {
        match('(');
        E({')'});
        if (lookahead == ')') match(')');
        else error ( );
    }
    else if (lookahead == 'i') match('i');
    else error;
    checkinput(synchset,{(, 'i'});
}
```

Checkinput()在这个过程中被调用了两次:一次是核实 First 集合的记号是输入中的下一个记号,另一次是核实 Follow 集合(或 synchset)的记号是该过程退出后的下一个记号。应急方式的这种处理将产生合理的错误信息。例如,输入串$(2+-3)*4-+5$将产生两个出错信息(一个在第一个减号上,另一个在第二个加号上)。

一般情况下,在递归调用中向下传送同步符号 synchset,同时也添加相应的新同步记号。在 F()过程中,当看到一个左括号之后,只有在作为它的 Follow 集合时,E()才与右括号一起被调用(此时丢弃了 synchset)。这是一种伴随应急方式错误校正的特殊分析。

3. LL(1)预测分析程序中的错误处理

预测分析中若出现下述两种情况,说明出现了语法错误。

(1) 栈顶的终结符与当前输入符号不匹配。

(2) 非终结符 A 处于栈顶,面临的输入符号是 A,但分析表中的 $M[A,a]$ 为空。

第一种情况是不常见的,这是因为就一般而言,当在输入中真正地看到记号时,它们只会被压入到栈中。

应急方式错误校正也可在 LL(1)分析程序中实现,其实现方式与在递归下降分析中相似。由于该算法是非递归的,所以就要求用一个新栈来保存同步符号 synchset 参数,若不用一个额外的栈,也可静态地将同步记号的集合与 checkinput 所采取的相应动作一起建立到 LL(1)分析表中。而且在算法生成每个动作之前(当一个非终结符位于栈顶时),算法必须安排一个对 checkinput 的调用。

假设有一个位于栈顶的非终结符 A,面临一个不在 First(A)中的输入记号,就有 3 种处理方法:

(1) 将 A 从栈顶弹出。

(2) 看到一个可重新开始分析的记号之后,从输入中读出符号。

(3) 在栈中压入一个新的非终结符。

若当前输入记号是 ♯ 或是在 Follow(A)中时,就选择方法(1);若当前输入记号不是 ♯ 或不在 First(A)∪Follow(A)中,就选择方法(2);在特殊情况中方法(3)有时会有用,但却很少是恰当的。

例 4.38 对表 4.1 的 LL(1)分析表添加同步符号后为表 4.23。其中的 synch 表示由相应非终结符的 Follow 集构成的同步符号集。

表 4.23　文法 G4.2 的加入同步符号后的预测分析表

	i	+	*	(	)	♯
E	$E{\to}TE'$			$E{\to}TE'$	synch	synch
E'		$E'{\to}+TE'$			$E'{\to}\varepsilon$	$E'{\to}\varepsilon$
T	$T{\to}FT'$	synch		$T{\to}FT'$	synch	synch
T'		$T'{\to}\varepsilon$	$T'{\to}*FT'$		$T'{\to}\varepsilon$	$T'{\to}\varepsilon$
F	$F{\to}i$	synch		$F{\to}(E)$	synch	synch

分析时,若发现 $M[A,a]$ 为空,则跳过输入符号 a,若该项为 synch,则弹出栈顶的非终结符号 A;若栈顶的终结符与输入符号不匹配,则弹出栈顶的输入符号。使用表 4.23 对输入串 $*2*+3♯$ 的分析过程的前几步如表 4.24 所示。

表 4.24 加入同步符号后的部分分析过程

步　　骤	分　析　栈	输　入　串	说　　明
1	#E	*i*+i#	表中[E,*]为空,跳过*
2	#E	i*+i#	E→TE'
3	#E'T	i*+i#	T→FT'
4	#E'T'F	i*+i#	F→i
5	#E'T'i	i*+i#	i匹配,弹出i
6	#E'T'	*+i#	T'→*FT'
7	#E'T'F*	*+i#	*匹配,弹出*
8	#E'T'F	+i#	M[F,+]=synch,弹出F
9	#E'T'	+i#	T'→ε
⋮	⋮		⋮

4.5.3　自下而上语法分析的错误处理

1. 算符优先分析中的错误检测

使用算符优先分析时,在以下两种情况下会发现语法错误:

(1) 若在栈顶终结符与下一个输入符号之间不存在任何优先关系。

(2) 若找到某一"素短语",但不存在任一产生式,其右部为此素短语。

针对上述情况,处理错误的子程序可分为几类。

(1) 在算符优先分析中,虽然非终结符的处理是隐含的,也应该在栈中为非终结符留有相应的位置。因此,当说"素短语"与某一个产生式的右部匹配时,则意味着相应的终结符相同,非终结符的位置也是相同的。即使非终结符的位置相同,出现在栈中的非终结符也不一定是一个正确的非终结符。

(2) 当发生第一种情况时,即栈顶符号与输入符号之间不存在任何优先关系,可以采取更一般的错误处理方法,即改变、插入或删除符号。如果采取改变和插入符号的方法,注意不要造成无穷处理。如一直在输入端插入符号,但始终不能将栈内符号序列进行归约或将输入符号移进。一种不会陷入死循环的方法是确保在恢复后能够把当前输入符号移进栈(如果输入符号是#,确保不会输入该符号,且栈的长度最终会被缩短)。

(3) 当发生第二种情况时,就应该打印错误信息,然后确定该"素短语"与哪个产生式的右部最相似。利用该产生式报告较准确的错误信息,添加适当的符号继续分析。

对算符优先关系表中的空白项,实际是没有优先关系的错误,所以必须指定一个错误恢复子程序,同一程序可用在多个地方。这样在语法分析器发现两个符号之间没有优先关系,就调用相应的错误恢复子程序进行错误处理。

例 4.39 表 4.25 是一个带错误处理的算符优先关系表,该表中的空白项(即两个符号之间没有关系的项)被填上了 $e_1 \sim e_4$,它们是错误处理程序的名字。

表 4.25　带有错误处理子程序的算符优先关系表

	i	(	)	#
i	e_3	e_3	$\gtrdot$	$\gtrdot$
(	$\lessdot$	$\lessdot$	$\doteq$	e_4
)	e_3	e_3	$\gtrdot$	$\gtrdot$
#	$\lessdot$	$\lessdot$	e_2	e_1

这些错误处理程序的功能如下。

e_1: /*缺少整个表达式时调用*/
　　把 id 插入到输入字符串中;
　　输出的错误信息是"缺少操作对象"。
e_2: /*表达式以右括号开始时调用*/
　　从输入字符串中删除);
　　输出的错误信息是"右括号不匹配"。
e_3: /*i 或)后面跟随 i 或(时调用*/
　　把+插入到输入字符串中;
　　输出的错误信息是"缺少运算符"。
e_4: /*表达式以左括号结束时调用*/
　　从栈中删除(;
　　输出的错误信息是"缺少右括号"。

例 4.40　用例 4.39 的带错误处理的分析表分析输入符号串)i)。

分析过程如表 4.26 所示。在第 1 步中,发现表达式以右括号开始,出错,删除),调用 e_2,给出错误信息"右括号不匹配"。在第 5 步,# 和)之间没有优先关系,发生错误,调用错误处理程序 e_2,删除右括号,提示错误信息"右括号不匹配"。

表 4.26　对输入串)i)的带错误处理的算符优先分析过程

步　骤	栈	输入缓冲区	说　明
1	#	)i)#	初始状态
2	#	i)#	表达式以右括号开始,出错,调用 e_2
3	#i	)#	#$\lessdot$i,i 入栈
4	#F	)#	#$\lessdot$i$\gtrdot$),用 $F{\rightarrow}$i 归约
5	#F	)#	#和)之间没有优先关系,错误,调用 e_2
6	#F	#	

2. LR 分析中的错误检测

LR 分析法在自左至右扫描输入串的过程中就能发现其中的任何错误,并能准确指出出错位置。LR 语法分析器在访问 action 表时,若遇到一个空(或错误)的表项,将检测到一个错误,但在访问 goto 表时决不会检测到错误。与算符优先分析器不同,LR 语法分析器只要发现已扫描的输入出现一个不正确的后继符号就会立即报告错误。规范 LR 语法分析器在报告错误之前不会进行任何无效归约。SLR 语法分析器和 LALR 语法分析器在报告错误之前可能执行几步归约,但决不会把出错点的输入符号移进栈。

在 LR 分析中遇到出错时,有可能输入符号不能移进栈,又不能对栈顶符号串进行归约。处理方法有两类：第一类是使用插入、删除或修改输入符号的方法。第二类包括检测到某一个不合适的短语时，它不能与任何产生式匹配，此时，错误处理程序可能跳过其中的一些输入符号，将含有语法错误的短语分离出来。分析程序认定含有错误的符号串是由某一非终结符 A 所推导出的，此时该符号串的一部分已经处理，处理结果反映在栈顶的一系列状态中，剩下的未处理的符号仍在输入缓冲中。分析程序跳过一些输入符号，直至找到某一个符号 a，它能合法地跟在 A 的后面。同时要把栈顶的内容逐个移去，直到找到一个状态 s，该状态与 A 有一个对应的新状态 $goto[s, A]$，并将该新状态推入栈。此时分析程序就认为它已找到 A 的某个匹配并已将它局部化，然后恢复正常的分析过程。

LR 语法分析器短语级的错误处理比较容易，不必担心不正确的归约，实现方式是通过检查 LR 分析表的每个出错表项，并根据语言的使用情况确定最可能引起的错误以及程序员最容易犯的错误，然后为其编写一个适当的错误处理程序。只要在分析表的空项中填上适当的错误处理程序的指针即可。

例 4.41 对一个简单的算术表达式文法

$$E \rightarrow E + E \mid E * E \mid (E) \mid i$$

表 4.27 给出了带有错误处理的 LR 分析表。出错处理程序的动作如下。

e_1：/＊处于状态 0、2、4、5 时，要求输入符号为运算对象的首终结符，即 id 和左括号，但遇到的是 ＋、＊或 ♯，就调用该处理程序＊/
把一个假想的 id 压进栈，状态 3 进栈(即执行的是在 0、2、4、5 状态下面临 id 时的动作)，同时给出错误信息："缺少运算对象"。

e_2：/＊处于状态 0、1、2、4、5 时，若遇右括号，就调用该处理程序＊/
从输入缓冲区中删除右括号，给出错误信息："右括号不匹配"。

e_3：/＊处于状态 1 和 6 时，期望一个操作符，却遇到了 id 或右括号，就调用该处理程序＊/
将符号 ＋ 压栈，状态 4 进栈，给出错误信息："缺少操作符"。

e_4：/＊处于状态 6，期望操作符或右括号，却遇到了 ♯，就调用该处理程序＊/
把右括号压入栈，状态 9 进栈，给出错误信息："缺少右括号"。

e_5：/＊处于状态 3、7、8、9 时，希望输入符号为 ＋、＊ 或 ♯，才能进行归约，但遇到的是 i 和 (，就调用该处理程序＊/
把一个假想的操作符 ＋ 压进栈，执行归约，同时给出错误信息："缺少运算符"。

例 4.42 用表 4.27 的带错误处理的分析表分析输入字符串 i＋)。

表 4.27 带有错误处理子程序的 LR 分析表

| 状态 | action | | | | | | goto |
	i	＋	＊	(	)	♯	E
0	S_3	e_1	e_1	S_2	e_2	e_1	1
1	e_3	S_4	S_5	e_3	e_2	acc	
2	S_3	e_1	e_1	S_2	e_2	e_1	6
3	e_5	r_4	r_4	e_5	r_4	r_4	
4	S_3	e_1	e_1	S_2	e_2	e_1	7
5	S_3	e_1	e_1	S_2	e_2	e_1	8
6	e_3	S_4	S_5	e_3	S_9	e_4	
7	e_5	r_1	S_5	e_5	r_1	e_5	
8	e_5	r_2	r_2	e_5	r_2	e_5	
9	e_5	r_3	r_3	e_5	r_3	e_5	

解：分析过程如表 4.28 所示。按照 LR 分析过程，在第 5 步时，发现栈顶状态为 4，面临的输入符号为)，查表发现出现了错误，调用出错处理程序 e_2，删除)，给出错误信息"右括号不匹配"。继续分析到第 6 步时，栈顶状态 4 面临输入符号为♯，查表发现出现了错误，调用出错处理子程序 e_1，将一个假想的输入符号 i 压入符号栈，状态 3 进栈，给出错误信息"缺少操作对象"。

表 4.28　对输入串 i＋)的带错误处理的 LR 分析过程

步骤	符号栈	状态栈	输入串	错误信息和动作
1	♯	0	i＋)♯	初始状态
2	♯i	03	＋)♯	i 进栈，3 进栈
3	♯E	01	＋)♯	归约 i，3 出栈，1 进栈
4	♯E+	014	)♯	＋进栈，4 进栈
5	♯E+	014	♯	状态 4 遇到右括号，调用 e_2，删除右括号，给出"右括号不匹配"的信息
6	♯E+i	0143	♯	状态 4 遇到♯，调用 e_1，压入一个假想的 i，状态 3 进栈，给出"缺少操作对象"的信息
⋮	⋮	⋮	⋮	⋮

3. YACC 中的错误处理

在 YACC 中主要使用错误产生式(Error Production)的方法进行错误处理。错误产生式就是形如 $A\to \cdot\, error\ \alpha$ 的包括了伪记号 error 的产生式，错误产生式可有效地允许程序员用人工方式标记出其 goto 项将被用作错误校正的非终结符。

首先由用户决定哪些"主要的"非终结符可能与错误处理有关，典型的选择是用于产生表达式、语句、程序块和过程的那些非终结符。然后把错误产生式 $A\to \cdot\, error\ \alpha$ 加入到文法中，其中 A 是主要的非终结符，α 是文法符号串，可能是空串，error 是 YACC 的保留字。YACC 将从这样的产生式产生语法分析器，并把错误产生式当作普通产生式来处理。

当分析程序在分析中检测到错误时(即遇到分析表中的一个空项)，它会从分析栈中弹出状态，直至发现栈顶状态的项目集含有形如 $A\to \cdot\, error\ \alpha$ 的项目为止，然后把虚构的符号 error 移进栈。

如果 α 为 ε 时，立即归约为 A 并执行产生式 $A\to error$ 的语义动作(它可能是用户定义的错误处理子程序)，然后语法分析程序丢弃若干个输入符号，直到发现一个能恢复正常处理的输入符号为止。如果 α 非空，YACC 在输入串上向前寻找能够归约为 α 的子串。如果 α 包含的都是终结符，那么它在输入串上寻找这样的终结符串，并把它们移进栈，这时语法分析栈的栈顶为 $error\ \alpha$，再把它归约为 A，并恢复正常的语法分析。

例如，若错误产生式为

```
stmt→·error;
```

要求语法分析程序看见错误时跳过下一个分号，好像该语句已经被看完一样。这个出错产生式的语义程序不需要处理输入，只需产生诊断信息并设置禁止生成目标代码的标记。

例 4.43　对例 4.37 的台式计算器的 YACC 源程序加上错误产生式：

```
line    : line expr '\n'    {printf("%d\n",$1);}
        | line '\n'
        | error '\n'        {yyerror("重新输入上一行"); yyerrok; }
        ;
```

也就是说,当输入行有语法错误时,语法分析器从栈中弹出符号,直至碰到一个含有引进符号 error 动作的状态为止。语法分析器遇到上述错误产生式时把 error 移进栈,并跳过输入符号,直到发现换行符为止,此时语法分析器把换行符移进栈,把 error ′\n′ 归约成 line,并输出诊断信息"重新输入上一行"。专门的 YACC 例程 yyerrok 用于将语法分析器恢复到正常操作模式。

4.6 小结

本章首先介绍了语法分析器的功能和任务,然后着重讲述了自上而下和自下而上两种语法分析方法。要进行确定的自上而下的语法分析,文法必须是 LL(1) 的,要求掌握 LL(1)文法的条件及其判别、First 集和 Follow 集的计算,掌握递归下降分析方法、预测分析表的构造及其分析过程;在自下而上的分析方法中,主要掌握自下而上分析的基本概念:归约、规范归约、句柄、短语、最左素短语、活前缀、项目、项目集和项目集规范族等,掌握 FirstVT和 LastVT 集的计算方法,掌握算符优先分析表和 LR(0)分析表的构造及其工作原理,了解LR(0)方法解决冲突的方法和 SLR 的基本原理。最后介绍了语法分析的自动生成器YACC 的使用方法,以及在各种语法分析中的错误处理。

4.7 习题

1. 语法分析器的功能是什么? 其输入/输出各是什么?
2. 自上而下语法分析和自下而上语法分析的主要差别是什么?
3. 自上而下语法分析面临的两个主要问题是什么? 如何解决?
4. 解释下列术语:

LL(1)文法,归约,规范归约,句柄,短语,最左素短语,活前缀,项目
5. 对下面的陈述,正确的在陈述后的括号内画√,否则画×。

(1) 存在有左递归规则的文法是 LL(1) 的。   (   )

(2) 任何算符优先文法的句型中不会有两个相邻的非终结符号。   (   )

(3) 算符优先文法中任何两个相邻的终结符号之间至少满足 3 种关系($a \doteq b, a \lessdot b$,
$a \gtrdot b$)之一。   (   )

(4) 任何 LL(1)文法都是无二义性的。   (   )

(5) 每一个 SLR(1)文法也都是 LR(1)文法。   (   )

(6) 存在一种算法,能判定任何上下文无关文法是否是 LL(1)的。   (   )

(7) 任何一个 LL(1)文法都是一个 LR(1)文法,反之亦然。   (   )

(8) LR(1)分析中括号中的 1 是指在选用产生式 $A \rightarrow \alpha$ 进行分析时看当前读入符号是否在 First(α)中。   (   )

6. 选择题。从供选择的答案中选出应填入_____处的正确答案。

(1) 在编译程序中,语法分析分为自顶向下分析和自底向上分析两类。__A__和LL(1)分析法属于自顶向下分析;__B__和LR分析法属于自底向上分析。自顶向下分析试图为输入符号串构造一个__C__;自底向上分析试图为输入符号串构造一个__D__。采用自顶向下分析方法时,要求文法中不含有__E__。

供选择的答案:

A、B:① 深度分析法　　　② 宽度优先分析法
　　　③ 算符优先分析法　④ 递归子程序分析法

C、D:① 语法树　　　　　② 有向无环图
　　　③ 最左推导　　　　④ 最右推导

E:① 右递归　　　　　　② 左递归
　　③ 直接右递归　　　　④ 直接左递归

(2) 自底向上语法分析采用__A__分析法,常用的自底向上语法分析有算符优先分析法和LR分析法。LR分析是寻找右句型的__B__;而算符优先分析是寻找右句型的__C__。LR分析法中分析能力最强的是__D__,分析能力最弱的是__E__。

供选择的答案:

A:　① 递归　　② 回溯　　③ 枚举　　④ 移进－规约

B、C:① 短语　　② 素短语　　③ 最左素短语　　④ 句柄

D、E:① SLR(1)　② LR(0)　③ LR(1)　④ LALR(1)

7. 试为下面的布尔表达式文法 $G[bexpr]$ 构造一个递归下降的分析程序。其产生式如下:

```
bexpr→bexpr or bterm | bterm
bterm→bterm and bfactor | bfactor
bfactor→not bfactor|(bexpr) |true |false
```

8. 已知文法 $G[S]$,其产生式如下:

$S→(L)|a$

$L→L,S|S$

从 $G[S]$ 中消除左递归,并为之构造一个非递归预测分析器LL(1)分析表。请说明对输入符号串(a,(a,a))的分析过程。

9. 求下述文法中各非终结符号的 First 集、Follow 集以及各候选式的 First 集。

(1) $S→AB \mid bC$

(2) $A→b \mid ε$

(3) $B→aD \mid ε$

(4) $C→AD \mid b$

(5) $D→aS \mid c$

10. 对下面的文法 G:

$E→TE'$

$E'→+E|ε$

$T→FT'$

$T' \rightarrow T | \varepsilon$

$F \rightarrow PF'$

$F' \rightarrow * F' | \varepsilon$

$P \rightarrow (E) | a | b | \wedge$

(1) 计算这个文法的每个非终结符的 First 和 Follow 集。

(2) 证明这个文法是 LL(1) 的。

(3) 构造它的预测分析表。

11. 下面的文法中哪个是 LL(1) 的,说明理由。

(1) $S \rightarrow Abc$ (2) $S \rightarrow Ab$

    $A \rightarrow a | \varepsilon$ $A \rightarrow a | B | \varepsilon$

    $B \rightarrow b | \varepsilon$ $B \rightarrow b | \varepsilon$

12. 已知文法 $G[E]$:

    $E \rightarrow T | E + T$

    $T \rightarrow F | T * F$

    $F \rightarrow (E) | i$

(1) 给出句型 $(T * F + i)$ 的最右推导,并画出语法树。

(2) 给出句型 $(T * F + i)$ 的短语、素短语和最左素短语。

(3) 证明 $E + T * F$ 是文法的一个句型,指出这个句型的所有短语、直接短语和句柄。

13. 给定文法 $G[S]$,其产生式如下:

    $S \rightarrow (T) | a$

    $T \rightarrow T, S | S$

(1) 给出输入串 $(a, (a, a))$ 的最左和最右推导过程。

(2) 计算该文法各非终结符的 FirstVT 和 LastVT 集。

(3) 构造算符优先表。

(4) 计算上述文法的优先函数。

(5) 给出输入串 $(a, (a, a))$ 的算符优先分析过程。

14. 给定文法:$S \rightarrow aS | bS | c$

(1) 求出该文法对应的全部 LR(0) 项目。

(2) 构造识别该文法所有活前缀的 DFA。

(3) 该文法是否是 LR(0) 的? 若是,构造 LR(0) 分析表。

15. 下列文法是否为 SLR(1) 文法? 若是,请构造相应的分析表。若不是,请说明理由。

(1) $S \rightarrow Sab | bR$

    $R \rightarrow S | a$

(2) $S \rightarrow aSAB | BA$

    $A \rightarrow aA | B$

    $B \rightarrow b$

16. 设文法 G 为

    $S \rightarrow A$

    $A \rightarrow BA | \varepsilon$

$B \rightarrow aB | b$

(1) 证明它是 LR(1)文法。

(2) 构造它的 LR(1)分析表。

(3) 给出输入符号串 abab 的分析过程。

17. 证明下面的文法是 LL(1)的但不是 SLR(1)文法:

$S \rightarrow AaAb | BbBa$

$A \rightarrow \varepsilon$

$B \rightarrow \varepsilon$

18. 下面的文法属于哪类 LR 文法? 试构造其分析表,并给出符号串(a,a)的分析过程。

$S \rightarrow (SR | a$

$R \rightarrow , SR |)$

19. 算法程序题。

(1) 用熟悉的语言构造 Sample 算术表达式的递归下降分析程序,或者某一控制语句的递归下降分析程序,要求如下:

① 书写出 Sample 语言算术表达式的语法的形式描述(BNF)。

② 消除左递归,提取左公因子。

③ 用某种高级语言书写出它的递归预测分析器。

(2) 构造 Sample 算术表达式的 LL(1)分析器,要求如下:

① 书写出 Sample 语言算术表达式的语法的形式描述(BNF)。

② 消除左递归,提取左公因子。

③ 计算 First 集和 Follow 集。

④ 构造其 LL(1)分析表和 LL(1)驱动程序。

(3) 构造 Sample 算术表达式的算符优先分析器,要求如下:

① 书写出 Sample 语言算术表达式的语法的形式描述(BNF)。

② 计算 FirstVT 集和 LastVT 集。

③ 构造其算符优先关系表和算符优先分析程序。

(4) 构造 Sample 算术表达式的 LR(0)分析器,要求如下:

① 书写出 Sample 语言算术表达式的语法的形式描述(BNF)。

② 构造识别活前缀的有穷自动机。

③ 构造其 LR(0)分析表和 LR 分析程序。

(5) 使用软件工具 YACC 构造 LALR 分析器,要求如下:

① 书写出 Sample 语言算术表达式的语法的形式描述(BNF)。

② 书写出 YACC 的源程序。

③ 用 YACC 生成 LALR 分析器。

④ 完成的分析程序的功能是:输入为算术表达式,输出为相应的后缀表达式;计算出算术表达式的值。

第5章
语义分析和中间代码生成

在编译过程的前两个阶段中对源程序的结构进行了分析。本章将对语法上正确的语法单位的内部逻辑含义加以解释。编译程序在本阶段的任务就是进行静态语义检查,生成中间代码。本章在 5.1 节概述本阶段的功能和任务,引入静态语义检查相关的概念,介绍中间代码的几种典型形式;5.2 节介绍属性文法和语法制导翻译的方法;5.3 节介绍常见语法结构的语法制导翻译方法;5.4 节主要介绍 Sample 语言的语法制导翻译程序的设计。

5.1　概述

5.1.1　语义分析和中间代码生成的功能和任务

本节主要介绍上下文无关文法所产生的语言的翻译问题。目前比较流行的语义描述和翻译方法是属性文法和语法制导的翻译方法。编译程序的任务是把源程序翻译为等价的目标程序,等价意味着语义相同,也就是说,尽管它们的语法结构完全不同,但它们所表达的含义和结果可以是相同的。源程序经过词法和语法分析后,已将词法和语法错误检查出来,并由程序员进行了修正,到现在源程序在书写上是正确的,符合程序设计语言所规定的语法。但语法分析并未对程序中各个语句的内部逻辑含义加以解释,因此编译程序接下来的任务就是进行语义分析,生成代码。

编译程序在此阶段主要完成两个任务:第一,对每个语法结构进行静态语义检查,即检查名字是否定义、类型是否合理,语法上正确的程序是否真正具有意义等;第二,如果静态语义正确,就执行真正的语义处理,生成某种格式统一的中间代码,或直接生成目标代码。

语义分析和中间代码生成阶段的工作通常由专门的语义子程序来完成。这些语义子程序可以由语法分析程序在进行语法分析的过程中分析出某个语法单位时直接调用,也可以在生成语法树后再调用,进行语义处理。

由于语义是上下文有关的,因此对语义的形式化描述是非常困难的,目前较为常见的是用属性文法作为描述程序语言语义的工具,并采用语法制导翻译的方法完成对语法成分的翻译工作。

语义分析和中间代码生成在编译器中的地位如图 5.1 所示。

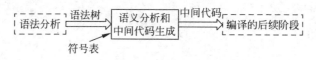

图 5.1　语义分析和中间代码生成的地位

5.1.2　静态语义检查

静态语义检查即审查每个语法成分的静态语义,检查并报告程序中某些类型的错误。如同在进行词法分析、语法分析的同时也进行词法检查和语法检查一样,在语义分析时也必然要进行语义检查。动态语义检查需要生成相应的目标代码,它是在运行时进行的;静态语义检查是在编译时完成的,它涉及以下几方面。

(1) 类型检查。如果操作符作用于不相容的操作数,编译程序必须报告出错信息。例如,Pascal 语言中的算术运算符 MOD 要求整型操作数,类型检查必须检查 MOD 运算符作用的操作数是否为整型。同样地,类型检查必须验证指针地址访问只作用于指针,下标只作用于数组,函数必须有正确的参数个数和参数类型等。对像 Pascal 这样的强类型语言,可以直接根据定义检查各个标识符的类型,并根据定义将类型填写到符号表中。从而可以检查表达式、函数、语句等的类型。

(2) 控制流检查。用以保证控制语句有合法的转向点。例如,在 C 语言中 break 语句使控制跳出包含该语句的最小 switch、while 或 for 语句。如果不存在包括它的这样的语句,则应报错。

(3) 一致性检查。在多数语言中要求对象只能被定义一次。如在相同作用域中标识符只能说明一次、case 语句的标号不能相同、枚举类型的元素不能重复出现等。

(4) 相关名字检查。有时,同一名字必须出现两次或多次。如 Ada 语言程序中循环或程序块的名字必须同时出现在这些结构的开头或结尾,编译程序必须检查这两个地方用的名字是否相同。

其他如名字的作用域的分析等也是静态语义检查的工作。类型检查收集的相关信息将用于中间代码生成。

5.1.3　语义处理

如果静态语义正确,就执行真正的语义处理。对说明语句,其语义处理过程通常是将其中定义的名字及其属性信息记录在符号表中,以便进行存储分配;对可执行语句,其语义处理过程是生成某种格式统一的中间代码,或者生成目标代码。

直接生成机器语言或汇编语言形式的目标代码的优点是编译时间短且无须中间代码到目标代码的翻译,但这样生成的目标代码执行效率和质量都较低,移植性差。因此许多编译程序都采用独立于机器的、复杂性介于源语言和机器语言之间的中间语言,即翻译为等效的中间代码,以便经过优化后再翻译为执行效率和质量较高的目标代码。

所谓**中间代码**(Intermediate Code)是指源程序的一种内部表示,不依赖于目标机,但易于生成目标代码的中间表示。这样做的好处如下。

(1) 便于进行与机器无关的代码优化工作。

（2）使编译程序改变目标机更容易。

（3）使编译程序的结构在逻辑上更为简单明确。以中间语言为界面，编译前端和后端的接口更清晰。

编译程序所使用的中间代码有多种形式。常见的有后缀式、三地址代码（包括三元式、四元式和间接三元式）和 DAG 图形表示。用得较多的是三地址代码。

1. 逆波兰式

逆波兰表示法是波兰逻辑学家卢卡西维奇（Lukasiewicz）发明的一种表示表达式的方法，这种表示法把运算量（操作数）写在前面，把运算符写在后面，因而又称**后缀式表示法**（Postfix）。

例 5.1　将下列各表达式或语句用逆波兰式形式表示。

表达式或语句	逆波兰式	表达式或语句	逆波兰式
$a+b$	$ab+$	$a+b*c$	$abc*+$
$(a+b)*c$	$ab+c*$	$a=b*c+b*d$	$abc*bd*+=$

表达式 E 的后缀形式表示的递归定义如下。

（1）如果 E 是变量或常数，则 E 的后缀表示就是 E 自身。

（2）如果 E 为 E_1 op E_2 的形式，则它的后缀表示为 $E_1' E_2'$ op。其中 op 是二元运算符，E_1'、E_2' 分别是 E_1 和 E_2 的后缀表示。若 op 为一元运算符，则视 E_1 和 E_1' 为空。

（3）如果 E 为 (E_1) 形式，则 E 的后缀表示就是 E_1 的后缀表示。

上述递归定义的实质是：在后缀表示中，操作数出现的顺序与原来一致，运算符按运算的先后顺序放入相应的操作数之后（即运算符相对于运算对象的顺序发生了变化），不需要用括号来规定运算顺序。例如，把 $(a+b)*c$ 表示成 $ab+c*$。

后缀表示的优点是计算机易于处理。常用方法是使用一个栈，自左至右扫描后缀表达式，每碰到运算量就压栈，每碰到 K 目运算符就把它作用于栈顶的 K 个运算量，并用运算的结果（即一个新的运算量）来取代栈顶的 K 个运算量。

例 5.2　$B@CD*+$（中缀表示形式为 $-B+C*D$，@表示一元减）的计算过程为：

（1）B 进栈。

（2）对栈顶元素施行 @运算，将结果代替栈顶，即 $-B$ 的值置于栈顶。

（3）C 进栈。

（4）D 进栈。

（5）栈顶两元素相乘，两元素退栈，相乘结果置栈顶。

（6）栈顶两元素相加，两元素退栈，相加结果进栈，现在栈顶存放的是整个表达式的值。

由于后缀式表示的简洁和计算的方便，特别适用于解释执行的程序设计语言的中间表示，也便于具有堆栈体系的计算机的目标代码生成。

2. 三地址代码

三地址代码的一般形式为：

$$x = y \text{ op } z$$

其中,y 和 z 为名字、常量或编译时产生的临时变量,x 为名字或临时变量;op 为运算符,如定点运算符、浮点运算符和布尔运算符等。三地址代码类似于汇编代码中的三地址指令,每条代码包含 3 个地址:两个用来存放运算对象 y 和 z,一个用来存放运算结果 x。由于每条三地址代码只含有一个运算符,因此多个运算符组成的表达式必须用三地址代码序列来表示,如表达式 $x+y*z$ 的三地址代码为:

$$T_1 = y * z$$
$$T_2 = x + T_1$$

其中,T_1 和 T_2 是编译时产生的临时变量。在实际实现中,用户定义的名字将由指向符号表中该名字项的指针所取代。

三地址代码也可以表示多种语句形式,有符号标号和各种控制流语句等。常用的三地址代码有以下几种。

(1)$x=y$ op z,其中 op 为二目的算术运算符或布尔运算符。含义是 y 和 z 进行 op 所指定的操作后,结果存放到 x 中。

(2)$x=$op z,其中 op 为一目运算符,如一目减@、逻辑非 not、移位运算符等。本代码的含义是对 z 进行 op 指定的操作,结果存放到 x 中。

(3)$x=y$,将 y 的值赋给 x。

(4)无条件转移 goto L,即直接跳转执行标号为 L 的三地址代码。

(5)条件转移 if x rop y goto L 或 if a goto L。在第一种形式中,rop 为关系运算符(如 $<$、$<=$、$==$、$<>$、$>$ 和 $>=$),若 x 和 y 满足关系 rop 就转去执行标号为 L 的三地址代码,否则继续按顺序执行。在第二种形式中,a 为布尔变量或常量,若 a 为真,则执行标号为 L 的三地址代码,否则继续顺序执行。

三地址代码是中间代码的一种抽象形式。在编译程序中,三地址代码语言的具体实现通常有四元式和三元式。

1)四元式

一个四元式是具有 4 个域的记录结构,表示为

(op,arg$_1$,arg$_2$,result)

其含义是 arg$_1$ 和 arg$_2$ 进行 op 指定的操作,结果存放到 result 中。其中,op 为运算符,arg$_1$、arg$_2$ 及 result 分别为第一、第二运算对象和结果,它们可以是用户定义的变量或临时变量,arg$_1$、arg$_2$ 还可以是常量。常见的三地址语句与四元式的对应关系如表 5.1 所示。

表 5.1　三地址语句与四元式的对应关系

三地址代码	四 元 式	三地址代码	四 元 式
$x=y$ op z	(op, y, z, x)	goto L	(j, _, _, L)
$x=$op z	(op, z, _, x)	if x rop y goto L	(jrop, x, y, L)
$x=y$	(=, y, _, x)		

例 5.3　写出赋值语句 a$=$b $*$($-$c)$+$b $*$($-$c)的四元式。如表 5.2(a)所示。

2)三元式

为了避免把临时变量填入到符号表中,可以通过计算这个临时变量值的代码的位置来引用这个临时变量,这样表示的三地址代码称为三元式。三元式是只具有三个域的记录结

构,表示为

（op,arg$_1$,arg$_2$）

其中,op 为运算符;arg$_1$、arg$_2$ 可以是用户定义的变量或临时变量,也可以是常量;还可以指向三元式表中的某一个三元式编号。

表 5.2　三地址语句的四元式、三元式表示

（a）四元式　　　　　　　　　　　　　　　　（b）三元式

	op	arg$_1$	arg$_2$	result			op	arg$_1$	arg$_2$
(0)	@	c	—	T$_1$		(0)	@	c	—
(1)	*	b	T$_1$	T$_2$		(1)	*	b	(0)
(2)	@	c	—	T$_3$		(2)	@	c	—
(3)	*	b	T$_3$	T$_4$		(3)	*	b	(2)
(4)	+	T$_2$	T$_4$	T$_5$		(4)	+	(1)	(3)
(5)	=	T$_5$	—	a		(5)	assign	T$_5$	(4)

　　例 5.4　写出赋值语句 a＝b＊（－c）＋b＊（－c）的三元式。结果如表 5.2（b）所示。

　　在三元式表示中,每个语句的位置同时有两个作用:一是可作为该三元式的结果被其他三元式引用;二是三元式的位置顺序即为运算顺序。在代码优化阶段需要调整三元式的运算顺序时会遇到困难,它意味着必须改变其中一系列指示器的值。因此,变动一张三元式表是很困难的。

　　对四元式来说,引用另一语句的结果可以通过引用该语句的 result（通常是一个临时变量）来实现。它不存在语句位置同时具有两种功能的现象,代码调整时要做的改动只是局部的,因此,当需要对中间代码表进行优化处理时,四元式比三元式方便得多。

3. 中间代码表

　　可执行语句的语义处理后所生成的所有中间代码都输出到一个中间代码表中,每一个表项存放一条中间代码,语句表开始为空,输出指针 NXQ 指向第一个表项,每生成一条新的中间代码,就将它输出到 NXQ 所指向的位置,然后 NXQ 自动加1,指向下一个空表项。随着语义分析过程的进行,新产生的中间代码将逐步填入中间代码表中,直至语义分析结束,中间代码表中存放了语义分析与中间代码生成的结果。

5.2　属性文法和语法制导的翻译

　　目前比较流行的语义描述方法主要是属性文法。它通过把属性附加到代表语法结构的文法符号上,就可以将语义信息和程序设计语言的结构联系起来,通过与文法产生式相关联的"语义规则"来计算属性的值。

5.2.1　属性文法的定义

　　属性文法首先是 Knuth 在 1968 年提出的。它包含一个上下文无关文法和一系列的语义规则,为每个文法符号（终结符和非终结符）配备若干相关的"值"（称为属性）,统称为语义值。这些属性代表与文法符号相关的信息,包括它的类型、值、代码序列以及符号表的内容等,如可以用 $X.\text{type}$、$X.\text{val}$、$X.\text{kind}$ 来表示文法符号 X 的类型、值和种属。属性与变量一样可以进行计算和传递,属性计算的过程就是语义处理的过程。对文法的每个产生式配备的一组属性计算规则称为语义规则。

属性通常分为两类:综合属性和继承属性。

在一个属性文法中,每个产生式 $A \rightarrow \alpha$ 都有一个形如 $b = f(c_1, c_2, \cdots, c_k)$ 的语义规则集合与之相关联,其中 f 是函数。

(1) 如果 b 是 A 的一个属性,且 c_1、c_2、$\cdots$、c_k 是产生式右边文法符号 α 的属性,或者是 A 的其他属性,则称 b 为 A 的综合属性。

(2) 如果 b 是产生式右边某个文法符号 X 的一个属性,c_1、c_2、$\cdots$、c_k 是 A 或产生式右边任何文法符号的属性,则称 b 为 X 的继承属性。

在这两种情况下,我们都说 b 依赖于 c_1、c_2、$\cdots$、c_k。

综合属性用于自下而上传递信息,继承属性用于自上而下传递信息。在此应注意以下两点。

(1) 终结符只有综合属性,因此没有为它们定义语义规则,其值由词法分析器提供。

(2) 非终结符有综合属性,也可以有继承属性;但文法的开始符号的继承属性是作为属性计算前的初值提供的。

一般来说,对出现在产生式右边的继承属性和出现在产生式左边的综合属性都必须要提供一个计算规则。属性计算规则中只能使用相应产生式中的文法符号属性,这有助于在产生式范围内"封装"属性的依赖性。然而,出现在产生式左边的继承属性和出现在产生式右边的综合属性不由所给的产生式的属性计算规则进行计算,它们由其他产生式的属性规则计算或者作为属性计算前的参数提供。

语义规则所描述的工作主要有属性计算、静态语义检查、符号表的操作和代码生成等。

例 5.5 简单算术表达式的属性文法的定义。

如表 5.3 所示,将一个整数值(综合属性 val)与每个非终结符 E、T、F 联系起来。对每个以 E、T、F 为左部的产生式,语义规则是从产生式右部非终结符的 val 值计算出左部非终结符的 val 值。

表 5.3　一个简单算术表达式的属性文法定义

产　生　式	语　义　规　则	产　生　式	语　义　规　则
(0) $L \rightarrow E\#$	$\text{print}(E.\text{val})$	(4) $T \rightarrow F$	$T.\text{val} = F.\text{val}$
(1) $E \rightarrow E_1 + T$	$E.\text{val} = E_1.\text{val} + T.\text{val}$	(5) $F \rightarrow (E)$	$F.\text{val} = E.\text{val}$
(2) $E \rightarrow T$	$E.\text{val} = T.\text{val}$	(6) $F \rightarrow \text{digit}$	$F.\text{val} = \text{digit}.\text{lexval}$
(3) $T \rightarrow T_1 * F$	$T.\text{val} = T_1.\text{val} * F.\text{val}$		

如果在一个产生式中,同一个文法符号多次出现,它们的语义值又各不相同时,就用上角标或下角标来区分,如产生式 $E \rightarrow E + T$ 写成 $E \rightarrow E_1 + T$。

记号 digit 表示单个的数字,具有综合属性 lexval,其值由词法分析器提供;产生式(0) $L \rightarrow E\#$ 所对应的语义规则是一个打印 E 所产生的算术表达式的值的过程,可以认为该规则为非终结符 L 定义了一个虚属性。

5.2.2　综合属性的计算

综合属性在实践中具有广泛应用。在语法树中,一个结点的综合属性的值由其子结点的属性值确定。因此,通常使用自下而上的方法在每个结点处使用语义规则计算综合属性的值。仅仅使用综合属性的属性文法称为 S-属性文法。

例 5.5 的属性定义详细说明了一个简单算术表达式的属性计算,它读入一个包含数字、括号、运算符＋和 ＊ 的算术表达式(后跟结束符＃),最后打印表达式的值。如果输入表达式为 3 ＊ 5＋4,后跟一个结束符＃,该程序将打印出 19。图 5.2 是输入串为 3 ＊ 5＋4＃ 的带注释的语法树,括号中表示的是语义注释。树根结点打印出第一个结点的 $E.val$ 的值。

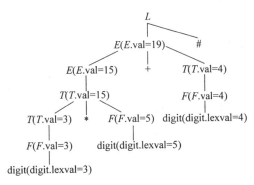

图 5.2　3 ＊ 5＋4 ＃ 的带注释的语法树

为弄清属性值是如何计算的,先考虑最左边最低层的内部结点 F,它所对应的产生式是 $F \rightarrow digit$,相应的语义规则为 $F.val = digit.lexval$。因为其子结点的 digit.lexval 为 3,所以该结点的属性 $F.val$ 的值也为 3。同样地,F 的父结点的属性 $T.val$ 的值也为 3。

现在考虑产生式 $T \rightarrow T_1 \ast F$ 所对应的结点,其属性 $T.val$ 的值由产生式 $T \rightarrow T_1 \ast F$ 的语义规则 $T.val = T_1.val \ast F.val$ 来定义。对此结点应用语义规则:从左子结点可以得到 $T_1.val$ 的值为 3,从右子结点可以得到 $F.val$ 的值为 5,故求得在这一结点 $T.val$ 的值为 15。与产生式 $L \rightarrow E_n$ 相关联的语义规则打印出通过 E 得到的表达式的值。

5.2.3　继承属性的计算

在语法树中,一个结点的继承属性的值是由该结点的父结点和(或)兄弟结点的属性决定的。用继承属性来表示程序设计语言上下文结构的依赖性是很方便的。例如,可以使用继承属性来跟踪一个标识符,看它是出现在赋值号的左边还是右边,以便确定是需要它的地址还是它的值。

在下面的例子中,继承属性将类型信息提供给声明中的各个标识符。

例 5.6 C 语言的标识符的属性文法的定义。

C 语言说明标识符的格式是 int $id_1, id_2, \cdots, id_n$,由表 5.4 定义的文法产生。在该属性文法中,非终结符 D 所产生的声明是由关键字 int 或 real 后跟一个标识符表所组成的。非终结符 T 有一个综合属性 type,其值由声明中的关键字来确定。与产生式 $D \rightarrow TL$ 相关联的语义规则 $L.in = T.type$ 用来将继承属性 $L.in$ 置为所声明的类型。语义规则使用继承属性$L.\text{in}$把该类型信息沿语法树向下传递。与 L 产生式相关联的语义规则调用过程 addtype()，该过程将各标识符的类型填入符号表的相应表项中(由属性 id.entry 指向符号表中该标识符的入口)。

表 5.4　C 语言中标识符的属性文法定义

产　生　式	语　义　规　则	产　生　式	语　义　规　则
$D \rightarrow TL$	$L.\text{in} = T.\text{type}$	$L \rightarrow L_1, \text{id}$	$L_1.\text{in} = L.\text{in}$
$T \rightarrow \text{int}$	$T.\text{type} = \text{integer}$		$\text{addtype}(\text{id}.\text{entry}, L.\text{in})$
$T \rightarrow \text{real}$	$T.\text{type} = \text{real}$	$L \rightarrow \text{id}$	$\text{addtype}(\text{id}.\text{entry}, L.\text{in})$

图 5.3 给出了说明语句 int $\text{id}_1, \text{id}_2, \text{id}_3$ 的带注释的语法树,括号中表示的是语义注释。3 个 L 结点的 $L.\text{in}$ 的值分别给出了标识符 id_1、id_2 和 id_3 的类型。这些值是按下面的方法确定的:首先计算根的左子结点的属性值 $T.\text{type}$,然后在根的右子树中自上而下计算 3 个 L 结点的 $L.\text{in}$ 值。在每个 L 结点处,还调用过程 addtype,它在符号表中记下相应的标识符的类型(即该结点的右子结点的标识符类型为 integer)。

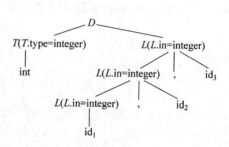

图 5.3　在每个 L 结点都带有继承属性的语法树

5.2.4　语法制导的翻译方法

从概念上讲,基于属性文法的处理过程通常是:对单词符号串进行语法分析,构造语法树,然后根据需要遍历语法树,并在语法树的各结点处按语义规则进行计算。如果遍历语法树的操作和建立语法树的操作同时进行,称为**语法制导的翻译方法**,它是由源程序的语法结构所驱动的。语义规则的计算可能产生代码、在符号表中存放信息、给出错误信息或执行任何其他动作。对输入符号串的翻译也就是根据语义规则进行计算的结果。

语法制导翻译方法的基本思想是:在语法分析过程中,根据语言的语义定义随时翻译已识别的那部分语法成分的全部含义。翻译是通过调用已经为该语法成分定义好的语义规则来实现的,这些语义规则可以事先编成语义子程序供调用。

语法制导翻译的途径并不困难,根据语法分析方法的不同,常用的语法制导的翻译方法也有以下两种。

(1) 在自下而上的语法分析中使用和语法分析栈同步操作的语义栈进行语法制导翻译。

(2) 在自上而下的语法分析中,如递归下降的分析器里,利用隐含的堆栈存储各递归子程序中的局部变量所表示的语义信息。

本章先说明自下而上分析的语法制导翻译,最后将以 Sample 语言中的递归下降分析为例,说明在自上而下的分析方法中的语法制导翻译。

假定现在要分析的语法成分是简单算术表达式,所完成的语义处理不是将它翻译成中间代码,而是计算表达式的值,采用例 5.5 的属性文法进行描述,假如语法分析是自下而上的,在用某一产生式进行归约的同时就执行相应的语义动作,在分析出一个句子时,这个句子的"值"也就同时产生了。例如,若输入串是 $3*5+4$,其语法树如图 5.4(a)所示,在第一步归约时使用产生式 6,执行的语义动作是将 $F.\text{val}$ 的值置为单词 digit 的值 3,把语法树中每个结点的语义值写在结点后的括号中,则第一步完成归约后的情形如图 5.4(b)所示,继续进行分析,逐步向上归约,得到图 5.4(c)的情形,最后用 $E \rightarrow E_1 + T$ 归约到 E 时,它的值 19 就计算出来了。

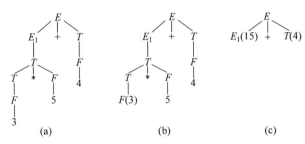

图 5.4　语法制导翻译方法计算表达式的值

下面将语义规则添加到例 5.5 的文法属性上,使之能在自下而上语法分析过程中实现翻译,来进一步说明语法制导的翻译过程。首先把它的分析栈进行扩充,使得每个文法符号都带有语义值,即栈的结构如图 5.5 所示。同时把 LR 分析器的能力扩大,使它不仅执行语法分析任务,且能在用某个产生式进行归约的同时进行相应的语义处理,完成例 5.5 的属性文法中定义的语义动作。每步工作后的语义值保存在扩充的语义栈中。

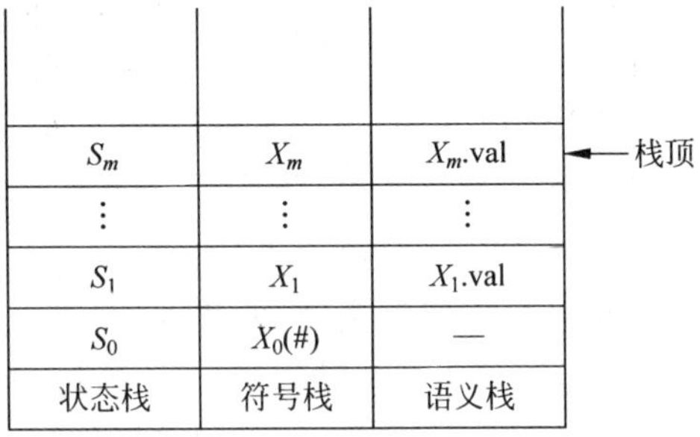

状态栈	符号栈	语义栈
S_m	X_m	$X_m.\text{val}$　←——栈顶
$\vdots$	$\vdots$	$\vdots$
S_1	X_1	$X_1.\text{val}$
S_0	$X_0(\#)$	—
状态栈	符号栈	语义栈

图 5.5　添加了语义后的栈结构

例 5.7　对表达式 $3*5+4$ 进行 LR 分析(增加了语义栈后)的过程。

增加了语义栈后,分析过程如表 5.5 所示。

表 5.5　对表达式 $3*5+4$ 增加了语义栈的分析过程

序号	状态栈	符号栈	语义栈	归约产生式	输入串
1	0	#	—		$3*5+4\#$
2	05	$\#3$	——		$*5+4\#$
3	03	$\#F$	—3	$F \rightarrow i$	$*5+4\#$
4	02	$\#T$	—3	$T \rightarrow F$	$*5+4\#$
5	027	$\#T*$	—3—		$5+4\#$
6	0275	$\#T*5$	—3——		$+4\#$
7	027 10	$\#T*F$	—3—5	$F \rightarrow i$	$+4\#$

序号	状态栈	符号栈	语义栈	归约产生式	输入串
8	02	#T	-15	$T \rightarrow T * F$	$+4\#$
9	01	#E	-15	$E \rightarrow T$	$+4\#$
10	016	#$E+$	$-15-$		$4\#$
11	0165	#$E+4$	$-15--$		$\#$
12	0163	#$E+F$	$-15-4$	$F \rightarrow i$	$\#$
13	0169	#$E+T$	$-15-4$	$T \rightarrow F$	$\#$
14	01	#E	-19	$E \rightarrow E+T$	$\#$
15				接受	

按照上述实现方法,若把语义子程序改为产生某种中间代码的动作,就可以在语法分析的同时随着分析的进展逐步生成中间代码。

5.3 常见语句的语法制导的翻译

高级语言的源程序通常由两大类语句组成:说明语句和可执行语句。说明语句主要用于定义各种形式的有名实体及其属性,如常量、变量、数组、记录(结构)、过程和子程序等,可执行语句用于完成程序指定的功能。

根据语句类型的不同,语义处理也按两大类处理:对说明语句(含常量说明和变量说明)的处理,是把说明语句中定义的名字和属性登记在符号表中,用以检查名字的引用和说明是否一致,以便在翻译可执行语句时使用。一般说明语句的语义处理不生成目标代码,过程说明和动态数组的说明有相应的代码。对可执行语句的处理,首先应根据源语句的语法结构和语义设计出它的目标代码结构,找出源与目标的对应关系,然后根据语义规则进行翻译。

一个典型的 Sample 语言源程序有程序头部、常量说明、变量说明和由 begin…end. 括起来的可执行语句组成,可执行语句包括简单赋值语句、if 语句、do…while 语句、while 语句和 for 语句 5 种,各个可执行语句之间没有顺序。下面将详细讨论这些语句的语法制导的翻译过程。

5.3.1 语义变量和语义函数

在语义翻译过程中需要涉及的数据结构有符号表、中间代码表和临时变量区,要用到以下 4 个变量和函数。

(1) entry(i):在产生四元式时,通常不使用变量的名字,而是使用它们在符号表中的入口位置,一般用 entry(i)表示变量 i 在符号表中的入口,因此语义子程序需要查阅符号表。而且在翻译说明语句时需要填写符号表中的相关项。

(2) X. PLACE:文法符号 X 的语义变量,表示与 X 对应的变量在符号表中的位置。

(3) newtemp():语义函数。语法分析器管理着一个临时变量区,用于存放翻译过程中建立的临时语义变量。函数 newtemp()是用来生成临时变量的,每调用一次,生成一个新的临时变量,如第一次调用生成的临时变量为 T_1,第二次调用生成的临时变量为 T_2,等等。

(4) gencode(op,arg₁,arg₂,result)：语义函数。中间代码表是按翻译过程中四元式产生的顺序组成的。gencode(op,arg₁,arg₂,result)用来产生一个四元式,并将该四元式输出到四元式列表中,并使四元式的编号加 1。

5.3.2 常量说明语句的语义处理

Sample 语言中常量定义的形式如 const A＝123；K＝'ABC'。根据第 2 章 2.4 节 Sample 语言语句的文法定义,常量定义的文法如 G5.1 所示。这里只给出整常数(INT)和字符常数(STR)两类常数的定义说明,实数和布尔类型的常量可以同样进行扩展。

(1) ＜CONSTDCL＞→const ＜CONSTDEF＞
(2)   →ε
(3) ＜CONSTDEF＞→＜CONSTDEF＞;id＝INT
(4)   →＜CONSTDEF＞;id＝STR
(5) ＜CONSTDEF＞→id＝INT
(6)   →id＝STR   (G5.1)

常量定义的作用是当编译程序扫描到常量定义时,将该常量的值、类型和种属 3 个属性填入符号表中,这 3 个属性分别用该常量的语义变量 val、type 和 kind 来表示。这样就可以将该动作作为语义处理程序添加到 G5.1 的文法中。产生式(1)和(2)只需归约,不需要执行语义动作。产生式(5)和(6)的语义动作如下：

编 号	产 生 式	语 义 动 作
(5)	＜CONSTDEF＞→id＝INT	{ entry(id). val＝ entry(INT). val; entry(id). type＝integer; entry(id). kind＝数值常数; }
(6)	＜CONSTDEF＞→id＝STR	{ entry(id). val＝entry(STR). val; entry(id). type＝char; entry(id). kind＝字符常数; }

entry(i)表示变量 i 在符号表中的入口。产生式(3)和(4)的语义动作分别与(5)和(6)相同。

例 5.8 constant A＝123；K＝'ABC'的语义处理结果如表 5.6 所示。

表 5.6 填入常数值后的符号表

Name		Type	Kind	Val	Addr
A	1	integer	数值常数	123	
K	1	char	字符常数	ABC	

5.3.3 变量说明语句的语义处理

对于像 Pascal 这样的强类型语言,要求在变量使用之前必须说明。说明语句的作用之一就是告诉编译程序变量的类型等属性信息。例如 Pascal 语言中变量的定义"var id₁、id₂、 id$_3$：integer；"，其含义是将 id$_1$、id$_2$ 和 id$_3$ 的类型设为 integer。为适应自下而上的翻译，Sample 语言中的变量说明语句可用如下文法来描述：

(1) $<$VARDCL$>\rightarrow$var $<$IDS$>|\varepsilon$

(2) $<$IDS$>\rightarrow$id，$<$IDS$>$[(1)]

(3) $<$IDS$>\rightarrow$id：integer

(4) $<$IDS$>\rightarrow$id：char

(5) $<$IDS$>\rightarrow$id：bool

(6) $<$IDS$>\rightarrow$id：real   (G5.2)

其中，$<$VARDCL$>$为文法的开始符号。下面为每个产生式添加语义动作。用语义变量 $<$IDS$>$.type 表示非终结符$<$IDS$>$的类型，用语义函数 fill(entry(id)，T)把 id 的类型 T 填入符号表中，entry(id)表示变量名 id 在符号表中的入口，若符号表中该变量不存在，则返回 0。

(3)~(6)这 4 个产生式的语义动作相似，在使用它们进行归约时，表明所有变量名已全部进入分析栈，首先把类型信息作为变量名 id 的类型属性填入符号表中，如用产生式(3)进行归约时，将符号表中 id 所在行的 type 属性置为 integer。由于归约后句柄 id：integer(或 id：char)将出栈，因此必须把类型的语义赋于产生式左边的语义变量$<$IDS$>$.type，以便后继归约时使用。第(2)个产生式右部的$<$IDS$>$[(1)].type 就是在前面归约得到的、用来传递的语义变量。当用第(1)个产生式归约时，所有变量名的类型已经填入表中，没有进一步的语义动作可做。

编号	产 生 式	语 义 动 作
(6)	$<$IDS$>\rightarrow$id：real	{ fill(entry(id)，real)； $<$IDS$>$.type＝real }
(5)	$<$IDS$>\rightarrow$id：bool	{ fill(entry(id)，bool)； $<$IDS$>$.type＝bool }
(4)	$<$IDS$>\rightarrow$id：char	{ fill(entry(id)，char)； $<$IDS$>$.type＝char }
(3)	$<$IDS$>\rightarrow$id：integer	{ fill(entry(id)，integer)； $<$IDS$>$.type＝integer }
(2)	$<$IDS$>\rightarrow$id，$<$IDS$>$[(1)]	{ fill(entry(id)，$<$IDS$>$[(1)].type)； $<$IDS$>$.type＝$<$IDS$>$[(1)].type }
(1)	$<$VARDCL$>\rightarrow$var $<$IDS$>|\varepsilon$	{ nop }

例 5.9 说明语句 var id$_1$，id$_2$，id$_3$：integer；的自下而上语法制导的翻译过程。

首先根据自下而上的分析方法，将符号串从左到右移入栈中，如图 5.6(a)所示，此时可利用产生式(3)对栈顶符号串 id$_3$：integer 进行归约，如图 5.6(b)所示，同时调用产生式(3)的语义动作，得到 id$_3$ 的类型为 integer，栈顶的符号$<$IDS$>$的语义变量$<$IDS$>$.type＝integer；再进一步利用产生式(2)将栈顶符号串 id$_2$，$<$IDS$>$归约到$<$IDS$>$，如图 5.6(c)所示，根据$<$IDS$>$[(1)].type 传递的语义变量，可知 id$_2$ 的类型为 integer，同时为栈顶符号$<$IDS$>$的语义变量赋值$<$IDS$>$.type＝integer；再利用产生式(2)将栈顶符号串 id$_1$，$<$IDS$>$归约到$<$IDS$>$，如图 5.6(d)所示，得到 id$_1$ 的类型为 integer；最后利用产生式(1)进行归约，没有语义动作，变量说明语句处理完毕。

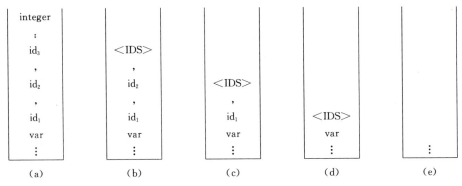

图 5.6 语句 VAR id_1, id_2, id_3 : integer; 的归约过程

不同语言的变量说明语句的语法不同,在 C 语言中,说明语句的文法可如下定义(S 为开始符号):

(1) $<S> \rightarrow <S>^{(1)}$, id
(2) $<S> \rightarrow$ int id
(3) $<S> \rightarrow$ float id   (G5.3)

符合该文法的 C 语言说明语句如下:int i, j,当扫描到每个名字 i 时,就能把所说明的性质及时地告诉每个名字 id,或者说,每当读进一个标识符时,就可以把它的性质登记在符号表中,不用把它们集中起来最后再成批登记了。为各产生式配上的语义动作如下。

编号	产 生 式	语 义 动 作
(3)	$<S> \rightarrow$ float id	{ fill(entry(id),float); $<S>$. type=float }
(2)	$<S> \rightarrow$ integer id	{ fill(entry(id),integer); $<S>$. type=integer }
(1)	$<S> \rightarrow <S>^{(1)}$, id	{ fill(entry(id), $<S>^{(1)}$. type); $<S>$. type=$<S>^{(1)}$. type }

5.3.4 算术表达式和简单赋值语句的翻译

简单算术表达式是一种仅含普通变量和常数、不含数组元素及结构引用的算术表达式。其计值顺序与四元式出现的顺序相同,因此很容易将其翻译成四元式。简单赋值语句是指将简单算术表达式的值赋给一个简单变量的赋值语句,不包含对数组元素和记录元素的引用与赋值。简单赋值语句的文法如下所示(S 为开始符号,其中,产生式(2)~(5)构成简单算术表达式):

(1) $<ASSIGN> \rightarrow id=<AEXPR>$ 简写为 $S \rightarrow id=E$
(2) $<AEXPR> \rightarrow <AEXPR>+<TERM>|<TERM>$ 简写为 $E \rightarrow E_1+T|T$
(3) $<TERM> \rightarrow <TERM> * <FACTOR>|<FACTOR>$ 简写为 $T \rightarrow T_1 * F|F$
(4) $<FACTOR> \rightarrow -<FACTOR>$ 简写为 $F \rightarrow -F$
(5) $<FACTOR> \rightarrow id|(<AEXPR>)$ 简写为 $F \rightarrow id|(E)$

                                                            (G5.4)

简单赋值语句 id＝aexpr 是将表达式 aexpr 的值计算出来,再赋给 id,其目标结构如图 5.7 所示。其中表达式 aexpr 的代码是表达式 aexpr 翻译后的一系列顺序执行的四元式。目标结构中的最后一条四元式是把表达式的结果赋给赋值语句的左变量。

在翻译过程中,除了引用上述已定义的语义变量 entry(i)、T_i、过程 newtemp 和 gencocde 之外,引用 3 个新的语义变量 $E.$PLACE、$T.$PLACE 和 $F.$PLACE,分别表示对应非终结符 E、T、F 的语义变量,它们的值可能是某个变量名在符号表中的入口,也可能是某个临时变量。下面是为文法 G5.4 编写的语义规则(假定只做整数运算)。

aexpr 的代码
id＝aexpr.PLACE

图 5.7　简单赋值语句的目标结构

编号	产　生　式	语　义　规　则
(1)	$S{\to}id{=}E$	{ gencode(＝,$E.$PLACE,_,entry(id))　}
(2)	$E{\to}E_1{+}T$	$E.$PLACE＝ newtemp(); gencode($+^i$,$E_1.$PLACE,$T.$PLACE,$E.$PLACE)　}
(3)	$E{\to}T$	$E.$PLACE＝ newtemp(); $E.$PLACE＝$T.$PLACE　}
(4)	$T{\to}T_1 * F$	$T.$PLACE＝ newtemp(); gencode($*^i$,$T_1.$PLACE,$F.$PLACE,$T.$PLACE)　}
(5)	$T{\to}F$	$T.$PLACE＝ newtemp(); $T.$PLACE＝$F.$PLACE　}
(6)	$F{\to}{-}F_1$	$F.$PLACE＝ newtemp(); gencode($@^i$,$F_1.$PLACE,_,$F.$PLACE)　}
(7)	$F{\to}id$	$F.$PLACE＝ newtemp(); $F.$PLACE＝ENTYR(id)　}
(8)	$F{\to}(E)$	$F.$PLACE＝ newtemp(); $F.$PLACE＝$E.$PLACE　}

其中,$+^i$和 $*^i$分别表示整数加法与乘法,$@^i$表示整数一元减操作,其运算优先级高于乘法,低于乘幂。

对应于产生式(3)的语义规则是申请一个临时变量 $E.$PLACE,并将 $T.$PLACE 的值赋给它,作为 E 的语义值保留下来,以供后一次归约时使用。因为后一次归约时 T 的信息已经在栈中消失了,因此对应于每个产生式的语义规则必须在进行归约时将后续需要用到的语义值进行保存。

例 5.10　赋值语句 A＝B＋C * (−D)的自下而上分析过程中的最后几个移进归约动作如图 5.8 所示。

设开始分析该语句时四元式表中四元式的最大编号为 K。当该赋值语句翻译完后,四元式表中的内容如表 5.7 所示,最大的四元式编号为 $K＋4$。

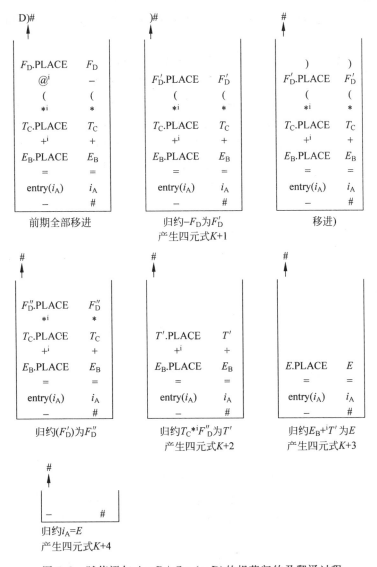

图 5.8 赋值语句 A＝B＋C∗(－D)的规范归约及翻译过程

表 5.7 赋值语句 A＝B＋C∗(－D)的四元式表

K	...
K+1	(@ⁱ, F_D. PLACE, _, F_D'. PLACE)
K+2	(∗ⁱ, T_C. PLACE, F_D''. PLACE, T'. PLACE)
K+3	(+ⁱ, E_B. PLACE, T'. PLACE, E. PLACE)
K+4	(=, E. PLACE, _, entry(i_A))

5.3.5 布尔表达式的翻译

1. 布尔表达式的基本概念

在高级程序设计语言中,布尔表达式有两个基本的作用:一是用作布尔赋值语句中的布尔运算,二是用作控制语句如 if…then、if…then…else 和 while…do 等语句中的条件表达式,其作用是选择下一个执行点。

布尔表达式是将布尔运算符(and、or 和 not)作用到布尔变量或关系表达式上组成的表达式。关系表达式形如 E_1 rop E_2,其中 E_1 和 E_2 是算术表达式,rop 表示关系运算符<、<=、==、<>、>=或>。Sample 语言规定布尔运算符的优先级从高到低为 not、and、or。and 和 or 都服从左结合。各关系运算符的优先级都相同,并且高于所有布尔运算符,低于任何算术运算符。Sample 语言的布尔表达式的文法定义如下。

(1) <BEXPR>→<BEXPR> or <BTERM>|<BTERM>

(2) <BTERM>→<BTERM> and <BFACTOR>|<BFACTOR>

(3) <BFACTOR>→id| not <BFACTOR>|(<BEXPR>)|<REXPR>

(4) <REXPR>→id rop id|<AEXPR>rop<AEXPR>

为了书写方便,将该文法简化为下述形式。

(1) <BE>→<BE> or <BT>

(2) <BE>→<BT>

(3) <BT>→<BT> and <BF>

(4) <BT>→<BF>

(5) <BF>→not <BF>

(6) <BF>→(<BE>)

(7) <BF>→<AE> rop <AE>

(8) <BF>→i rop i

(9) <BF>→i   (G5.5)

其中的 rop 表示关系运算符,可以是>、<、==、>=、<=和<>,在语法分析中作为终结符。例如,not a and (y>z)是符合上述文法的布尔表达式。

如果布尔表达式作为控制语句中的条件式,其作用是选择下一个执行点。例如 while 语句形如 while E do $S^{(1)}$,其中的布尔表达式 E 的作用是选择执行 $S^{(1)}$ 语句,还是跳过 $S^{(1)}$ 执行 while 语句后面的语句。这就需要为 E 规定两个出口,真出口(即 E 为真时应转向的执行的位置,用 E. TC 表示)指向 $S^{(1)}$ 语句的开始,表明如果 E 的值为真,则执行 $S^{(1)}$ 的代码;假出口(即 E 为假时应转向执行的位置,用 E. FC 表示)则指向 $S^{(1)}$ 后面的语句,表明如果 E 的值为假,则执行 $S^{(1)}$ 后面的代码。while 语句的目标结构如图 5.9 所示。正常情况下,$S^{(1)}$ 执行完后,需要转移到 E 的开始位置(用 W. HEAD 标记),重新测试 E 的值,可以用最后一条四元式 JMP W. HEAD 表示无条件跳转到 while 语句的开始。考虑到 $S^{(1)}$ 本身也可能是一个控制语句,当某种条件不满足时,应从 $S^{(1)}$ 的中间某点转移到 E 的开始位置,重新测试 E 的值。增设 $S^{(1)}$. CHAIN 表示待填转移链。

因此每个布尔初等量 A(布尔变量和布尔常量)的目标结构应包括两个出口:一个表示真出口 A. TC,另一个表示假出口 A. FC,目标结构如图 5.10 所示。

因此,在翻译布尔量时,应翻译为如下两条相继出现的四元式。

(1) (jnz,A,_,P):真出口,当 A 为真时,则跳转到四元式 P。

(2) (j,_,_,Q):假出口,无条件跳转到四元式 Q。

转移四元式的第 4 个分量表示转移去向(即 P 和 Q 均为某个四元式的编号)。

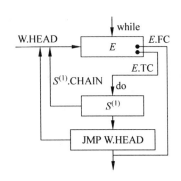

图 5.9　while 语句的目标结构　　　　图 5.10　布尔量 A 的目标结构

同样,对关系表达式 i_1 rop i_2,也可以翻译为如下两条相继出现的四元式。

(1) (jrop,i_1,i_2,P)：真出口,当 i_1 rop i_2 为真时转四元式 P(如果 rop 是＜,则 jrop 写作 j＜,其余类推)。

(2) (j,_,_,Q)：假出口,无条件跳转到四元式 Q。

在由多个因子组成的布尔表达式中,可能有多个因子的真出口或假出口的转移去向相同,但又不能立刻知道具体转向位置。在这种情况下,需要把这些转移方向相同的四元式链在一起,形成四元式链,以便后续知道转移地址后再回填。

对于给定布尔表达式,其翻译方法如下。

(1) 若已知转移地址就直接填入;若不知道,先填入 0,等知道后再回填。

(2) 如果多个因子的转移去向相同,但又不知道具体位置,应该用链将这些未知且出口相同的四元式链在一起。

例 5.11　写出布尔表达式 A and B and C＞D 的四元式序列。

最后的四元式列表为：

(1) (jnz,A,_,3)

(2) (j,_,_,0)

(3) (jnz,B,_,5)

(4) (j,_,_,2)

(5) (j＞,C,D,0)

(6) (j,_,_,4)

首先分析该布尔表达式,当扫描到 A 后的 and 时,对布尔量 A 进行归约,产生两个四元式(1)和(2)。四元式(1)的第 4 分量表示真出口,由于 A 为真时应计算 B,因此 A 的真出口的值为 3(即 A 为真时转向 3)。四元式(2)的第 4 个分量表示假出口,其值未知,先填入 0;当扫描到 B 后的 and 时,对布尔量 B 进行归约,又产生两个四元式(3)和(4)。(3)后的第 4 个分量表示真出口,由于 B 为真时计算 C＞D,因此 B 的真出口的值为 5(当 B 为真时转向 5)。四元式(4)的第 4 个分量表示假出口,其值仍未知,但可以知道它与 A 的假出口相同,则将它与四元式(2)链接起来,因此将四元式(4)的第 4 个分量填入 2。当扫描到最后,对关系表达式 C＞D 进行归约,又产生两个四元式(5)和(6)。此时四元式(5)的第 4 个分量表示真出口,其值未知(即暂时不知道 C＞D 时转向哪里),填入 0。四元式(6)的第 4 个分量表示假出口,其值未知,但它与 A 和 B 的假出口相同,则将它们链接起来,填入 4。这样就生成了真、假出口两个链,其中四元式(1)、(3)、(5)形成一条真出口链,四元式(6)、(4)、(2)形成一条假出口链,每个链尾的四元式第 4 个分量都为 0,为结束标记,<BE>.TC 表示<BE>真出口的链首(其值为 1),<BE>.FC 表示<BE>假出口的链首(其值为 6)。一旦发现具体的转向目标,则应把转向的目标四元式编号回填到链上对应四元式的第 4 个分量处。

例如,对于语句

$$\text{if } A \text{ and } B \text{ and } C > D \text{ then } S_1 \text{ else } S_2$$

当遇到 then 时就知道布尔式的真出口位置,此时可以将<BE>.TC 链上的最后一个四元式的第 4 个分量的 0 填入 S_1 的第一个四元式的编号。同样,只有当遇到 else 时,才能回填<BE>.FC 链(6,4,2)上每个四元式的第 4 个分量。

2. 布尔表达式的语义处理

为按上述方法翻译,在为文法 G5.5 设计语义动作时,需要为每个非终结符 X 设置两个出口:真出口 X.TC 和假出口 X.FC,它们同时又表示链首。此外,还需要以下语义变量和语义过程。

(1) 变量 NXQ,它指向下一个即将形成的四元式编号。NXQ 的初值为 1,每执行一次 gencode 过程,产生一条新的四元式,NXQ 就自动加 1。

(2) merge(P_1,P_2)是一个函数,把以 P_1、P_2 为链首的两个四元式链合为一个链,返回合并后的链首。

$$\text{合并后的链首} = \begin{cases} P_1 & (P_2 = 0) \\ P_2 & (P_2 \neq 0) \end{cases}$$

merge(P_1,P_2)的函数描述如下:

```
merge(P₁,P₂)
{
    if ( P₂ == 0)  return (P₁);
    else{
        P = P₂;
        while (四元式 P 的第 4 分量内容不为 0)
            P = 四元式 P 的第 4 分量内容;
        把 P₁ 填进四元式 P 的第 4 分量;
        return (P₂);
    }
}
```

(3) backpatch(P,t)过程,把链首 P 所链接的每个四元式的第 4 分量都改写为地址 t。这个过程的描述如下:

```
backpatch(P,t)
{
    Q = P;
    while (Q != 0) {
        m = 四元式 Q 的第 4 分量内容;
        把 t 填进四元式 Q 的第 4 分量;
        Q = m;
```

```
        }
    }
```

3. 布尔表达式的翻译

布尔表达式的翻译方法有两种,第一种翻译方法是像计算算术表达式那样,对布尔表达式中的每个因子都计算其布尔值,最后求得整个表达式的布尔值。

例如,用数值 1 表示 true,用 0 表示 false。那么布尔表达式 1 or(not 0 and 0)or 0 的计算过程是:

$$1 \text{ or(not } 0 \text{ and } 0)\text{or } 0$$
$$=1 \text{ or(} 1 \text{ and } 0)\text{or } 0$$
$$=1 \text{ or } 0 \text{ or } 0$$
$$=1 \text{ or } 0$$
$$=1$$

如果使用这种翻译方法,可以参照算术表达式文法 G5.4 的语义动作,为 G5.5 配上合适的语义动作。

第二种翻译方法是根据布尔运算的特殊性采用某些优化措施。对于 $E = E_1 \text{ or } T$,只要 E_1 为真,后面的表达式就不必计算,就知道布尔表达式 $E_1 \text{ or } T$ 为真;只有当 E_1 为假时才读取 T,$E_1 \text{ or } T$ 的值由 T 值决定。目标结构如图 5.11(a)所示。对于 $E = E_1 \text{ and } T$,只要 E_1 为假,后面的表达式就不必计算,就知道布尔表达式 $E_1 \text{ and } T$ 为假;只有当 E_1 为真时才读取 T,$E_1 \text{ and } T$ 的值由 T 值决定。目标结构如图 5.11(b)所示。

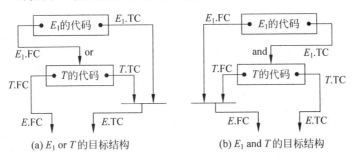

$$(a) E_1 \text{ or } T \text{ 的目标结构} \qquad (b) E_1 \text{ and } T \text{ 的目标结构}$$

图 5.11　$E_1 \text{ or } T$ 和 $E_1 \text{ and } T$ 的目标结构

从图 5.11(a)中可以看出,E_1 的假出口应转向布尔表达式 T 的第一个四元式的位置。由于语法分析程序分析到运算符"or"时才能知道 E_1 已分析完毕,开始生成 T 的四元式,这样,当分析程序扫描到"or"时,应该执行一个语义动作,把下一个四元式的编号(即 T 的入口)回填给 E_1 的假出口。为此,产生式<BE>→<BE> or <BT>应改造为:

<BE>^{or}→<BE> or

<BE>→<BE>^{or}<BT>

这样,当用产生式<BE>^{or}→<BE> or 进行归约时,就能立即执行回填动作。类似地,产生式<BT>→<BT> and <BF>也应改造为下面两个产生式:

<BT>^{and}→<BT> and

<BT>→<BT>^{and}<BF>

当使用产生式$<BT>^{and}\rightarrow<BT>$ and 归约时,就可以及时把$<BF>$的第一个四元式编号回填给$<BT>$的真出口链。

由于在翻译布尔表达式时,当读取到 not、and 和 or 等终结符时必须进行归约,因此应对文法 G5.5 进行改造。根据上面的分析,改造后的文法 G5.6 为:

(1) $<BE>\rightarrow<BE>^{or}<BT>$

(2) $<BE>^{or}\rightarrow<BE>$ or

(3) $<BE>\rightarrow<BT>$

(4) $<BT>\rightarrow<BT>^{and}<BF>$

(5) $<BT>^{and}\rightarrow<BT>$ and

(6) $<BT>\rightarrow<BF>$

(7) $<BF>\rightarrow(<BE>)$

(8) $<BF>\rightarrow$ not $<BF>$

(9) $<BF>\rightarrow<AE>$ rop $<AE>$

(10) $<BF>\rightarrow$ i rop i

(11) $<BF>\rightarrow$ i   (G5.6)

总结前面的分析,文法 G5.6 中各产生式的语义处理如下。

编号	产 生 式	语 义 规 则
(11)	$<BF>\rightarrow$i	{ $<BF>$. TC=NXQ; $<BF>$. FC=NXQ+1; gencode(jnz,entry(i),_,0); gencode(j,_,_,0) }
(10)	$<BF>\rightarrow i^{(1)}$ rop $i^{(2)}$ / * rop 为<、<=、>=、==、<> 或> * /	{ $<BF>$. TC=NXQ; $<BF>$. FC=NXQ+1; gencode(jrop,$i^{(1)}$. PLACE,$i^{(2)}$. PLACE,0) gencode(j,_,_,0) }
(9)	$<BF>\rightarrow<AE>^{(1)}$ rop $<AE>^{(2)}$ / * $<AE>$是算术表达式 * /	{ $<BF>$. TC=NXQ; $<BF>$. FC=NXQ+1; gencode(jrop,$<AE>^{(1)}$. PLACE,$<AE>^{(2)}$. PLACE,0) gencode(j,_,_,0) }
(8)	$<BF>\rightarrow$not $<BF>^{(1)}$	{ $<BF>$. TC=$<BF>^{(1)}$. FC; $<BF>$. FC=$<BF>^{(1)}$. TC }
(7)	$<BF>\rightarrow(<BE>)$	{ $<BF>$. TC=$<BE>$. TC; $<BF>$. FC=$<BE>$. FC }
(5)	$<BT>^{and}\rightarrow<BT>$ and	{ backpatch($<BT>$. TC,NXQ); $<BT>^{and}$. FC=$<BT>$. FC }
(4)	$<BT>\rightarrow<BT>^{and}$ $<BF>$	{ $<BT>$. TC=$<BF>$. TC; $<BT>$. FC=merge($<BT>^{and}$. FC,$<BF>$. FC) }
(2)	$<BE>^{or}\rightarrow<BE>$ or	{ backpatch($<BE>$. FC,NXQ); $<BE>^{or}$. TC=$<BE>$. TC }
(1)	$<BE>\rightarrow<BE>^{or}$ $<BT>$	{ $<BE>$. FC=$<BT>$. FC; $<BE>$. TC=merge($<BE>^{or}$. TC,$<BT>$. TC) }

产生式(11)、(10)和(9)实质就是单个的布尔量,语义规则就是生成两个四元式,第一个四元式的编号为 NXQ,它是相应的真出口;第二个四元式的编号为 NXQ＋1,它是相应的假出口。当将右部归约为左部的＜BF＞时,其真假出口由左部符号＜BF＞的语义变量＜BF＞.TC 和＜BF＞.FC 携带,由于真假出口暂时都不能确定,因此四元式的第 4 个分量的值为 0。

在利用产生式(8)归约 not 运算时,只需调换＜BF＞[(1)]的真假出口,不产生四元式。

当利用产生式(7)进行归约时,语义操作仅把右部非终结符＜BE＞的真假出口链(链首)传递给左部非终结符＜BF＞的语义变量＜BF＞.TC 和＜BF＞.FC。产生式(6)和(3)的语义动作也可以用相同的方法给出。

当利用产生式(5)进行归约时,根据图 5.11(b),当用＜BT＞ and 归约时,＜BT＞真出口的转向已知(即下一个四元式位置),可以回填;而＜BT＞的假出口的转向暂时还不能填入,需要继续向后传递。

当利用产生式(4)进行归约时,根据图 5.11(b),当＜BF＞已归约出来后,＜BF＞的假出口就是＜BT＞ and ＜BF＞的假出口,应把它与＜BT＞的假出口合并为一个,作为整个布尔式＜BT＞ and ＜BF＞的假出口;＜BF＞的真出口作为整个布尔式的真出口。

用同样的方法,根据图 5.11(a)可以给出(1)、(2)两个产生式的语义动作。

当整个布尔表达式归约为开始符号＜BE＞后,该表达式的真、假出口链的链首分别保存在＜BE＞.TC 和＜BE＞.FC 中。由于作为条件式的布尔表达式仅属于语句的一部分,须等到分析了语句的其余部分后才能确定真、假出口的具体转向。例如对 while E do S 而言,当扫描到 do 时才能回填 E 的真出口。

5.3.6　if 语句的翻译

if 语句是控制语句的一种。在第 2 章 2.4 节中描述 if 语句的文法如下:

＜IFS＞→if ＜BEXPR＞ then ＜STMT＞[(1)]

＜IFS＞→if ＜BEXPR＞ then ＜STMT＞[(1)] else ＜STMT＞[(2)]

if 语句可以是嵌套的,即＜STMT＞本身又可以是 if 语句或其他语句。

if 语句的条件＜BEXPR＞的真出口＜BEXPR＞.TC 应为 then 后的＜STMT＞[(1)]的第一个四元式的编号,当扫描到 then 时,就知道了＜STMT＞[(1)]的入口位置,可以回填＜BEXPR＞.TC。而＜BEXPR＞的假出口必须等待 then 后的＜STMT＞[(1)]归约完之后才能回填。关键字 else 则是第一个＜STMT＞[(1)]归约完和第二个＜STMT＞[(2)]开始的标记,因此,当扫描到 else 时,应及时把＜STMT＞[(2)]的入口四元式编号及时回填给＜BEXPR＞.FC。由于在自下而上的分析中,只有在某产生式归约时才能调用相应的语义动作,因此需要把 if 语句的文法改造为下面的形式(为书写方便,已将其简化了):

(1) $S \rightarrow C\ S^{(1)}$

(2) $C \rightarrow$ if E then

(3) $S \rightarrow T\ S^{(2)}$

(4) $T \rightarrow C\ S^{(1)}$ else　　　　　　　　　　　　　　　　　　　　　(G5.7)

其中,(1)、(2)两个产生式生成无 else 的 if 语句,而(2)、(3)、(4)3 个产生式则生成 if…then…else 形式的 if 语句。if 语句的目标结构如图 5.12 所示,其中图 5.12(a)为带有 else 的 if 语句,图 5.12(b)为不带 else 的 if 语句。

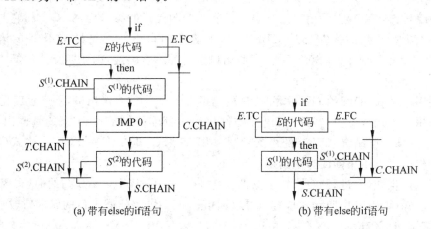

图 5.12 if 语句的目标结构

在为 G5.7 编写语义动作之前,先看一下图 5.12 的 if 语句结构。当用产生式 $C \rightarrow$ if E then 归约时,生成了条件式 E 的代码,由于 E.FC 此时还不能回填,所以要通过非终结符 C 的语义变量向后传递,这是语义变量 C.CHAIN 的作用。当用产生式 $T \rightarrow C S^{(1)}$ else 归约时,$S^{(1)}$ 的代码已经生成。由于 $S^{(1)}$ 本身又可能是一个控制语句(例如,多个 if 语句嵌套的情况),当某种条件不满足时也需要从 $S^{(1)}$ 中间某个位置跳出,而且还需要跳过 $S^{(2)}$ 的范围。由于此时 $S^{(2)}$ 尚未归约出来,$S^{(2)}$ 的后一个语句位置还不知道,于是需要设置 $S^{(1)}$.CHAIN 记忆 $S^{(1)}$ 的转出链。由于 $S^{(1)}$.CHAIN 和 $S^{(1)}$ 后面的(j,_,_,0)四元式的转移地址相同,所以把它们合并成一条链,并由非终结符 T 的语义变量 T.CHAIN 向后传递。当用产生式 $T \rightarrow C S^{(1)}$ else 归约时,就已知了 E 的假出口,应回填 C.CHAIN(即 E.FC)。$S^{(2)}$.CHAIN 的意义与 $S^{(1)}$.CHAIN 相同。根据上面的分析,文法 G5.7 各产生式的语义动作如下。

编号	产 生 式	语 义 规 则
(1)	$S \rightarrow C S^{(1)}$	{ S.CHAIN $=$ merge(C.CHAIN, $S^{(1)}$.CHAIN) }
(2)	$C \rightarrow$ if E then	{ backpatch(E.TC, NXQ);
		C.CHAIN $=E$.FC }
(3)	$S \rightarrow T S^{(2)}$	{ S.CHAIN $=$ merge(T.CHAIN, $S^{(2)}$.CHAIN) }
(4)	$T \rightarrow C S^{(1)}$ else	{ q$=$NXQ;
		gencode(j,_,_,0);
		backpatch(C.CHAIN, NXQ);
		T.CHAIN $=$ merge($S^{(1)}$.CHAIN, q) }

在(1)、(3)两个产生式的语义动作中,并未立刻回填 T 或 C 的 CHAIN,这是考虑到了语句可能嵌套的情况,转移目标暂且不能确定。因此,最后建立总的 S.CHAIN,它是该语句对外的接口,是假出口的链表头,留待转移目标确定后(如遇到";")再回填。

例 5.12 将下面的 if 语句翻译为四元式序列:

if A and B and (C > D) then
    if A < B then F = 1 else F = 0

else G = G + 1;

解：翻译后的四元式序列为：

(1) (jnz,A,_,3)	/ * A 的四元式(1)、(2) * /
(2) (j,_,_,13)	
(3) (jnz,B,_,5)	/ * B 的四元式(3)、(4) * /
(4) (j,_,_,13)	
(5) (j>,C,D,7)	/ * C > D 的四元式(5)、(6) * /
(6) (j,_,_,13)	
(7) (j<,A,B,9)	/ * A < B 的四元式(7)、(8) * /
(8) (j,_,_,11)	
(9) (= ,1,_,F)	/ * F = 1 的四元式(9) * /
(10) (j,_,_,15)	/ * 第 1 个 then 语句结束,应跳出 * /
(11) (= ,0,_,F)	/ * F = 0 的四元式(11) * /
(12) (j,_,_,15)	/ * 第 1 个 else 语句结束,应跳出 * /
(13) (+ ,G,1,G)	/ * G = G + 1 的四元式(13)、(14) * /
(14) (= ,T,_,G)	
(15)	/ * 该语句之后的语句的四元式 * /

注意上面的第(10)个四元式(j,_,_,15),不仅应跳过 F = 0 的计算,而且还应跳过 G = G+1 的计算,第(12)个四元式的作用是跳过外层 else 部分。

5.3.7 do⋯while 语句的翻译

Sample 语言中 do⋯while 语句的文法如下：

$$<DOWHILES> \rightarrow do <STMT> while <BEXPR>$$

为了书写方便,将上述文法改写为：

$$S \rightarrow do\ S^{(1)}\ while\ E$$

当条件 E 为假时,不再进行循环,应跳出 do⋯while 语句,也就是说,E 的假出口 $E.FC$ 是 do⋯while 语句之后的语句,暂时不知道；当条件 E 为真时,应循环执行 $S^{(1)}$ 的代码,因此条件 E 的真出口 $E.TC$ 应为 $S^{(1)}$ 的第一个四元式,语法分析程序必须记住 $S^{(1)}$ 的第一个四元式编号(用 $D.HEAD$ 表示),以便在 E 归约出来后能回填 $E.TC$ 链。do⋯while 语句的目标结构如图 5.13 所示。另外,$S^{(1)}$ 本身也可能是控制语句,当某种条件不满足时,需要从 $S^{(1)}$ 的中间某位置跳出,重新测试条件式 E,因此 $S^{(1)}.CHAIN$ 应转到 E 的开始位置,再计算 E 的值,以判断是否继续循环。

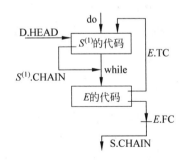

图 5.13 do⋯while 语句的目标结构

因此,在分析过程中,当扫描到关键字 do 时,表示下面就要开始生成 $S^{(1)}$ 的四元式,此时就应该调用语义程序并记住 $S^{(1)}$ 的入口,用语义变量 $D.HEAD$ 来记录。另外,E 的开始位置也是一个转移目标,在扫描到 while 时,要执行回填 $S^{(1)}.CHAIN$ 的操作。该语句执行完毕,归约 E 时,应填写 E 的真出口,同时考虑语句嵌套的情况,最后建立总的 S. CHAIN,表示该语句对外的接口,即假出口的链表头,留待向外传递转移目标(如遇到";")再回填。

根据这些要求,在分析到 do 和 while 时应进行归约,所以 do…while 语句的文法及相应的语义动作如下:

编号	产 生 式	语 义 规 则
(1)	$D \rightarrow do$	{ D. HEAD=NXQ }
(2)	$U \rightarrow DS^{(1)}\ while$	{ U. HEAD= D. HEAD; backpatch($S^{(1)}$. CHAIN,NXQ) }
(3)	$S \rightarrow UE$	{ backpatch(E. TC, U. HEAD); S. CHAIN=E. FC }

例 5.13 将下面的语句翻译为四元式序列:

```
if w < 1 then a = b * c + d
     else do a = a - 1
          while( a < 0 );
```

解:翻译后的四元式序列为:

(1) (j<,w,1,3)   /＊w<1 生成两个四元式(1)和(2),读 then 时真出口回填为 3＊/
(2) (j,_,_,7)   /＊读到 else 时,假出口回填为 7＊/
(3) (＊,b,c,T_1)   /＊a=b＊c+d 的四元式(3)、(4)、(5)＊/
(4) (+,T_1,d,T_2)
(5) (=,T_2,_,a)
(6) (j,_,_,10) /＊跳过 else＊/
(7) (－,a,1,T_3) /＊a=a-1 的四元式(7)、(8)＊/
(8) (=,T_3,_,a)
(9) (j<,a,0,7) /＊a<0 的真出口的四元式 9,跳转到 7 进行循环＊/
(10)   /＊a<0 的假出口是四元式(10)＊/

5.3.8 for 语句的翻译

Sample 语言 for 语句的形式如下(假设循环步长为1):

<FORS >→for id = < AEXPR > to < AEXPR > do < STMT >

为书写方便,将该文法产生式改写为:

$S \rightarrow for\ id = E^{(1)}\ to\ E^{(2)}\ do\ S^{(1)}$

它的目标结构如图 5.14 所示。for 语句的执行顺序是:首先计算循环变量 i 的初值 $E^{(1)}$,再计算终值 $E^{(2)}$ 的值,并将 $E^{(2)}$ 的值存放到一个临时变量 T_1 中。根据 i 和 T_1 比较的结果决定是否执行 $S^{(1)}$ 的代码。当 $S^{(1)}$ 的代码执行完毕或从 $S^{(1)}$ 中跳出,应增加循环变量,重新判断循环条件。所以地址 AGAIN 需要记忆,以便确定循环变量增加后那个无条件转移四元式的转移目标。

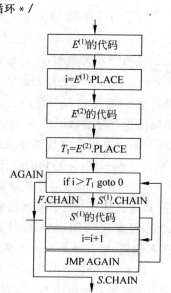

图 5.14 for 循环语句的
目标结构

适合于自下而上翻译的 for 语句文法及语义规则如下。

编号	产 生 式	语 义 规 则
(1)	$F \rightarrow$ for id $= E^{(1)}$ to $E^{(2)}$ do	$\{$　$F.\text{PLACE}=$ entry(id)； gencode$(=,E^{(1)}.\text{PLACE},\_,F.\text{PLACE})$； $T_1=$ newtemp()；　$/ * T_1$用于存放循环终值 $*/$ gencode$(=,E^{(2)}.\text{PLACE},\_,T_1)$； $F.\text{AGAIN}=$ NXQ； $F.\text{CHAIN}=$ NXQ； gencode$(\text{j}>,F.\text{PLACE},T_1,0)$　　$\}$
(2)	$S \rightarrow F\, S^{(1)}$ $/ * S$ 是开始符号 $*/$	$\{$　backpatch$(S^{(1)}.\text{CHAIN},\text{NXQ})$ gencode$(+,F.\text{PLACE},1,F.\text{PLACE})$； gencode$(\text{j},\_,\_,F.\text{AGAIN})$； $S.\text{CHAIN}=F.\text{CHAIN}$　　$\}$

在 F 产生式的语义中,首先查表得到 i 在符号表中的入口,并寄存在 $F.\text{PLACE}$ 中。这样就可以避免每次引用 i 时再查表。最后的 $S.\text{CHAIN}$ 没有填入具体的转向目标,等待转向目标确定之后再回填。例如,下面的语句

if $A < B$ then for i $= E^{(1)}$ to $E^{(2)}$ do $S^{(1)}$ else $S^{(2)}$；

中,for 语句归约为 S 之后,其 $S.\text{CHAIN}$ 不能立刻回填,必须等待 $S^{(2)}$ 的代码生成之后才能确定 $S.\text{CHAIN}$ 的转向目标是 $S^{(2)}$ 之后的第一个四元式的编号。

例 5.14 将下面的语句翻译为四元式序列:

for i $=$ a $+$ b $*$ 2 to c $+$ d $+$ 10 do
　　　if h $>$ g then p $=$ p $+$ 1；

解:整个语句的翻译可用图 5.15 来表示,图中左边的序号表示四元式的编号。依据图示可以写出翻译后四元式序列如下。

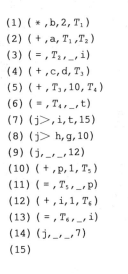

(1) $(*,\text{b},2,T_1)$
(2) $(+,\text{a},T_1,T_2)$
(3) $(=,T_2,\_,\text{i})$
(4) $(+,\text{c},\text{d},T_3)$
(5) $(+,T_3,10,T_4)$
(6) $(=,T_4,\_,\text{t})$
(7) $(\text{j}>,\text{i},\text{t},15)$
(8) $(\text{j}> \text{h},\text{g},10)$
(9) $(\text{j},\_,\_,12)$
(10) $(+,\text{p},1,T_5)$
(11) $(=,T_5,\_,\text{p})$
(12) $(+,\text{i},1,T_6)$
(13) $(=,T_6,\_,\text{i})$
(14) $(\text{j},\_,\_,7)$
(15)

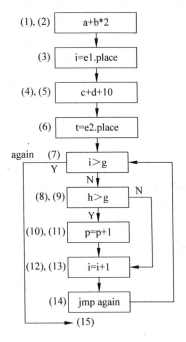

图 5.15　例 5.14 的 for 语句的
　　　　翻译图示

至此,已经给出了高级语言中主要的几种语句或语法成分的翻译方法。解决问题的基本策略是先研究各种语句的代码结构,然后根据代码结构的特点和只有在归约时才调用语义动作这一关系,对原文法进行适当的改造,使得在翻译时能及时调用相应的语义子程序,执行某些重要的语义操作。

5.4 Sample 语言语法制导的翻译程序的设计

本节主要讲述 Sample 语言的语法制导翻译程序的设计方法。Sample 语言的语法成分见第 2 章 2.4 节的介绍,包括以下 4 部分:

(1) 带类型的简单变量的说明语句。

(2) 算术表达式和布尔表达式。

(3) 简单赋值语句。

(4) 各种控制语句:如 if、while、do…while 和 for 语句。

这些语法成分的文法描述和语义规则在本章前几节中已经阐述了。语法制导的翻译是一边进行语法分析,一边进行语义处理并生成四元式。因此语法制导的翻译程序是在语法分析程序的基础上添加相应的语义处理,并填写符号表,生成四元式列表。语法制导翻译程序的接口如图 5.16 所示。

下面仍然按照递归下降的分析方法来进行语法分析,同时在适当的位置添加语义处理。语法制导翻译程序的处理流程与语法分析程序的处理流程相同,如图 5.16 所示。其中处理常量说明和变量说明部分只访问符号表,将相应的标识符或常数的信息

图 5.16 语法制导翻译程序的接口

填入符号表。各种语句的处理要访问符号表,生成四元式序列,存入四元式表中。语句的处理可以嵌套,同时还需要调用算术表达式和布尔表达式的计算。

语法制导翻译程序的总控程序既要负责处理调用各个语句,又要负责翻译 PROGRAM 的产生式(<PROGRAM>→program <ID>;<SUBPRO>和<SUBPRO>→<CONSTDCL>;<VARDCL>;<COMPOUND>.)。当匹配了"program"和程序名标识符 id 后,应生成四元式(program,id,_,_),这个四元式表示目标程序执行前的一些准备工作,这些工作通常和机器有关,包括保护一些寄存器,设置保护区,为用户程序分配一定的运行空间等;当匹配到"end."这两个符号时,则应生成四元式(sys,_,_,_),用于表示恢复寄存器,释放保留区,退出程序的运行状态等操作。如:

```
void parser_semantic( )                    /* 语法制导翻译的总控程序 */
{
    token = getnexttoken();
    if (token 不是"program" ) 处理错误;    /* 程序中缺省 program */
    token = getnexttoken();
    if (token 不是 标识符) 处理错误;        /* program 后应跟程序名称 */
    gencode("program",token,_,_);
    ⋮
    token = getnexttoken();
```

```
        if (token 不是"end.") 处理错误;          /* end.标识整个程序结束 */
        gencode("sys",_,_,_);
    }
```

下面以 if 语句为例来说明语法制导翻译程序是如何在递归下降分析程序基础上添加语义的。if 语句的递归下降的分析程序参见 4.2.4 节。根据 5.3.6 节 if 语句的语法制导的翻译方法,将各个产生式的语义规则加入到语法分析程序的适当的位置即可。下面的类 C 语言描述的程序中的粗体部分为添加的语义处理部分。

```
int * ifs( ) {                                   /* 当读取的首字符是 if 时,才调用该函数 */
    token = getnexttoken( );                     /* 读下一个单词,它是布尔表达式的一部分 */
    (e.tc, e.fc) = BEXP(token);                  /* 处理布尔表达式,获取真假出口 */
    token = getnexttoken( );                     /* 语句正确的话,下一个单词是 then */
    if (token 不是 "then")  error("缺 then");
    backpatch(e.tc, NXQ);                        /* 回填布尔表达式的真出口 e.tc */
    token = getnexttoken( );
    s1.chain = ST_SORT(token);                   /* 处理 s1,返回 s1 链 */
    token = getnexttoken( );
    if (token 是 "else")                          /* if…then…else 结构时处理 else 部分 */
    {   q = NXQ;
        gencode(j, _, _, 0);                     /* 跳过 S2 */
        backpatch(e.fc, NXQ);                    /* 回填布尔表达式的假出口 e.fc */
        t.chain = merge(s1.chain, q);            /* 合并两个链 */
        token = getnexttoken( );
        s2.chain = ST_SORT(token);
        return (merge(t.chain, s2.chain));       /* 传递整个语句的链 */
    }
    else if (token 是 ";")                        /* 无 else 的 if…then 结构 */
        return(merge(s1.chain, e.fc));           /* 传递整个语句的链 */
}
```

其他的语法成分也可以参考上述方法在语法分析程序的基础上添加语义处理部分。

5.5　小结

本章主要介绍了语义分析阶段的功能、翻译为中间代码的方法以及中间代码的形式。要求掌握静态语义检查的功能和所涉及的内容、属性文法的基本概念,重点掌握中间代码的几种形式:逆波兰表示、三地址代码(四元式、三元式),以及各种语句(常数说明、变量说明、算术表达式、布尔表达式、赋值语句和各种控制流语句)的翻译方法。

5.6　习题

1. 解释下列术语:
语法制导的翻译,属性,属性文法,语义子程序

2. 语义处理的基本功能是什么？

3. 常见的中间代码有哪几种形式？

4. 分别为如下的文法配上语义动作子程序。

(1) 文法 $G1$ 由开始符 S 产生一个二进制数,综合属性 val 给出该数的十进制值:

$S \rightarrow L.L \mid L$

$L \rightarrow LB \mid B$

$B \rightarrow 0 \mid 1$

试设计求 $S.\text{val}$ 的属性文法,其中,已知 B 的综合属性,给出由 B 产生的二进位的结果值。如输入 101.101 时,输出 $S.\text{val}=5.625$。

(2) 有文法 $G2$:

$S \rightarrow (L) \mid a$

$L \rightarrow L, S \mid S$

为此文法配上语义动作子程序(或者说为此文法写出一个语法制导的定义),使其输出配对括号的个数,如对于句子(a, (a, a)),输出是 2。

(3) 文法 $G3$ 的产生式如下:

$P \rightarrow D$

$D \rightarrow D;D \mid id:T \mid \text{proc id}; D;S$

试写出各个产生式的语法制导的翻译规则。打印该程序一共声明了多少个 id?

5. 文法 G 及相应的语法制导的翻译规则为:

$P \rightarrow bQb$ { print{"1"}

$Q \rightarrow cR$ { print{"2"}

$Q \rightarrow a$ { print{"3"}

$R \rightarrow Qad$ { print{"4"}

若输入串为 bcccaadadadb 时,其输出是什么?

6. 请把逆波兰表示 ab+cde3-/+8*+复原成中缀表达式。

7. 给出下面表达式的逆波兰表示(后缀式)。

(1) $a*(-b+c)$

(2) not A or not (C or not D)

(3) $a+b*(c+d/e)$

(4) (A and B)or (not C or D)

(5) $-a+b*(-c+d)$

(6) (A or B) and (C or not D and E)

8. 分别给出表达式$-(a+b)*(c+d)-(a+b+c)$的三元式和四元式序列。

9. 按照有优化的方式写出布尔表达式 A or (B and not (C or D))的四元式序列。

10. 画出 while 语句的目标结构图,并写出 while 语句的翻译方法。

11. 将下面的语句翻译为四元式序列。

(1) if (A<C) and (B<D) then

if A==1 then c=c+1

else if A<=D then A=A+2;

(2) if x>0 and y>0 then z=x+y

   else begin x=x+2；y=y+3 end；

(3) do

   A=A+3；

   B=C∗A∗2；

  while X<0；

(4) for i = b∗2 to 100 do

   x= (a+b)∗(c+d)−(a+b+c)；

12. 算法程序题。

(1) 试编写一个程序,其功能是将布尔表达式翻译为四元式代码。

(2) 试编写一个程序,其功能是将简单赋值语句翻译为四元式代码。

(3) 在第 4 章的各种控制语句的递归下降分析程序的基础上,实现其递归下降的语法制导翻译程序,翻译为四元式代码。

第6章

运行时存储空间的组织

除了生成目标代码外,编译程序还必须考虑目标程序运行时所使用的存储空间的管理问题,即需要将程序的静态文本与这个程序运行时的活动联系起来,对程序的代码和变量进行存储空间的分配,并提供各种运行信息,这就是本章要讨论的核心内容。根据源语言的特征,运行时存储分配的策略有 3 种:静态的、栈式的和堆式的。

本章首先讨论目标程序运行时存储器的组织和管理问题,然后分别介绍 3 种分配策略。

6.1 程序执行时的活动

编译程序的最终目的是将源程序翻译为等价的目标程序。在前几章中已经实现了将用户源程序变换成中间代码,这部分仅仅取决于源语言的特性,与目标(汇编或机器)语言、目标机器和操作系统的特性完全无关。也许有人会说,下面只要把中间代码变换成目标代码,编译程序的任务就完成了。其实要执行和实现目标程序,还需要一个运行环境来支持,即需要将程序的静态文本与这个程序运行时的活动联系起来,弄清楚在代码运行时刻源程序中的各种变量和常量是如何存放的,如何访问它们。

在程序的执行过程中,程序中数据的存取是通过访问与之对应的存储单元来实现的。在源程序中用名字来表示的数据对象,在运行时体现为存储单元,其对应的内存地址都是由编译程序在编译时或由其生成的目标代码在运行时分配的。数据对象在内存中的分配与释放由运行时支撑程序包管理,这些支撑程序包与所生成的目标代码一起装配。

运行环境指的是目标计算机的寄存器以及存储器的结构,用来管理存储器并保存程序执行过程所需的信息。

其实编译程序只能间接地维护运行环境,在程序执行期间必须由生成的目标代码进行必要的维护操作,而解释程序可以在自己的数据结构中直接维护环境,因而它的任务很简单。

本节主要介绍一个面向过程的静态源程序和它的目标程序在运行时的活动之间的关系。

6.1.1 源程序中的过程

过程定义是一个声明,它的最简单的形式是把一个标识符(过程的名字)和一段语句联系起来。该标识符称为过程名,语句是过程体。例如,图 6.1 所示的 Pascal 代码中包含一个过程名为 readarray 的过程(第 3~7 行),过程体是第 5~7 行。有返回值的过程又称为函数,完整的程序也可以看成是一个过程。

当过程名出现在可执行语句中时,则称过程在该点被调用。过程调用就是执行被调用过程的过程体。图 6.1 中的主程序在第 23 行调用 readarray 过程,在第 24 行调用 quicksort 过程,第 16 行是在一个过程中以表达式的方式调用另一个过程。

出现在过程定义中的标识符称为形式参数(或形参),图 6.1 中第 12 行的过程定义中的标识符 m 和 n 都是形式参数。出现在过程调用中的标识符或常数称为实在参数(或实参),图 6.1 中第 24 行的 1 和 9 都是实在参数,运行时实在参数被传递给调用过程,取代过程体中的形式参数,建立实参和形参之间的对应关系。

```
1    program sort(input,output);
2        var a:array[0..10]of integer;
3        procedure readarray;
4            var i:integer;
5            begin
6                for i = 1 to 9 do read(a[i])
7            end;
8        function partition(y,z:integer):integer;
9            var i,j,x,v:integer;
10           begin...
11           end;
12       procedure quicksort(m,n:integer);
13           var i:integer;
14           begin
15               if(n > m)then begin
16                   i = partition(m,n);
17                   quicksort(m,i−1);
18                   quicksort(i+1,n);
19               end
20           end
21       begin
22           a[0] = −999; a[10] = 999;
23           readarray;
24           quicksort(1,9);
25       end.
```

图 6.1　读入整数并排序的 Pascal 程序

6.1.2　过程执行时的活动

一个过程的一次执行指的是从过程体的起点开始,最后退出该过程,将控制返回到该过程被调用之后的位置。一个过程的活动指的是该过程的一次执行。就是说,每次执行一个过程体就产生该过程的一个活动。从执行该过程体的第一步操作到最后一步操作之间的操作序列所花的时间称为该过程的一个活动的生存期,其中包括该过程调用其他过程花费的时间。

在像 Pascal 这样的语言中,每次控制从过程 P 进入过程 Q 后,如果没有错误,最后都返回到过程 P。也就是说,每次控制流从过程 P 的一个活动进入过程 Q 的一个活动,最后都返回到过程 P 的同一个活动。

如果 a 和 b 都是过程的活动,那么它们的生存期或者是不重叠的,或者是嵌套的。就是说,如果控制在退出 a 之前进入 b,那么必须在退出 a 之前先退出 b。

如果一个过程在没有退出当前的活动时又开始了它的新的活动,称该过程是递归的。如果某过程是递归的,在某一时刻可能有它的几个活动活跃着。图 6.1 中的程序从第 24 行进入活动 quicksort(1,9),是整个程序执行过程中比较早的阶段,而退出这一活动是在整个程序将要结束时的末尾。在 quicksort(1,9)从进入到退出的整个过程中,还有 quicksort 的几个活动,所以这一过程是递归的。一个递归的过程 P 不一定直接调用自己,P 可以调用过程 Q,Q 通过一系列过程调用后再调用 P。

6.1.3　名字的作用域

语言中名字的声明是把名字与其属性信息联系起来的语法结构。声明可以是显式的,如 Pascal 语言中使用 var i:integer;来显式声明名字 i 是一个整型变量;也可以是隐式的,如在 FORTRAN 语言中,若无其他声明,以 i 开始的变量名均代表整型变量。

在程序的不同部分可能有同一个名字的相互独立的声明。一个声明在程序中起作用的那部分程序称为该声明的作用域。在程序正文中出现一个名字时,由语言的作用域规则确定应使用该名字的哪一个声明。在图 6.1 所示的程序中,名字 i 分别在第 4、9、13 行声明了 3 次,i 在过程 readarray、partition 和 quicksort 中的使用是相互独立的。第 6 行中使用的 i 使用了第 4 行的声明,第 16~18 行中 3 次对 i 的引用使用了第 13 行对 i 的声明。

过程中的一个名字如果出现在该过程中该声明的作用域内,那么在这个过程中出现的名字是局部于该过程的;否则称为非局部的。因此在一个程序的不同部分,同一个名字可能是不相关的。

6.1.4　参数的传递

过程是结构化程序设计的主要手段,同时也是节省程序代码和扩充语言能力的主要途径。只要过程有定义,就可以在别的地方调用它。调用与被调用过程之间的信息传递有两种方式:通过全局变量或参数传递。在程序运行中若通过参数传递,实在参数(实参)被传递给被调用过程,取代过程体中的形式参数(形参),建立实参和形参之间的对应关系。常用的参数传递方式有 4 种:传地址(call by reference)、得结果(call by result)、传值(call by value)以及传名(call by name)。

传地址指的是把实在参数的地址传递给相应的形式参数。在过程定义中每个形式参数都有一个相应的单元,称为形式单元。形式单元用来存放相应的实在参数的地址。当调用一个过程时,调用段必须预先把实在参数的地址传递到一个被调用段可以获取的地方。如果实在参数是一个变量(含下标变量),则直接传递它的地址;如果实在参数是常数或其他表达式(如 A+B),那就先把它的值计算出来并存放在某一个临时单元中,然后传递临时单元的地址。当程序控制转入被调用段后,被调用段首先把实参地址抄进自己相应的形式单元中,过程体对形式参数的任何引用或赋值都被处理成对形式单元的间接访问。当被调用段工作完毕返回时,形式单元所对应的实在参数单元已经有了所期望的值。

和传地址相似的另一种参数传递方式是得结果,这种方法的实质是:每个形式参数对应有两个单元,第一个单元存放实参的地址,第二个单元存放实参的值。在过程体中对形式参数的任何引用或赋值都看成是对它的形式参数的第二个单元的直接访问,但在过程工作完成返回前必须把第二个单元的内容存放到第一个单元所指的那个实参单元之中。

传值是一种最简单的参数传递方法。调用段把实在参数的值计算出来并存放在一个被调用段可以获取的地方。被调用段开始工作时,首先把这些值抄进自己的形式单元中,然后就好像使用自己的局部名一样使用这些形式单元。如果实在参数不为指针,那么在这种情况下被调用段无法改变实在参数的值。

传名是 ALGOL 60 的一种特殊的形参与实参结合的方式。ALGOL 60 用替换规则解释传名参数的意义:过程调用的作用相当于把被调过程的过程体抄到调用出现的位置,把其中出现的每个形式参数都替换成相应的实在参数(文字替换)。如果在替换时发现过程体中的局部名和实在参数中的名字使用相同的标识符,则必须用不同的标识符来表示这些局部名。而且,为了表现实在参数的整体性,必要时在替换前先把它用括号括起来。

6.1.5　名字的绑定

即使每个名字在程序中只声明一次,同一个名字在运行时也可能代表不同的数据对象,这里的数据对象指的是保存值的存储单元。名字、存储单元和值之间的关系如图 6.2 所示。其中环境表示将名字映射到存储单元,状态表示将存储单元映射到它所保存的值。赋值改变状态,但不改变环境,例如,如果名字 pi 的存储单元地址是 100,其值为 0,赋值语句 pi=3.14;执行之后,pi 的地址没有改变,仍然是 100,其值变为 3.14。

如果环境把一个名字 x 与存储单元 s 联系起来,则说 x 绑定到 s,这个联系本身称为 x 的绑定(binding)。过程的每一次执行都将过程中的局部变量绑定到不同的存储单元。绑定是名字声明的一个动态的概念,如图 6.3 所示。

图 6.2　从名字到值的两步映射

静态概念	动态概念
过程的定义	过程的活动
名字的声明	名字的绑定
声明的作用域	绑定的生命期

图 6.3　程序的静态和动态概念的映射

6.2　程序执行时的存储器组织

本节主要讨论程序在执行时占用的空间情况,包括程序代码区和数据区。一般来说,在编译后程序代码所占用的空间都不变,而数据区会根据运行环境和数据情况而发生变化。不同的程序设计语言对数据空间的分配方式不同。

6.2.1 程序执行时存储器的划分

编译后得到的目标代码分为指令和数据两部分,为了使其能够运行,这些指令和数据都必须驻留在内存中。因此为了使目标代码能够运行,必须从操作系统中获得一块内存区域,用于存放要执行程序的代码和数据,称为代码区和数据区。在绝大多数语言中,程序执行时不可能改变代码,因此代码区和数据区可以分开分配。

代码区是用来存放源程序经编译后生成的指令序列的存储区域。这些指令序列在执行之前是固定的,所以在编译时所有代码的地址都可以计算出来,所有函数或过程的入口地址都是已知的。该存储区域线性存放目标指令序列,当前执行的指令位置由指令指针 ip 指示。如果 ip 指向程序的第一条指令,程序便处于开始执行的状态,以后每执行一条指令,ip 自动加 1 指向下一条指令。遇到跳转指令,则将转移目标地址赋给 ip。指令的执行顺序由程序控制,由机器硬件保证执行。

对数据的分配则不同,只有一小部分数据在执行之前被分配到存储器的固定位置,大部分数据需要在执行时动态分配。

在执行之前能分配存储空间的数据包括程序中的全局和/或静态数据。这些数据通常分配在一个固定存储区内并以相似的风格单独分配给代码。Pascal 中的全局变量、C 语言中的外部和静态变量都属于这一类。在组织全局/静态数据区时出现的一个问题是它涉及编译时已知的一些常量,包括 C 语言和 Pascal 中用 const 声明以及代码本身所用的文字值,例如在 C 语言的语句 printf("Hello%d\n",12345)中的串"Hello%d\n"和整型值 12345。对于较小的、在编译时已知的常量(如 0 和 1)通常由编译程序直接插入到代码中,不为其分配任何数据空间;对大型的整型值或浮点值,特别是串文字就必须单独将其分配到存储器的全局/静态数据区中,在程序的整个运行期间仅保存一次,之后再由执行代码从这些位置中获取(实际上,在 C 语言中串文字被看做是指针,因此它们必须按照这种方式来保存)。

除了变量和常量外,数据空间还保存了程序的一些控制信息和管理信息。如一些变量的描述符、反映调用关系的返回地址、反映数据间引用关系的引用链,以及一些保护信息等。

编译时不能确定存储空间的数据是否需要动态地分配存储空间,这部分数据一般是局部于程序块的,以程序块为单位进行组织,如 Pascal 中的函数和过程,Fortran 中的主程序和子程序都是程序块,统称为过程。一个过程在一次活动中除了访问静态数据区外,还必须建立该过程的动态数据区,存放局部于该过程的所有数据对象。因此运行时存储器的划分如图 6.4 所示。

动态数据区可按多种方式组织。典型的组织方式是将这个存储区分为栈(stack)和堆(heap),栈用于分配符合后进先出 LIFO(Last-In,First-Out)原则的数据,而堆用于不符合 LIFO 规则(例如在 C语言中的指针分配)的动态分配。在图 6.4 中的箭头表示栈和堆的生长方向相反。

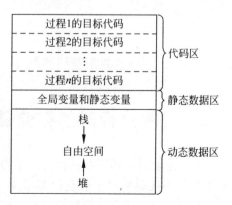

图 6.4 运行时存储空间的划分

6.2.2 活动记录

为了管理一个过程(函数)在一次执行中所需的全部信息,通常将它们放在一块连续的存储区中,这些信息是局部于该过程的,这块连续的存储区称为活动记录(Activation Record)。存储器主要是按照过程的活动记录为单位进行分配的,当调用或激活一个过程时,就要为其建立一个活动记录,这个过程的代码空间与该活动记录一起构成该过程的一个单元实例。若一个过程被多次调用或激活,就建立多个活动记录,这些活动记录和对应的程序代码构成多个单元实例。因此一个过程可以有多个单元实例,它们对应的代码段是相同的,所不同的仅仅是数据存储空间。下面通过一个例子来看一看活动记录应包括哪些信息。

例 6.1 有如图 6.5(a)所示的 Pascal 程序段,其对应的中间代码如图 6.5(b)所示,运行时内存数据区如图 6.5(c)所示,图 6.5(d)是该程序对应的目标代码(目标代码用类 8086 的指令编写)。

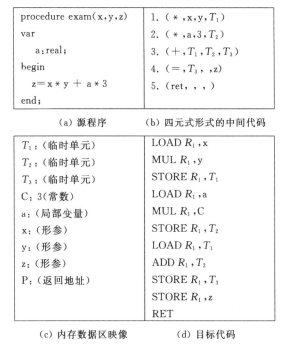

| (a) 源程序 | (b) 四元式形式的中间代码 |

| (c) 内存数据区映像 | (d) 目标代码 |

图 6.5 一个源程序及其相应的各种形式

一般来说,一个过程的局部数据区包含以下内容:

(1)局部变量和常数。用于存放用户程序中定义的变量和常数,如例 6.1 中的 a 和 C。整型、实型和布尔型等简单类型的数据通常使用 $1 \sim 2$ 个存储单元来表示,字符串、数组、记录、结构和集合类型的数据由一组基本数据对象来表示,需要一片存储区来存放,存储区的大小与这些数据对象中的元素个数和基本类型相关。

(2)临时变量。是编译程序在生成中间代码时引入的变量,用于存放中间结果,如例 6.1 中的 T_1、T_2 和 T_3,这类变量对用户透明。

(3)形式参数。是用户在函数或过程定义时给出的变量,用于存放从主调函数传递过来的实参,如例 6.1 中的 x、y 和 z。

(4) 返回地址。用于返回主调程序,如例 6.1 中的 P。

(5) 保护区。用于保存本过程调用前的机器状态信息,包括指令指针 ip 的值以及控制从这个过程返回时必须恢复的寄存器的值,目的是能够返回到主调程序,在例 6.1 中没有保护区。

以上每个部分的长度都可以在过程调用时确定。事实上,除了动态数组必须到运行时由实参的数组元素个数决定该域的长度外,其他所有情况下域的长度都可以在编译时确定。后面 3 类数据又称为连接数据,用于连接两个有调用关系的过程。用哪种方法将这些数据组织起来,使得它们既便于存取和管理,又能节省存储空间,就成了编译程序的一个重要任务。

6.2.3　存储分配策略

编译程序通常不是直接把各过程的数据集中起来,组成一个数据块,为每个数据对象分配一个绝对地址,并为它们开辟一个实际存储区;而是为各个数据区建立存储映像,把收集在符号表中的各个过程的数据(变量和常量)映像到该过程运行时数据区内的相对位置上。也就是说,编译程序所进行的运行时存储分配是在符号表中进行的,为每个变量分配的地址不是绝对地址,而是相对于某个数据区开始的位置(编译时设该过程的数据区开始地址为 0)的相对地址。运行时的存储分配是在中间代码生成之后、目标代码生成之前进行的,这种地址分配是和语言有关而与机器无关的。但是编译程序并不能对所有语言都做到在编译阶段为每个过程所使用的数据区建立确切的映像,并确定数据区的大小,这是因为某些数据的存储空间,甚至某些过程的存储空间只有到目标代码运行时才知道。什么时候才能真正知道数据区的大小,主要取决于语言定义的程序结构和允许使用的数据结构类型。由此决定了编译程序所用的运行时存储分配策略有 3 种:静态的、栈式的和堆式的存储分配方式。

静态分配策略在编译时对所有数据对象分配固定的存储单元,且在运行时始终保持不变。栈式动态分配策略在运行时把存储器作为一个栈进行管理,每当调用一个过程,它所需要的存储空间就动态地分配于栈顶,一旦退出,它所分配的栈空间就予以释放。堆式动态分配策略在运行时把存储空间组织成堆结构,以便对用户存储空间的申请和释放。

实际上,几乎所有的程序设计语言都使用这 3 种类型中的某一种或几种的混合形式。在一个具体的编译系统中究竟采用哪种存储分配策略,主要应根据程序设计语言关于名字的作用域和生存期的定义规则。FORTRAN 语言中没有动态数据结构,不允许递归,采取完全静态的分配策略;像 C、C++、Pascal 以及 Ada 这些语言允许过程的递归调用,在编译时无法预先知道哪些递归过程在何时是活动的,调用的深度也不知道,因此采取栈式动态分配策略,只要递归调用一次,就将当前信息压栈。其中 C、C++ 和 Pascal 等还允许临时动态申请和释放空间,而且申请和释放不一定遵循先申请后释放的原则,因此采取堆式动态分配策略。

6.3　静态存储分配

静态存储分配是最简单的存储分配策略,在编译时就能确定所有数据需要的存储空间。本节主要介绍静态存储分配策略的一些特性和实现方式。

6.3.1　静态存储分配的性质

如果在编译时就能够确定一个程序在运行时所需的存储空间的大小,且在执行期间保持固定,则在编译期间就可以安排好目标程序运行时的全部数据空间,并能确定每个数据对象的地址,这种分配策略称为静态存储分配,适用于没有指针或动态分配、过程不可递归调用的语言。

在静态分配中,名字是在程序编译时就与存储单元绑定,所以不需要运行时支撑程序包。因为程序运行时不改变绑定,所以每次过程运行时,它的名字都绑定到同一个存储单元。因此允许局部名字的值在过程停止活动后仍然保持不变。

然而,仅仅使用静态分配策略有如下局限性:

(1) 数据对象的大小和它在内存中的位置在编译时已知。

(2) 不允许递归过程,因为一个过程的所有活动使用同一个局部名字绑定。

(3) 数据结构不能动态建立,因为没有运行时的存储分配机制。

FORTRAN 77 采取静态分配策略。FORTRAN 77 语言是块状结构,程序由一个主程序和若干个子程序组成,语言本身不提供可变长字符串和可变数组,不允许递归调用,不允许子程序嵌套,每个数据对象的类型必须在程序中加以说明。因此整个程序所需的数据空间的总量在编译时是完全确定的,从而每个数据对象的地址就可静态分配。

在静态环境中,不仅全局变量,而且所有的局部变量都是静态分配的。因此,每个过程只有一个在执行之前被静态分配的活动记录,所有的变量均可以通过固定的地址直接访问。整个程序的存储区如图 6.6 所示。

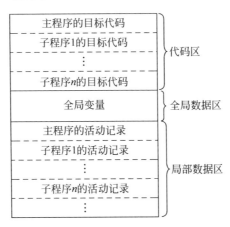

图 6.6　FORTRAN 语言目标程序的存储区分配

6.3.2　静态存储分配的实现

静态存储分配策略很容易实现。FORTRAN 语言允许各程序段独立编译,在编译每段源程序时,首先把每个变量及其类型等属性信息都填入到符号表中,然后依据符号表计算每个数据的体积,并在符号表的地址栏为它们分配地址。在分配地址时可以从符号表的第一个入口开始依次为每个变量分配地址。如第一个数据对象的地址设为 a,表示相对于该程序段的数据区的首地址的位移,则第二个数据对象的地址就是 $a+n_1$,其中 n_1 表示第一个变量所占有的单元数,然后逐个累计计算每个数据对象的地址。

FORTRAN 标准文本规定,每个初等类型的数据对象都用一个确定长度的机器字表示。假定整型和布尔型数据对象各用一个机器字表示,实型用两个连续的机器字表示,图 6.7(a)是一个 FORTRAN 语言程序段,图 6.7(b)是图 6.7(a)的程序段对应的符号表,并已分配了地址。符号栏中的 da 栏表示数据区的编号,da 栏和 addr 栏就形成了该程序段在运行时的存储映像。

```
SUBROUTINE EXAM(X,Y)
REAL M
INTEGER A, B(100)
REAL R(5,40)
A=B+1
    ⋮
END
```

name	type	...	da	addr
EXAM	过程			
X	实		K	a
Y	实		K	$a+2$
M	实		K	$a+4$
A	整		K	$a+6$
B	整		K	$a+7$
R	实		K	$a+107$

(a) 一个 FORTRAN 程序段　　　　　　　　　(b) 对应的符号表

图 6.7　一个 FORTRAN 程序段和对应的符号表

一个 FORTRAN 程序段的活动记录如图 6.8 所示。其中返回地址单元用来保存主调程序段的返回地址;寄存器保护区用来保存调用段的有关寄存器信息,以供返回时使用;形式单元是和形式参数对应的,用来存放实在参数的地址或值。

在图 6.7 中,返回地址和保护区共占用 a 个单元,所以第一个形式参数 X 的相对地址为 a,因为在从左到右扫描的过程中,符号表的第一项总是形式参数,因此在图 6.8 中,假定 X 的起始地址是 a。

形式单元的个数与参数传递方式有关,如果采用传地址方式,每个形式参数只要一个单元,如果采用得结果方式,则需要两个连续的单元,分别存放实参的地址和值。

| 临时变量区 |
| 数组区 |
| 简单变量 |
| 形式单元 |
| 寄存器保护区 |
| 返回地址 |

图 6.8　FORTRAN 程序段的
活动记录格式

对于各程序段中使用 common 语句说明的公用元的地址分配可以采用如下方式进行:在符号表中把它们按公用块连接起来,并把公用块名登记在一张主要的公用块名表中,表中记录每个公用块在符号表中的链首和链尾,在为每个公用块分配地址时,从公用块名表中查找到该块的链首,然后沿公用链向下查找,为每个公用元分配地址。

在编译程序为每个程序段及公用区建立了数据映像并生成目标代码后,就可以用装入程序把它们装入内存,只有到这个时候,才依据符号表中的数据区映像建立实际的内存数据区。

6.3.3 临时变量的地址分配

在第 5 章讨论中间代码生成时,编译程序不加限制地使用临时变量,每调用一次过程 newtemp() 就生成一个新的临时变量名。如果未对中间代码进行优化的话,这些临时变量的作用域(即第一次被赋值到最后一次被引用之间的全部四元式称为它的作用域)往往是嵌套的,或者是不相交的。例如语句 $Z=A+B*C-D/F$ 对应的四元式序列如图 6.9 所示。

其中,T_1、T_2 和 T_4 的作用域是不相交的,T_3 和 T_2 的作用域是嵌套的,此时并不需要分配 4 个临时单元供 $T_1 \sim T_4$ 使用。实际 T_1 单元在第 2 个四元式之后已无用了,完全可以供别的临时单元使用,但 T_2 单元却不能被 T_3 单元使用,否则将破坏 T_2 单元中的内容。因此,对此例而言,只需两个临时存储单元就可以了。这个数字恰好是临时变量作用域嵌套或相交的最大层数。只要一个四元式组内各变量作用域中不含转移四元式,就可以用这种方法计算该四元式组所需的最大临时单元数。

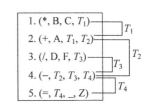

图 6.9 语句 $Z=A+B*C-D/F$ 的四元式

6.4 栈式存储分配策略

在像 C 语言、Pascal、ALGOL 60 这样的允许可变数组和递归调用的语言中,不能静态地分配活动记录。因为允许可变数组,只有到运行时才能知道它的大小;允许过程递归和嵌套,每一次调用过程都需要为局部变量重新分配存储单元,因此无法计算它的各个数据对象运行时所需的单元数。这就要求必须以基于栈的方式来分配活动记录,即当进行一个新的过程调用时,在栈的顶部为该过程的活动记录分配空间,而当调用退出时则释放该活动记录占用的空间。这就要求程序在运行时必须在每个过程的入口处就能知道该过程活动记录的体积,即每个数据对象的大小是确定的。

例 6.2 图 6.10(a)所示是一个 C 语言的程序结构,在程序中 main 调用了函数 r,r 调用了函数 s。程序运行时,首先在存储器中分配全局数据区,然后分配 main 的活动记录;在调用 r 时在栈顶为 r 的活动记录分配存储空间;运行 r 时调用 s,再在栈顶为 s 的活动记录分配空间。图 6.10(b)所示是在进入 s 时的存储器组织。

其中的低地址部分(栈底)的全局数据区是可静态确定的,因此对它们可以采取静态存储分配策略,即在编译时就能确定每个全局名字的地址。如果在程序中引用了某个全局名字,可以直接使用该地址。而在过程中说明的局部名字都局部于该过程所在的活动,其存储空间在调用时所在的活动记录里。

在程序运行时每个过程可以有若干个不同的活动记录,每个都代表了一个不同的调用。这样的环境对变量的记录工作和变量访问的技术比静态环境要复杂许多。基于栈的环境的

```
全局数据说明;
main()
{        main中的数据说明;
           r();
}
void r()
{        r中的数据说明;
           s();
}
void s()
{        s中的数据说明;
}
```

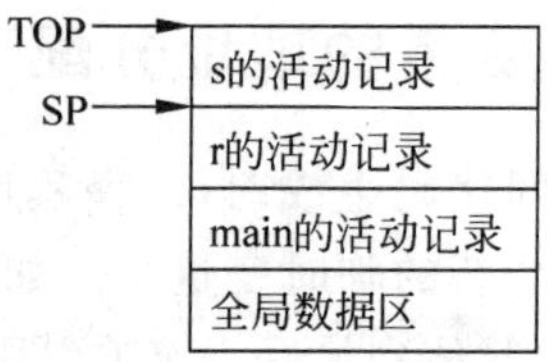

```
TOP ─→  ┌─────────────┐
        │  s的活动记录  │
SP ─→   ├─────────────┤
        │  r的活动记录  │
        ├─────────────┤
        │ main的活动记录│
        ├─────────────┤
        │   全局数据区  │
        └─────────────┘
```

(a) 一个C语言程序　　　　　(b) C语言程序的存储分配

图 6.10　一个 C 语言程序及其运行时的存储分配

正确性和所需的记录信息的数量在很大程度上依赖于被编译的语言的特性。

例 6.3　图 6.11 所示是 Pascal 语言中程序示例。

```
program main;
   var a,b,c:integer;
   procedure second(var g,x:integer);
      var b,d:integer;
      g:array[1..x]of integer;
      pocedure third(var s,t:integer);
         var a:integer;
               ⋮
      end;
      call third(b,d);
            ⋮
   end;
   procedure first(var y,z:integer);
      var m,n:integer;
            ⋮
      call second(n,m);
            ⋮
   end
      ⋮
   call first(c,a);
      ⋮
end.
```

图 6.11　一个 Pascal 程序的框架

　　过程 third 嵌套在 second 和 main 中,third 可以使用它的所有外层过程定义的数据,反之不行。first 和 second 是并列的两个过程,互相可以调用,但不能使用对方的局部量,它们都可以使用主程序中定义的变量。过程 second 定义了可变数组 g,当进入过程 second 时,它的形参 x 中的实参值决定了数组 g 的上界。对每个过程,在编译时,除了可变数组的体积不知道外,其余变量的体积都是已知的。虽然可变数组的体积不能确定,但其他信息,如维数、类型等在编译时是已知的。根据分程序结构语言的这些特点,可以把这个过程的数据区分为动态和静态两部分。动态部分是数组区,它在运行时才能决定其大小。静态区包括 3 部分内容。

　　(1) 连接数据,用于连接两个有调用关系的过程及其数据区,连接数据的个数是固定的。

　　(2) 本过程定义的局部变量,包括简单变量和临时变量。

(3) 一张表格用于存放所有嵌套的外层过程的现行数据区的首地址。如果过程的嵌套层数为 n,则这个表将包含 $n+1$ 个过程数据区的首地址。本过程可以透过该表访问其他过程中的数据,因此这个表称为 display 表。由于过程的层数在编译时是已知的,因此每个过程的 display 表的长度在编译时也是可以确定的。

由于这 3 部分数据的长度都能在编译时确定,因此每个过程的数据区中的静态部分的长度在编译时就可以确定,这部分静态数据区称为过程的活动记录(Active Record),其结构如图 6.12 所示。

top→	临时变量区
	简单变量区
d	display 表
	形式单元
3	参数个数
2	全局 display 表的地址
1	返回地址
sp→0	老 sp

图 6.12　栈式存储管理的活动记录格式

每当进入一个过程时,就在运行栈上为该过程添加一个空白的活动记录,其长度等于该过程的实际活动记录的长度。在过程执行之前,必须完成三项工作。

(1) 向各连接数据单元填入实际内容,定义自己的 sp(将自己的活动记录的首址赋给堆栈指针 sp)和新的栈顶 top。

(2) 填写自己的 display 表。

(3) 如果有可变数组的话,则计算可变数组的体积,并在自己的活动记录的上方分配可变数组区。

其中第一项工作由主调过程和被调过程合作完成,后两项工作由被调过程自己完成。

6.5　堆式存储分配

前面主要讨论了两种存储分配技术。静态存储分配要求在编译时能知道所有变量的存储要求;栈式存储分配技术要求在过程的入口处必须知道所有的存储要求。可变数组的体积在过程入口处已知,因而可以在过程运行之前分配空间。此外由于过程数据区总是局部于它的,因此在退出过程时就可以释放它的数据区而不影响其他过程的计算。但是,如果一种语言在过程中对局部变量的地址的引用可返回到调用程序,无论是显式的还是隐含的,在过程退出时的基于栈的环境都会导致摇摆引用(Dangling Reference),这是因为过程的活动记录将从栈中释放分配。最简单的示例是返回局部变量的地址,如在下述 C 语言代码中:

```
int * dangle(void)
{   int x ;
    ⋮
    return &x;}
```

若在被调函数中有赋值 addr ＝ dangle(),addr 指向活动栈中的不安全的地址,它的值可由后面对任何过程的调用随机改变。C 语言对此类问题的处理是,只说明这样的程序是错误的(尽管没有哪个编译程序会给出错误信息)。换言之,C 语言的语义被建立在基于栈的环境之下。若调用可返回局部函数,则会发生更为复杂的摇摆引用情况。

因此有些语言中的某些数据结构不满足这两种分配策略。如 C 语言中的可变长度字符串,其存储要求在编译或运行时的入口处都不知道,只有在执行过程中被赋予了新值时才知道;有些无名变量也要求在运行时能动态分配,通过指针进行分配与访问。这些空间虽然可以在某个过程的内部分配,但不会因为该过程的退出而释放,其分配与释放不再遵循后进先出的原则,通常采用的方法是在系统中设置一个专用的全局存储区来满足这些数据的存储要求,这样的存储空间称为堆(heap),如图 6.4 所示,堆和栈一般是向不同方向延伸的。堆通常是一片连续的、足够大的存储区,当需要时,就从堆中分配一块存储区,当某块空间不再使用时,就把它释放归还给堆。

6.5.1　堆式存储分配的主要问题

在堆式动态存储分配方案中,假定程序运行时有一个大的存储空间,每当需要时就从这片空间中借用一块,不用时再退还给它。由于借、还的时间先后不一,经过一段运行时间之后,这个大空间就必定被分划成类似于图 6.13 所示的许多小块,有些有用,有些无用(空闲)。

在 Pascal 语言中,标准过程 new 能够动态地从未使用的堆(空闲空间)中找一个大小合适的存储空间并相应地置上指针。标准过程 dispose 是释放已申请的空间。new 与 dispose 不断改变着堆的使用情况。在 C 语言中使用 malloc 和 free 来申请和释放空间。

虽然堆空间的申请和释放比较复杂,但每个过程的活动记录的基本结构仍保持不变,必须为参数和局部变量分配空间。当然,现在当控制返回到调用程序时,退出的活动记录仍留在存储器中,而且在以后的某个时刻被重新分配。因此这个环境的整个额外的复杂性可被压缩到存储器管理程序中。在这种分配方法中必须考虑几个主要问题。

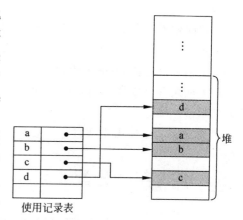

图 6.13　经过一段时间运行后的堆的存储映像

首先,当运行程序要求一块体积为 N 的空间时,应该分配哪一块给它呢?理论上说,应从比 N 稍大一点的一个空闲块中取出 N 个单元,以便使大的空闲块派更大的用场。但这种做法较麻烦。因此,常常仍采用"先碰上哪块比 N 大就从其中分出 N 个单元"的原则。但不论采用什么原则,整个大存储区在一定时间之后必然会变得零碎不堪。总有一个时候会出现这样的情形:运行程序要求一块体积为 N 的空间,但发现没有比 N 大的空闲块了,然而所有空闲块的总和却要比 N 大!出现这种情形时怎么办呢?这是一个比前面的问题难得多的问题。解决办法似乎很简单,这就是把所有空闲块连接在一起,形成一片可分配的连续空间。这里的主要问题是,我们必须调整运行程序对各占用块的全部引用点。

还有,如果运行程序要求一块体积为 N 的空间,但所有空闲块的总和也不够 N,那又应怎么办呢?有的管理系统采用一种叫做垃圾回收(如 Java 语言)的办法来对付这种局面。即寻找那些运行程序已经不用但尚未释放的占用块,或者那些运行程序目前很少使用的占用块,把这些占用块收回来,重新分配。但是,我们如何知道哪些块现在正在使用或者目前很少使用呢?即便知道了,一经收回后运行程序在某个时候又要用它时又应该怎么办呢?要使用垃圾回收技术,除了在语言上要有明确的具体限制外,还需要有特别的硬件措施,否则回收几乎不能实现。

6.5.2　堆式动态存储分配的实现

1. 定长块管理

堆式存储分配最简单的实现是按定长块进行。初始化时,将堆存储空间分成长度相等的若干块,每块中指定一个链域,按照邻块的顺序把所有块链成一个链表,用指针 available 指向链表中的第一块。

分配时每次都分配指针 available 所指的块,然后 available 指向相邻的下一块,如图 6.14(a)所示;归还时,把所归还的块插入链表,如图 6.14(b)。考虑到插入的方便,可以把新归还的块插在 available 所指的结点之前,然后 available 指向新归还的结点。

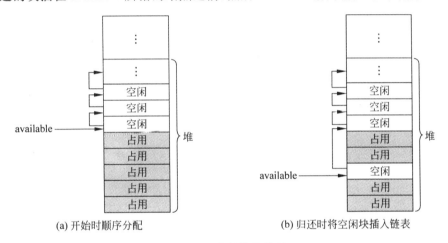

(a) 开始时顺序分配　　　　　　　　　　　(b) 归还时将空闲块插入链表

图 6.14　定长块的管理

编译程序管理定长块分配的过程不需要知道分配出去的存储块将存放何种类型的数据,用户程序可以根据需要使用整个存储块。

2. 变长块管理

除了按定长进行分配与归还之外,还可以根据用户的需要分配长度不同的存储块。按这种方法,初始化时堆存储空间是一个整块。按照用户的需要,分配时先从一个整块里分割出满足需要的一小块。在归还时,如果新归还的块能和现有的空闲块合并,则合并成一块;如果不能和任何空闲块合并,则可以把空闲块链成一个链表。再进行分配时,从空闲块链表中找出满足需要的一块,或者将整块分配出去,或者从该块上分割一小块分配出去。若空闲块表中有若干个满足需要的空闲块时,该分配哪一块呢? 通常有 3 种不同的分配策略。

(1) 最先匹配法:只要在空闲块链表中找到满足需要的一块,就进行分配。如果该块很大,则按申请的大小进行分割,剩余的块仍留在空闲块链表中;如果该块不是很大,比如说,比申请的块大几个字节,则整块分配出去,以免使空闲链表中留下许多无用的小碎块。

(2) 最佳匹配法:将空闲块链表中一个不小于申请块且最接近于申请块的空闲块分配给用户,则系统在分配前首先要对空闲块链表从头至尾扫描一遍,然后从中找出一块不小于申请块且最接近于申请块的空闲块分配给用户。在用最佳匹配法进行分配时,为了避免每次分配都要扫描整个链表,通常将空闲块链表按空间的大小从小到大排序。这样,只要找到第一块大于申请块的空闲块即可进行分配。当然,在回收时须将释放的空闲块插入到链表的适当位置。

(3) 最差匹配法:将空闲块表中不小于申请块且是最大的空闲块的一部分分配给用户。此时的空闲块链表按空闲块的大小从大到小排序。这样每次分配无须查找,只须从链表中删除第一个结点,并将其中一部分分配给用户,而其他部分作为一个新的结点插入到空闲块表的适当位置上去。当然,在回收时须将释放的空闲块插入到链表的适当位置上去。

上述 3 种分配策略各有优势。一般来说,最佳匹配法适用于请求分配的内存大小范围较广的系统。因为按最佳匹配法分配时,总是找大小最接近于请求的空闲块,系统中可能产生一些存储量很小而无法利用的小片内存,同时也保留那些很大的内存块以备响应后面可能发生的内存量较大的请求。反之,由于最差匹配法每次都是从内存最大的结点开始分配,从而使链表中的结点趋于均匀。因此,它适用于请求分配的内存大小范围较窄的系统。而最先匹配法的分配是随机的,因此它介于上述两者之间,通常适用于系统事先不掌握运行期间可能出现的请求分配和释放的信息情况。从时间上来比较,最先匹配法在分配时须查询空闲块链表,而回收时仅需插入到表头即可;最差匹配法恰好相反,分配时无须查表,回收时则为将新的空闲块插入表中适当的位置,需先进行查找;最佳匹配法则不论分配与回收均须查找链表,因此最费时间。

综上,不同的情况应采用不同的方法。通常在选择时须考虑下列因素:用户的要求、请求分配量的大小分布、分配和释放的频率以及效率对系统的重要性等。

6.5.3　存储回收

在堆式存储分配方案中,程序运行过程中可能会出现用户程序对存储块的申请得不到满足的情况,为使程序能运行下去,暂时挂起用户程序,系统进行存储回收,然后再使用户程序恢复运行。存储回收一般采用隐式存储回收机制。

隐式存储回收一般要求用户程序和存储回收子程序并行工作,因为存储回收子程序需要知道分配给用户程序的存储块何时不再使用。为了实现并行工作,在存储块中要设置回收子程序访问的信息。存储块格式如图 6.15 所示。

回收过程通常分为两个阶段。

(1) 标记阶段,对已分配的块跟踪程序中各指针的访问路径。如果某个块被访问过,就给这个块加一个标记。

(2) 回收阶段,所有未加标记的存储块回收到一起,并插入空闲块链表中,然后消除在存储块中所加的全部标记。

这种方法可以防止死块产生,因为如果某一块能通过某一访问路径访问,则该块就会加上标记,这样在回收阶段就不会被回收,而没有加标记的块都被回收到空闲块链表中。

块　长　度
访问计数
标　　记
指　　针
用户使用空间

图 6.15　回收子程序访问
　　　　的存储块

上述回收存储块的技术有一个缺点,就是它的开销随空闲块的减少而增加。为了解决这个问题,不要等到空闲块几乎耗尽时才调用存储回收程序,可以在空闲块降到某个门限值,比如总量的一半时,这时当一个过程返回时就调用回存储收程序。

6.6　小结

本章主要介绍了程序的静态文本与它运行时的活动之间的关系,当代码运行时源程序中的各种对象的存储空间的分配方式,主要介绍了静态存储分配、栈式存储分配和堆式存储分配 3 种方式。本章主要要求掌握源程序运行时的活动、参数传递方式、程序中名字的作用域、局部数据区的内容以及存储空间的分配方式。

6.7　习题

1. 常见的存储分配策略有哪几种? 叙述何时使用何种存储分配策略。

2. 常用的参数传递方式有哪几种? 各种方式有什么区别?

3. 什么是名字的作用域? 以 Pascal 语言为例,说明在嵌套过程中名字的作用域的含义。

4. 什么是过程、局部变量和过程的活动记录? 过程的局部数据区包括哪些内容? 嵌套层次显示表 display 的作用是什么? 将 display 表置于过程的活动记录中和独立处理各需要如何管理?

5. 为什么需要运行时存储分配? 一个源程序是如何与运行时存储分配联系在一起的?

6. 类 Pascal 结构(嵌套过程)的程序如下,该语言的编译器采用栈式动态分配策略管理目标程序数据空间。

```
program demo;
  procedure A;
    procedure B;
      begin
         ⋮
         if d then B else A;
      end;
    begin
      B;
    end;
  begin
    A;
  end.
```

若过程调用为:

(1) demo→A

(2) demo→A→B

(3) demo→A→B→B

(4) demo→A→B→B→A

分别给出这 4 个时刻运行栈的布局和使用的 display 表。

第7章

代码优化

代码优化是指对源程序或中间代码进行的等价变换,使得变换后的程序能生成更有效的目标代码。本章主要介绍对中间代码的优化方式。有的优化工作很容易实现,如基本块内的优化;程序运行中,相当大一部分时间都花在循环上,因此基于循环的优化是非常重要的。本章将在 7.1 节对优化进行概述,并对程序流图进行简单介绍;在 7.2 节中介绍基本块内的局部优化技术;在 7.3 节主要介绍循环优化技术。

7.1 概述

7.1.1 代码优化的地位

代码优化是指为了提高目标程序的质量而对源程序或中间代码进行的各种合理的等价变换,使得从变换后的程序出发能生成更有效的目标代码。质量指的是目标程序所占的存储空间的大小以及运行时间的多少。优化的目的在于节省时间和空间。随着计算机硬件技术的发展,计算机的运行空间越来越大,改善程序质量主要偏重于运行速度的提高。节省时间是通过减少指令条数和降低运算强度等措施来实现的。

简单地说,最好的优化是花最小的代价产生更高效的代码。优化器在对程序进行优化时应该遵循如下原则。

(1) 等价原则:代码变换必须保持程序的含义不变。优化不能改变程序的输入和输出,也不能引起更多的错误。

(2) 有效原则:变换后的程序的运行效率必须比原来程序的运行效率更高,如速度更快、占用空间更少。

(3) 合算原则:应使变换所作的努力是值得的,即应尽量以最小的代价获得更好的优化效果。

优化涉及的范围极广。从算法设计到目标代码生成阶段,编译器可在各个阶段实施优化,如图 7.1 所示。

许多程序在源语言一级看来是最优的,而在中间代码这一级,又有了许多代码改进的机会,如可以改进地址的计算和过程调用,尤其是在循环中的常数赋值和运算。程序员无法控制这种冗余的计算,因为它们隐含在语言的中间代码里,而不是出现在用户源代码中。在这种情况下,应由编译器处理它们。

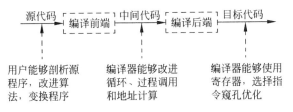

图 7.1 用户和编译器可进行改进的地方

因此最主要的一类优化是在目标代码生成以前对中间代码进行的，这类优化不依赖于具体的计算机。这样由一种机器的代码生成器改为另一种机器的代码生成器时，优化器不必作大的改动。另一类重要的优化是在生成目标代码时进行的，主要是优化寄存器的使用和指令的选择等，它在很大程度上依赖于具体的计算机。本章主要讨论前一类优化。

优化器的输入和输出都是中间代码。在第5章中间代码生成时产生的中间代码形式为四元式。为了便于讨论，在本章的中间代码主要采用直观的三地址形式，可以利用表5.1将四元式还原为三地址形式。

例7.1 图 7.2 是一个程序段的中间代码序列。

(1) $i = m - 1$	(16) $T_7 = 4 * i$
(2) $j = n$	(17) $T_8 = 4 * j$
(3) $T_1 = 4 * n$	(18) $T_9 = a[T_8]$
(4) $v = a[T_1]$	(19) $a[T_7] = T_9$
(5) $i = i + 1$	(20) $T_{10} = 4 * j$
(6) $T_2 = 4 * i$	(21) $a[T_{10}] = x$
(7) $T_3 = a[T_2]$	(22) goto (5)
(8) if $T_3 < v$ goto (5)	(23) $T_{11} = 4 * j$
(9) $j = j - 1$	(24) $x = a[T_{11}]$
(10) $T_4 = 4 * j$	(25) $T_{12} = 4 * i$
(11) $T_5 = a[T_4]$	(26) $T_{13} = 4 * n$
(12) if $T_5 > v$ goto (9)	(27) $T_{14} = a[T_{13}]$
(13) if $i >= j$ goto (23)	(28) $a[T_{12}] = T_{14}$
(14) $T_6 = 4 * i$	(29) $T_{15} = 4 * n$
(15) $x = a[T_6]$	(30) $a[T_{15}] = x$

图 7.2 部分程序的三地址代码

本章主要利用图 7.2 的中间代码来介绍一些最有用的代码优化方法。许多优化措施可以在局部范围内完成（局部优化），也可以在全局范围内完成（全局优化）。局部优化通常包括合并已知量、删除公共子表达式、删除死代码、利用代数恒等变换进行变换等方法，全局优化最主要的方式就是复写传播。程序中大部分的时间都花在循环上，因此对循环的优化最有效，对循环进行优化采取的主要方法有代码外提、强度削弱和删除归纳变量等。

7.1.2 基本块的概念及流图

基本块（Basic Block）是指程序中的一个顺序执行的语句序列，其中只有一个入口和一个出口，入口是其中的第一个语句，出口是最后一个语句。对一个基本块来说，执行时只能

从入口进入,从出口退出。如下面的三地址序列形成一个基本块:

$$T_1 = a * a$$
$$T_2 = a * b$$
$$T_3 = a * 2$$
$$T_4 = T_1 + T_2$$
$$T_5 = b * b$$
$$T_6 = T_4 + T_5$$

一条三地址语句 x=y+z 称为对 x 定值并引用 y 和 z。在一个基本块中的一个名字在程序中的某个给定点是活跃(Active)的,是指如果在程序中(包括在本基本块或在其他基本块中)它的值在该点以后被引用。对一个给定的程序,可以首先把它划分为一系列的基本块。划分基本块的算法如算法 7.1 所示。

算法 7.1   将三地址代码划分为基本块。

(1) 采用如下规则确定各个基本块的入口语句。
① 代码序列的第一个语句是一个入口语句。
② 转移语句转移到的那条语句是一个入口语句(转移语句包括各种控制的转向,如条件和无条件转移、call、return、end 和 stop 等)。
③ 紧接在转移语句之后的那条语句是一个入口语句。
(2) 对上述求出的每一个入口语句构造其所在的基本块。它是由该入口语句到下一个入口语句(不包括此入口语句)、或到一个转移语句(包括此转移语句)、或到一个停语句(包括此停语句)之间的语句序列组成。
(3) 凡未被纳入某一基本块中的语句,都是程序中控制流程无法到达的语句,从而也是不会被执行到的语句,可以将它从程序中删除。
(4) 一般把过程调用语句作为一个单独的基本块。

例 7.2   求图 7.2 的快速排序程序的三地址代码段的基本块。

解:采用算法 7.1 来生成该三地址代码段的基本块。由规则(1)中的①,语句(1)为一个入口语句;由规则(1)中的②,语句(5)、(9)和(23)是入口语句;由规则(1)中的③,语句(13)和(14)是一个入口语句;然后应用规则(2)求出各个基本块。这样,得到的基本块有 6个:基本块 B_1 由语句(1)~(4)构成,B_2 由语句(5)~(8)构成,B_3 由语句(9)~(12)构成,B_4 由语句(13)构成,B_5 由语句(14)~(22)构成,B_6 由语句(23)~(30)构成。

基本块之间有一定的先后顺序,这种顺序用有向图的形式表示出来称为流图(Program Flow Graph),它将控制流信息增加到基本块的集合上,以基本块为单位,对理解代码生成算法很有用。流图的结点是基本块,如果一个结点的基本块的入口语句是第一条语句,则称此结点为首结点。如果在某个执行顺序中,基本块 B_2 紧接在基本块 B_1 之后执行,则从 B_1 到 B_2 画一条有向边。即,如果存在以下两种情况之一:

(1) 有一个条件或无条件转移语句从 B_1 的最后一条语句转移到 B_2 的第一条语句。
(2) 在程序的序列中,B_2 紧接在 B_1 的后面,并且 B_1 的最后一条语句不是一个无条件转移语句。

我们就说 B_1 是 B_2 的前驱,B_2 是 B_1 的后继。

例 7.3   例 7.1 的程序的基本块构成的流图如图 7.3 所示,其中 B_1 是首结点。各个转移语句都已经由一个等价的转移到基本块的开始处的语句替换。

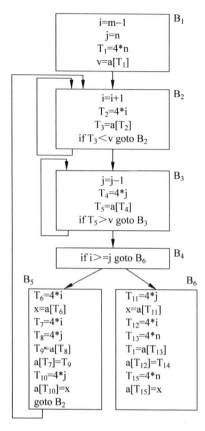

$$
\begin{array}{ll}
i=m-1 & B_1 \\
j=n & \\
T_1=4*n & \\
v=a[T_1] &
\end{array}
$$

$$
\begin{array}{ll}
i=i+1 & B_2 \\
T_2=4*i & \\
T_3=a[T_2] & \\
\text{if } T_3 < v \text{ goto } B_2 &
\end{array}
$$

$$
\begin{array}{ll}
j=j-1 & B_3 \\
T_4=4*j & \\
T_5=a[T_4] & \\
\text{if } T_5 > v \text{ goto } B_3 &
\end{array}
$$

$$
\text{if } i>=j \text{ goto } B_6 \quad B_4
$$

$$
B_5
\begin{array}{l}
T_6=4*i \\
x=a[T_6] \\
T_7=4*i \\
T_8=4*j \\
T_9=a[T_8] \\
a[T_7]=T_9 \\
T_{10}=4*j \\
a[T_{10}]=x \\
\text{goto } B_2
\end{array}
\qquad
B_6
\begin{array}{l}
T_{11}=4*j \\
x=a[T_{11}] \\
T_{12}=4*i \\
T_{13}=4*n \\
T_1=a[T_{13}] \\
a[T_{12}]=T_{14} \\
T_{15}=4*n \\
a[T_{15}]=x
\end{array}
$$

图 7.3 图 7.2 的中间代码的基本划分和程序流图

各个基本块之间的关系也可以用表的形式表示出来,如表 7.1 表示了图 7.3 中各个基本块的前驱和后继关系。

表 7.1 图 7.3 中基本块之间的关系

基本块块号	入口语句编号	出口语句编号	上一块块号	下一块块号
B_1	1	4		B_2
B_2	5	8	B_1	B_3,B_2
B_3	9	12	B_2	B_4,B_3
B_4	13	13	B_3	B_5,B_6
B_5	14	22	B_4	B_2
B_6	23	30	B_4	

7.2 局部优化

如果实现变换时只考察一个基本块内的语句则称为局部优化,在整个程序范围内进行的优化称为全局优化。本节只讨论局部优化的情况,使得从变换后的程序出发,能生成更有效的目标代码。所谓等价,是指不改变程序的运行结果;所谓有效,是指目标代码运行时间更短,占用的存储空间更小。在基本块内可以进行的优化包括:删除公共子表达式、删除无用赋值、合并已知量、对临时变量改名、对语句变换位置以及代数变换等。

7.2.1　删除公共子表达式

如果表达式 E 先前已计算过,并且从先前的计算至现在,E 中变量的值没有改变,则 E 的这次出现称为公共子表达式。对公共子表达式,可以避免对它重复计算。如在图 7.4 中的基本块 B_5 中,$4*i$ 和 $4*j$ 是公共子表达式,它们的值在前面已经计算过,如果分别用 T_6 代替 T_7,用 T_8 代替 T_{10},就可以删除这些公共子表达式的重复计算,达到优化的目的,如图 7.4 所示。

可以在更大的范围内进一步找到公共子表达式,如在基本块 B_2 和 B_3 中分别对 $4*i$ 和 $4*j$ 进行过计算,因此,在基本块 B_5 中可以不再进行计算,这样就可以直接把 $T_6=4*i$ 替换为 $T_6=T_2$,把 $T_8=4*j$ 替换为 $T_8=T_4$。这样 B_5 中的代码就变换为如图 7.5 所示。

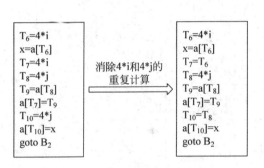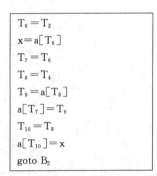

图 7.4　对 B_5 删除公共子表达式　　　　图 7.5　对 B_5 删除公共子表达式后的代码

7.2.2　复写传播

上述基本块 B_5 经过删除公共子表达式优化后还可以进一步改进。如语句 $T_6=T_2$ 把 T_2 的值赋给 T_6,并没有改变 T_6,这样就可以把 $x=a[T_6]$ 写成 $x=a[T_2]$,这种变换称为复写传播。在基本块 B_2 中,有 $T_3=a[T_2]$,因此可以写成 $x=T_3$。同理将 $T_{10}=T_8$ 写成 $T_{10}=T_4$。B_5 的复写传播过程如图 7.6 所示。

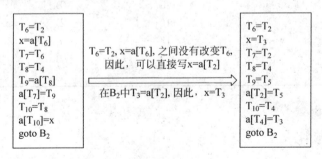

图 7.6　对 B_5 进行复写传播

不仅在同一个基本块内可以进行复写传播,不属于同一个基本块的代码也可以进行复写传播。由于语法制导的翻译是以语句为单位进行的,所以在翻译过程中会产生很多的重复计算和赋值。这些操作在单独的语句中必不可少,但从整体上考虑就发现一些计算是重复的,就可以省略。复写传播可以对赋值操作进行优化。全局优化主要就是从整体上考虑复写传播。

7.2.3 删除无用代码

复写传播的目的是使某些变量的赋值变为无效。对进行复写传播后的基本块 B_5 中的变量 x 以及一些临时变量 $T_6 \sim T_{10}$,由于它们的值在整个程序中不再有用,其赋值对程序的运行没有任何作用,因此可以删除对这些变量赋值的代码,这种变换称为删除无用代码。同理,可以对基本块 B_6 删除无用代码。经过删除无用代码后的基本块 B_5 和 B_6 如图 7.7 所示。

对每个基本块经过局部优化,得到最后的流图如图 7.8 所示。

B_5	B_6
$a[T_2]=T_5$	$a[T_2]=v$
$a[T_4]=T_3$	$a[T_1]=T_3$
goto B_2	

图 7.7 删除无用代码后的基本块 B_5 和 B_6

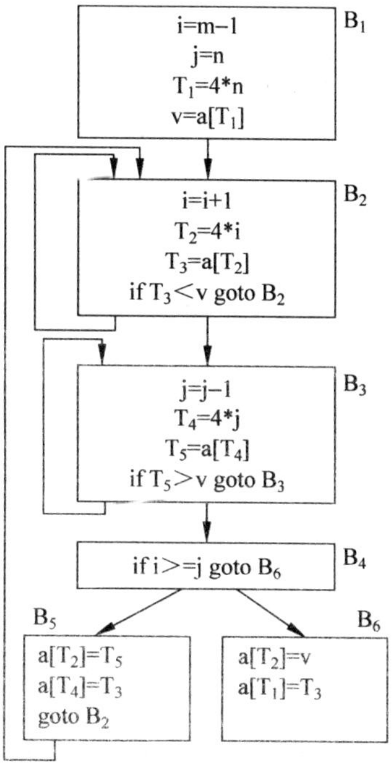

图 7.8 例 7.1 的中间代码经局部优化后的程序流图

7.2.4 对程序进行代数恒等变换

1. 简单的代数变换

利用算术恒等变换减少程序中的运算量。如:

```
x + 0 = 0 + x = x
x - 0 = x
x * 1 = 1 * x = x
x/1 = x
```

2. 强度削弱

用较快的运算代替较慢的运算。如：

$x^2 = x * x$
$2.0 * x = x + x$
$x/2 = x * 0.5$

3. 合并已知量

如果在编译时能推断出一个表达式的值是常量，就用该常量代替它。如假定某基本块如下：

$T_1 = 2$
⋮
$T_2 = 4 * T_1$

如果对 T_1 赋值后，中间的代码没有对它改变过，则对 T_2 计算的两个运算对象在编译时都是已知的，就可以在编译时计算出它的值，因此可以直接写成 $T_2 = 8$。

4. 应用交换律和结合律进行代数变换

＋的两个运算对象是可交换的，则 x＋y＝y＋x。有时交换运算对象后就可以发现，可以利用前面的删除公共子表达式等一系列优化方式进行优化。例如，如果原代码有赋值

$a = b + c$
$e = c + d + b$

产生的中间代码可能是

$a = b + c$
$t = c + d$
$e = t + b$

如果 t 在基本块外不需要，利用交换律和结合律可以把这个序列改成

$a = b + c$
$e = a + d$

这里既用到了"＋"的结合律，又用到了它的交换律。

7.2.5　基本块的 DAG 表示及优化

1. DAG 的表示及其构造方法

实现基本块内的优化中使用的一种有效的数据结构是有向无环图，简称 DAG(Directed Acyclic Graph 的缩写)。一个基本块的 DAG 是一种在其结点上带有下述标记的有向无环图。

（1）图的叶结点由独特的标识符所标记，所谓独特的标识符是指它或者是变量名，或者是常数。根据作用到一个名字上的算符可以决定需要的是一个名字的左值还是右值。大多

数叶结点代表右值,叶结点代表名字的初始值。

（2）图的内部结点由一个运算符号标记,代表计算出来的值。

（3）图中各个结点可能附加一个或多个标识符,表示这些标识符具有该结点所代表的值。

要注意的是,DAG 与流图不同,流图的每个结点均可以用一个 DAG 表示,因为流图中的每个结点代表一个基本块。

为了构造一个基本块的 DAG,就要依次处理基本块中的每一个语句。下面给出构造一个基本块的 DAG 的算法。

算法 7.2 构造一个基本块的 DAG。

初始时 DAG 中没有任何结点。构造 DAG 需要根据中间代码的形式依次对每个语句执行下述步骤。中间代码的 3 种形式对应的 DAG 如图 7.9 所示。

（1）若中间代码形如 x = y,查找是否存在一个结点 y,若不存在,创建一个标记为 y 的结点,并在附加标识符表中增加标识符 x,如图 7.9(a)所示。

（2）若中间代码形如 x = op y,查找是否存在结点 y,若不存在,则新建结点 y,再查找是否存在一个结点 op,其子结点为 y,若不存在,创建标记为 op 的结点,将 op 和 y 连接,并在附加标识符表中增加标识符 x,如图 7.9(b)所示。

（3）若中间代码形如 x = y op z,查找是否存在结点 y 和 z,若不存在,则新建结点 y 和(或)z,再查找是否存在一个结点 op,其左子结点为 y,右子结点为 z(这种检查是为了发现公共子表达式),若不存在,创建标记为 op 的结点,将 op 和 y、z 连接,并在附加标识符表中增加标识符 x,如图 7.9(c)所示。

如果 x 已经事先附加在某个其他结点上,需去掉这个先前的标记 x,因为 x 的当前值是刚刚新建立或已找到的结点的值。

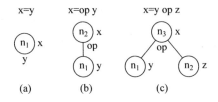

图 7.9　3 种基本形式的中间代码的 DAG 表示

例 7.4 对于下面的基本块,构造它的 DAG 表示。

(1) $T_0 = 3.14$

(2) $T_1 = 2 * T_0$

(3) $T_2 = R + r$

(4) $A = T_1 * T_2$

(5) $B = A$

(6) $T_3 = 2 * T_0$

(7) $T_4 = R + r$

(8) $T_5 = T_3 * T_4$

(9) $T_6 = R - r$

(10) $B = T_5 * T_6$

解:利用构造基本块的 DAG 的算法对每一行代码进行处理,得到的 DAG 如图 7.10 所示。对第(1)条代码,根据算法 7.2 步骤(1),先建立一个叶结点 3.14,并令 T_0 为该结点的标识符,如图 7.10(a)所示。对第(2)条代码,由于 T_0 结点已经存在,而且 T_0 是一个常数,可以直接计算 $2*T_0$ 的值为 6.28,所以建立一个叶结点 6.28,并令 T_1 为该结点的标识符,如图 7.10(b)所示。同样利用算法的各个步骤,得到对应于基本块中的代码(3)～(10)的 DAG 图,如图 7.10(c)～(i)所示。

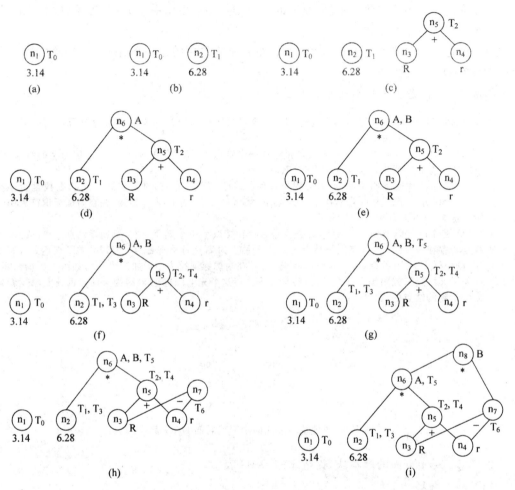

图 7.10   例 7.4 的 DAG 图

2. 利用基本块的 DAG 进行优化

利用基本块的 DAG 可进行如下一些优化。

(1) 合并已知量。在建立基本块的 DAG 时,如果某个叶结点是已知量,在后续建立其他结点时如果引用了该结点的附加标识符,就可以直接使用其值。如在建立图 7.10 的 DAG 时,T_0 是已知量,在计算 T_1 时,$T_1=2*T_0$,可以直接将 T_1 的值计算出来,从而以后不再引用 T_0,这样 T_1 也是已知量了。

(2) 删除公共子表达式。在 DAG 中发现公共子表达式是在建立新结点 m 时,检查是否存在一个结点 n,它和 m 有同样的左子结点和右子结点,算符也相同。如果存在这样的结点,则 n 和 m 计算的是同样的值,m 就可以作为 n 的一个附加标识符,而不必加入新结点。

在图 7.10 中,有两条代码(3) $T_2 = R + r$ 和(7) $T_4 = R + r$,我们发现其运算符相同,左、右子结点也相同,表示同一个计算,因此,T_4 就不必建立新的结点了。在优化时,一个结点可以只用一个标识符计算其值。

（3）删除无用代码。删除无用代码在 DAG 图中相当容易实现。从 DAG 中删除对应到死变量的根(即没有父结点的结点),重复这个过程,直至删除对应到死代码的所有结点。如在图 7.10 中,结点 n_1 没有父结点,即可认为对它的赋值是无用代码,优化时可以删除。

例 7.5　在例 7.4 中,图 7.10 (e)～(h)的 n_6 结点的附加标识符均有 B,说明对 B 的定值有效,但在图 7.10 (i)中 n_8 结点对 B 重新定值,这说明代码(5)对 B 的定值已无效,在该基本块之外只能看到代码(10)对 B 的定值。

例 7.6　按照图 7.10 的 DAG 结点建立的先后顺序对结点进行排序,从该图出发重新构造优化后的基本块。假定任何临时变量 T_i 在基本块外都是无用的。从第一个结点开始,此结点的附加标识符 T_0 的值后来没有引用,可以认为该代码为无用代码,从而可以删除该赋值语句。在建立 DAG 时,结点 n_2 的值已通过 T_0 计算出来,是一个已知量,它有两个附加标识符 T_1 和 T_3,均可以直接引用其值,代码可以删除。结点 n_5 对 T_2 和 T_4 求值,用 T_2 保存其值,代码为

(3) $T_2 = R + r$

结点 n_6 对 A 和 T_5 求值,用 A 保存其值,因为 T_5 为临时变量,A 引用 T_1,而 T_1 为已知量,可以直接引用,代码为:

(4) $A = 6.28 * T_2$

结点 n_7 对 T_6 求值,代码为:

(9) $T_6 = R - r$

结点 n_8 对 B 求值,代码为:

(10) $B = A * T_b$

这样,通过利用公用子表达式,例 7.4 的 9 条语句已减少为 4 条语句。

(1) $T_2 = R + r$
(2) $A = 6.28 * T_2$
(3) $T_6 = R - r$
(4) $B = A * T_6$

除了可以利用 DAG 进行上述优化外,还可以从基本块的 DAG 表示中获得一些十分有用的信息:第一,可以确定哪些标识符的值在该基本块中被引用,它们是 DAG 中叶结点对应的标识符;第二,可以确定在基本块内被定值且该值能在基本块外被引用的标识符,它们是 DAG 中各结点上的附加标识符。利用这些信息还可以对中间代码进一步优化,但这可能会涉及有关变量在基本块之后的引用情况,需要进行数据流分析后才能进行。例如,如果 DAG 中的某个附加标识符在基本块外不会被引用,则在该基本块中就不生成该标识符的赋值代码;如果某结点没有前驱结点,或不附有任何标识符,或在基本块后不引用,就意味着在基本块内和基本块外都不引用该信息,可以不生成对该标识符的赋值代码。

7.3　循环优化

循环是程序中那些可能反复执行的代码序列,在执行时要消耗大量的时间,所以进行代码优化时应着重考虑循环中的代码优化,这对提高目标代码的效率是至关重要的。在进行循环优化之前,必须确定在流图中哪些基本块构成一个循环。循环优化的主要技术有代码外提、强度削弱和删除归纳变量等。

7.3.1　循环的定义

1. 必经结点

在流图中如果从初始结点起,每条到达 n 的路径都要经过 d,就说结点 d 是结点 n 的必经结点,写成 d dom n。根据这个定义,每个结点是它本身的必经结点;循环的入口是循环中所有结点的必经结点。

例 7.7　考虑图 7.11 中的“流图”,此流图的开始结点是 1。开始结点是所有结点的必经结点。结点 2 是除结点 1 之外所有结点的必经结点,结点 3 仅是它本身的必经结点,因为控制可以沿着 2→4 的路径到达其他任何结点。结点 4 是除了 1、2 和 3 以外的所有结点的必经结点。因为从 1 出发的所有路径必须由 1→2→3→4 或 1→2→4 开始。结点 5 和 6 仅是它们自己的必经结点,因为控制流可以在 5 和 6 两个结点之间选择一个结点。结点 7 仅是它本身的必经结点。

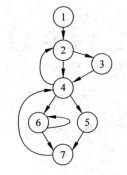

图 7.11　一个流图的例子

结点 n 的所有必经结点的集合,称为结点 n 的必经结点集,记为 $D(n)$。如在图 7.11 中,$D(2)=\{1,2\}$,$D(4)=\{1,2,4\}$。下面给出在一个流图中寻找必经结点集的算法。

算法 7.3　寻找一个流图中给定结点 n 的必经结点集 $D(n)$(其结点集为 N,边集为 E,初始结点为 n_0)。

迭代执行下面的过程,最终,d 在 $D(n)$ 中当且仅当 d dom n
(1) $D(n_0) = \{n_0\}$;
(2) for n in ($N - \{n_0\}$) do $D(n) = n$; /＊初始化＊/
(3)　　while (任何 $D(n)$ 出现变化) do
(4)　　　for n in ($N - \{n_0\}$) do
(5)　　　　$D(n) = \{n\} \bigcup \bigcap D(p)$
(其中 p 是 n 的直接前驱,$\bigcap D(p)$ 表示求所有 $D(p)$ 的交集。)

例 7.8　利用算法 7.3 求图 7.11 中的流图的必经结点集 $D(n)$。

假定在算法第(4)行的 for 循环按结点的数值次序访问。结点 2 只有结点 1 作为前驱,所以 $D(2)=\{2\}\bigcup D(1)$。因为 1 是初始结点,$D(1)$ 在算法第(1)行置为 $\{1\}$,所以由算法第(5)行得到 $D(2)$ 为集合 $\{1,2\}$。

考虑结点 3,它的直接前驱有 2 和 4。根据算法第(5)行得到

$D(3)=\{3\}\bigcup(\{1,2\}\bigcap\{1,2,4\})=\{1,2,3\}$

其余结点的必经结点的计算如下：

$D(4)=\{4\}\bigcup(D(3)\bigcap D(2)\bigcap D(7))$
$\quad\quad=\{4\}\bigcup(\{1,2,3\}\bigcap\{1,2\}\bigcap\{1,2,4,7\})=\{1,2,4\}$

$D(5)=\{5\}\bigcup D(4)=\{5\}\bigcup\{1,2,4\}=\{1,2,4,5\}$

$D(6)=\{6\}\bigcup D(4)=\{6\}\bigcup\{1,2,4\}=\{1,2,4,6\}$

$D(7)=\{7\}\bigcup(D(5)\bigcap D(6))=\{7\}\bigcup\{1,2,4,5\}\bigcap\{1,2,4,6\}$
$\quad\quad=\{1,2,4,7\}$

2. 循环

必经结点的一个重要应用是确定流图中的循环。循环有两个基本性质。

(1) 循环必须有唯一的入口点，叫做入口结点。

(2) 至少有一条路径回到入口结点。

寻找流图中的循环的方法是找出流图中的回边。假设 $n\to d$ 是流图中的一条有向边，如果 d dom n，则称 $n\to d$ 是流图中的一条回边。

例 7.9 寻找图 7.11 所示的流图中有哪些回边？

解：$7\to4$ 是一条有向边，又由于 4 dom 7，所以 $7\to4$ 是回边。类似地，$4\to2,6\to6$ 都是回边。

如果有向边 $n\to d$ 是回边，组成的循环是由结点 d、结点 n 以及有通路到达 n 而该通路不经过 d 的所有结点组成，此时 d 是该循环的唯一入口结点。例如，在图 7.11 的流图中，回边 $7\to4$ 的自然循环由结点 4、5、7 或由结点 4、6、7 组成。

出口结点是指在循环中具有这样性质的结点：从该结点有一有向边引到循环通路以外的某结点。

例 7.10 寻找图 7.11 所示的流图中的循环。

结点{2,4}或{2,3,4}构成一个循环，因为 $4\to2$ 是一条回边，结点 2 是入口结点，结点 4 是出口结点；结点{6}构成一个循环，$6\to6$ 是一条回边，6 既是入口结点又是出口结点；结点{4,6,7}或{4,5,7}构成一个循环，$7\to4$ 是一条回边，结点 4 是入口结点，结点 7 是出口结点。

7.3.2 代码外提

循环中的代码要反复执行多次，但其中有些运算的结果往往是不变的。如在循环中有形如 x＝y op z 的代码，如果 y 和 z 是常数，或者在循环中没有对 y 或 z 重新定值，那么不管循环多少次，y op z 的结果是不变的，这种运算称为循环不变运算。循环优化的一个主要措施是代码外提，即把循环中的不变计算放到循环外，使程序的执行结果不变，而执行速度却提高了。

在实行代码外提时，要求把循环不变运算提到循环外面，这就要求在入口结点的前面创建一个新的基本块，叫做前置结点。

对图 7.12(a) 中的循环 L 增加前置结点后成为图 7.12(b)。前置结点的唯一后继是 L 的入口结点,并且原来从 L 外到达 L 的入口结点的边都改成进入前置结点。从循环 L 里面到达入口结点的边不改变。开始时,前置结点为空,对 L 中的循环不变运算外提到前置结点中。

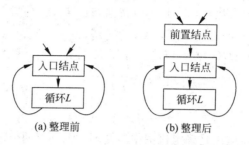

(a) 整理前   (b) 整理后

图 7.12   增加前置结点的循环

例 7.11   对下面的 while 语句进行代码外提。

```
while ( i <= limit - 2 )
    循环体
```

基本块如图 7.13(a)。假设循环体不改变 limit 的值,则 $limit-2$ 是循环不变运算,可以提到循环之外,因此在循环前增加前置结点,代码为 $T=limit-2$。

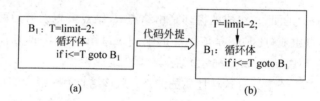

(a)   (b)

图 7.13   例 7.11 的循环及代码外提后的循环

当然代码外提后,while 的循环体也不改变 T 的值。

并不是循环中的所有不变运算都可以外提的。某变量 A 在某点 d 的定值到达另一点 u (或称变量 A 的定值点 d 到达另一点 u)是指在流图中从 d 有一通路到达 u 且该通路上没有 A 的其他定值。只有在如下几种情况下不变运算才能外提:

(1)当把一不变运算外提到循环前置结点时,要求该不变运算所在的结点是循环所有出口结点的必经结点。

(2)当把循环中的不变运算 x=y op z 外提时,要求循环中的其他地方不再有 x 的定值点;

(3)当把循环中的不变运算 x=y op z 外提时,要求循环中 A 的所有引用点都是而且仅仅是这个定值所能到达的。

7.3.3   强度削弱

强度削弱是指把程序中执行时间较长的运算替换为执行时间较短的运算,如用加法运算代替乘法运算。在例 7.1 的程序流图(图 7.3)的基本块 B_3 中,每当 j 的值减 1(j=j-1)之后,T_4 的值变为 $T_4 = 4 * (j-1) = 4 * j - 4$,即 T_4 的值在原基础上减了 4。可以看出,每一次循环中 j 的值减 1,T_4 的值减 4。那么可以用较快的减法计算($T_4 = T_4 - 4$)代替较慢的乘法计算($T_4 = 4 * j$),即强度削弱,如图 7.14 所示。

图 7.14 对基本块 B_3 进行强度削弱

应该注意到:当用 $T_4 = T_4 - 4$ 代替 $T_4 = 4 * j$ 后,出现的一个问题是第一次进入 B_3 时 T_4 没有初值,所以在对 j 置初值的基本块(B_1)的末尾也要给 T_4 置初值 $4 * j$,这样在进入 B_3 之前就已经对 T_4 赋了初值。同理可以对 B_2 进行强度削弱。

由此可以看出:

(1) 如果循环中有 I 的递归赋值 $I = I \pm C$(C 为循环不变量),并且循环中 T 的赋值运算可化为 $T = K * I \pm C_1$(K 和 C_1 都是循环不变量),那么,T 的赋值运算可以进行强度削弱。

(2) 进行强度削弱后,循环中可能出现一些新的无用赋值,如果这些变量在循环出口之后不是沽跃变量,就可以从循环中删除对这些变量的赋值语句。

(3) 循环中下标变量的地址计算是很费时的,可以使用加减法进行地址的递归计算。

7.3.4 删除归纳变量

图 7.3 所示的流图中的基本块 B_3 在做完强度削弱后如图 7.14 所示,因为 $4 * j$ 赋给 T_4,j 和 T_4 的值呈线性关系的变化,每次 j 的值减 1,T_4 的值减 4;同理,在图 7.3 所示的基本块 B_2 中,i 和 T_2 的值也呈线性变化。

如果循环中对变量 I 只有唯一的形如 $I = I \pm C$ 的赋值,C 是循环不变量,则称 I 为循环中的基本归纳变量。如果 I 是循环中的基本归纳变量,J 在循环中的赋值总是可以化为 I 的同一线性函数,即 $J = C_1 * I \pm C_2$,称 J 为归纳变量,同时称 J 与 I 同族。显然,I 本身也是归纳变量。在循环中基本归纳变量的作用是用于计算其他归纳变量和用于控制循环的进行。

如果在循环中有两个或更多个同族的归纳变量,可以只留一个来代替基本归纳变量进行循环的控制,去掉其余的归纳变量,这个过程称为删除归纳变量。

例 7.12 把强度削弱用于图 7.3 中的 B_2 和 B_3 的内循环后,i 和 j 的作用仅在于决定 B_4 的测试结果。现已知道 i 和 T_2 满足关系 $T_2 = 4 * i$,j 和 T_4 满足关系 $T_4 = 4 * j$,那么测试 $i \geqslant j$ 等价于测试 $T_2 \geqslant T_4$。这样就可以用 $T_2 \geqslant T_4$ 代替 $i \geqslant j$,而 B_2 中的 i 和 B_3 中的 j 也就成了死变量,在这些块中对它们的赋值就成了死代码,可以删除。删除归纳变量后如图 7.15 所示。

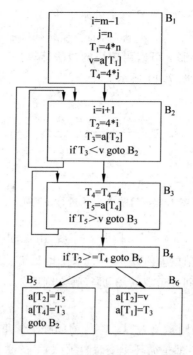

图 7.15   经循环优化后的流图

7.4   小结

本章主要介绍了中间代码的各种优化技术。要求掌握基本块的概念及基本块内的各类优化(包括常量合并、公共子表达式删除、复写传播和无用代码删除),以及循环优化的方法(包括代码外提、归纳变量删除和强度削弱)。

7.5   习题

1. 填空题

在对编译程序产生的中间代码进行优化时,就实施优化的范围来说,分_____优化和_____优化。循环优化属于_____优化,它对于提高目标代码的运行速度是非常有效的。循环优化主要采用的 3 项优化措施是_____、_____和_____。

2. 解释下列术语。

基本块,程序流图,DAG,循环,回边,必经结点,局部优化

3. 什么是代码优化? 代码优化如何分类? 常用的代码优化技术有哪些?

4. 试构造下面的程序的流图,并找出其中所有回边及循环。

```
read P
x = 1
c = P * P
if c < 100 goto L₁
```

```
    B = P * P
    x = x + 1
    B = B + x
    write x
L1: B = 10
    x = x + 2
    B = B + x
    write B
    if B < 100 goto L2
L2: x = x + 1
    goto L1
```

5. 对图 7.16 所示的流图，求出其各结点 n 的必经结点集 $D(n)$、回边及循环（n_0 为首结点）。

6. 对如下程序段进行尽可能多的优化，并指出进行了何种优化，给出建议说明及优化后的结果形式。

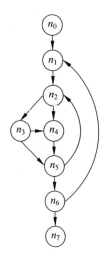

```
    I = 1
    read J, K
L: A = K * I
    B = J * I
    C = A * B
    write C
    I = I + 1
    it I < 100 goto L
```

7. 为下列基本块构造 DAG：

```
d = b * c
e = a + b
b = b * c
a = e - d
```

图 7.16 习题 5 的图

8. 设有基本块

$$T_1 = 2$$
$$T_2 = 10/T$$
$$T_3 = S - R$$
$$T_4 = S + R$$
$$A = T_2 * T_4$$
$$B = A$$
$$T_5 = S + R$$
$$T_6 = T_3 * T_5$$
$$B = T_6$$

（1）画出 DAG 图。

（2）假设基本块出口时只有 A 和 B 还被引用，请写出优化后的三地址代码序列。

9. 下面是应用筛法求 2 到 N 之间素数的程序：

```
begin
    read N;
```

```
    for i = 2 to N do
      A[i] = true;                  /* 置初值 */
    for i = 2 to N * * 0.5 do       /* 运算符 * * 代表乘幂 */
      if A[i] then                  /* i 是一个素数 */
          for j = 2 * i to N by i do
              A[j] = false          /* j 可被 i 除尽 */
    end
```

(1) 试写出其中间代码,假设数组 A 静态分配存储单元,且下界为 0。

(2) 作出流图并求出其中的循环。

(3) 进行代码外提。

(4) 进行强度削弱和删除归纳变量。

10. 算法程序题。

(1) 编程实现基本块的划分算法。

(2) 编程实现求某基本块的 DAG 图。

第8章

目标代码生成

编译的最后一个阶段是目标代码生成。执行目标代码生成的程序称为目标代码生成器。它的输入是编译前端输出的信息,包括中间代码或优化后的中间代码,以及带有存储信息的符号表。这一阶段的主要任务是把源程序的中间代码形式变换为依赖于具体机器的等价的目标代码。如图 8.1 所示。

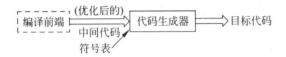

图 8.1 目标代码生成器的作用与地位

代码生成器的输出是目标程序。目标代码可以是绝对机器代码、可重定位机器代码或汇编代码等。本章以 Intel 80x86 微处理器作为目标机,要求生成的目标代码为 Intel 80x86 汇编指令。但是,只要地址可由偏移值及符号表中的其他信息来计算,目标代码生成器便可以产生可重定位或绝对的地址。

为了产生较优的代码,需要合理地使用寄存器,因为指令对于寄存器的操作常常要比对存储单元的操作快且指令短。本章将主要讨论寄存器的分配和目标代码的生成算法。

8.1 概述

代码生成器最重要的评价标准是它能否产生正确的代码,在产生正确代码的前提下,使代码生成器本身易于实现、测试及维护也是重要的设计目标。代码生成器的具体细节依赖于目标机器和操作系统,如内存管理、寄存器分配等,但有些问题也是公共的。在设计目标代码生成器时主要考虑如下问题。

1. 代码生成器的输入

代码生成器的输入包括中间代码和符号表。中间代码有多种形式,如后缀式、三元式、四元式以及树等。本章仍然以四元式形式的中间代码为例,其他形式的中间代码的输入与其类似。

在编译前端已对源程序进行了扫描、分析和翻译,并进行了语义检查,产生了合理的中间代码(也可能经过了优化),而且语义正确。同时在翻译说明语句时将相关信息填入到符号表中,知道了各个名字的数据类型,同时在经过存储分配的处理后,可以确定各个名字在所属过程的数据区中的相对地址。因此目标代码生成器可以利用符号表中的信息来决定中间代码中的名字所表示的数据对象在运行时的地址,它是可重定位的。

2. 代码生成器的输出

代码生成器的输出是目标程序。目标代码有若干种形式:绝对机器代码、可重定位机器代码和汇编代码等。大多数编译程序通常不产生绝对地址的机器代码,而是产生后两种。

生成绝对机器代码的好处是:它可以被放在内存中的固定地方并且可立即执行,这样,小的程序可以被迅速地编译和执行。生成可重定位的机器代码,允许子程序分别进行编译,生成一组可重定位模块,再由连接装配器连接在一起并装入运行。虽然可重定位模块必须增加额外的开销来连接和装配,但带来的好处是灵活,子程序可以分别编译,而且可以从目标模块中调用其他事先已编译好的程序模块。

从某种程度上说,以汇编语言程序作为输出使代码生成阶段变得容易。因为在生成汇编指令后,可以使用已有的汇编器来辅助生成目标代码。虽然进行汇编需要额外的开销,但可以不必重复汇编器的工作,因此这种选择也是合理的。尤其是对内存小,编译必须分成几遍的机器更应该选择生成汇编代码。

3. 指令的选择

目标机器指令集的性质决定了指令选择的难易程度,编译时选择生成哪些指令是在生成目标代码时考虑的一个重要因素。如果目标机器不支持所定义的指令集中的指令和数据类型,那么每一种例外都要特别处理。指令的执行速度和机器特点也是考虑的重要因素。如果不考虑目标程序的效率,对每种类型的中间代码,可以直接选择指令,勾画出代码的框架,如对形如 x=y+z 的中间代码(其中 x、y、z 都是静态分配的变量),可以翻译为如下的目标代码序列:

```
mov AX,y      //将 y 放入寄存器 AX
add AX,z      //z 与 AX 中的值相加
mov x,AX      //将 AX 中的值存入 x 中
```

目标代码的质量取决于它的速度和大小。一个有着丰富指令集的机器可以为一个给定的操作提供几种实现方法,不同的实现所需的代码不同,有些实现方式可能会产生正确但不一定高效的代码。例如,如果目标机器有"加 1"指令(INC),那么中间代码 x=x+1 就可以使用 INC x 实现,这是最高效的;如果没有 INC 指令,必须用下述指令序列来实现:

```
mov AX,x      //将 x 放入寄存器 AX
add AX,#1     //AX 中的值加 1,#表示常数
mov x,AX      //将 AX 中的值存回 x 中
```

4. 寄存器的分配

由于指令对寄存器的操作要比对存储单元的操作快且指令短,但计算机中的寄存器较少,因此,如何充分利用计算机的寄存器,对于生成好的代码非常重要。寄存器的分配可以归结为两个子问题。

（1）在寄存器分配期间，在程序的某一点选择要驻留在寄存器中的一组变量。

（2）在随后的寄存器指派阶段，挑选出变量将要驻留的具体寄存器。

选择最优的寄存器指派方案是很困难的。如果还要考虑目标机器的硬件或操作系统对寄存器的使用要遵循一些规则时，这个问题将更加复杂。

5．计算顺序的选择

计算完成的顺序也会影响目标代码的有效性。有效计算顺序要求存放中间结果的寄存器数量少，从而提高目标代码的效率。

6．存储管理

把源程序中的名字映射成运行时数据对象的地址是由编译前端和代码生成器共同完成的。中间代码中的名字所需的存储空间以及在过程数据区中的相对地址已经在存储分配中计算，并在符号表中给出。如果要生成机器代码，必须将四元式代码中的标号变成指令的地址。在依次扫描中间代码时，维护一个计数器，记住到目前为止产生的指令字数，就可以推断出为该条四元式代码生成的第一条指令的地址。该地址可以在四元式代码中用另外一个域来保存。如果碰到跳转指令 j：goto i，且 j＞i，就可以根据编号 i 找到第 i 条四元式代码所产生的第一条指令的地址；如果 j＜i，此时第 i 条四元式代码还没有生成目标代码，只有使用指针链接，到生成第 i 条四元式代码时再回填，这与生成中间代码时的回填技术相似。其他的转移指令可以类似地计算。

8.2 目标机器

要设计一个好的代码生成器，必须预先熟悉目标机器和它的指令系统。在本章，将采用 8086 微处理器作为目标机。考虑到通用性，主要选用 8086 的通用功能。但本章所介绍的代码生成技术也可应用于许多其他类型的机器上。

8086 是 16 位微处理器，有 8 个 16 位通用寄存器 AX、BX、CX、DX、BP、SP、SI、DI、IP、CS、DS、SS 和 ES。其中 BX 和 BP 这两个寄存器通常用于指定数据区的基址，所以称为基址寄存器，SI 和 DI 大多用来表示相对基址的偏移值，故称为变址寄存器。8086 的地址空间是分段的，每段 64KB。为简单起见，现在只讨论数据段和代码段在同一段的情况，不涉及段间转移。选择的通用指令包括数据传送指令（MOV）、算术逻辑运算指令（ADD、SUB、MUL、DIV、AND、OR 和 CMP 等）以及跳转指令（无条件跳转、条件跳转、子程序调用和返回）。选择的寻址方式（圆括号表示取其中的内容）包括寄存器寻址、直接寻址、寄存器间接寻址和基址（或变址）寻址。

因此上述 3 类指令可以具体化为如下形式的指令：

（1）MOV Rd,Rs/M　　　　　　;表示将 Rs/M 中的内容送到 Rd 中

　　　MOV Rd/M,Rs　　　　　　;表示将 Rs 中的内容送到 Rd/M 中

　　　MOV Rd/M,imm　　　　　 ;imm 为立即数，表示将 imm 送到 Rd/M 中

（2）ADD Rd,Rs/M　　　　　　;表示(Rd)＋(Rs)或(M)送 Rd

　　　ADD Rd/M,Rs/imm　　　　;表示(Rd/M)＋(Rs)或 imm 送(Rd/M)

(3) 跳转有多种指令,其中跳转标志 Z 表示全 0 标记,S 是符号位,O 是溢出位,各指令的含义如表 8.1 所示。

表 8.1　目标机器的跳转指令列表

指　令　码	意　　义	条　　件
JZ,JE	全 0 转,或相等时转	Z＝1(全 0),(A)＝(B)
JNZ,JNE	不为 0 转,或不相等时转	Z＝0(非全 0),(A)≠(B)
JNL,JGE	不小于转,或大于等于时转	S∨O＝0,或(A)≥(B)
JL,JNGE	小于转,或不大于等于时转	S∨O＝1,或(A)＜(B)
JG,JNLE	大于转,或不小于等于时转	S∨O∨Z＝0,或(A)＞(B)
JMP	无条件转移	
CALL	调用子程序	
RET	子程序的返回指令	

为了使所述方法更加通用,翻译中将不受 8086 的指令的某些限制,如执行乘除法运算时,不限制必须把乘数或被除数放到 AX 中。

如果存储空间的节省很重要,那么就应当尽量缩短指令的长度。对绝大多数机器和绝大多数指令而言,用来从存储器中获取一条指令的时间超过了执行该指令的时间,因此,通过缩短指令的长度,可以减少取指令所花费的时间,从而缩短整个指令的执行时间。

8.3　简单的代码生成算法

本节首先介绍一个简单的代码生成器。它不考虑目标代码的效率,只是依次把每条中间代码翻译为 8086 的汇编指令。在本节中还将考虑在一个基本块范围内如何充分利用寄存器的问题,即一方面在基本块中,当生成的目标代码是计算某变量的值时,尽可能地让该变量的值保留在寄存器中(即一般不把该变量的值存到内存单元中),直到该寄存器必须用来存放别的变量值或者已到达基本块出口为止;另一方面,后续的目标代码尽可能地引用变量在寄存器中的值,而不访问主存。在离开基本块时,简单代码生成器就把有关变量在寄存器中的现行值存放到主存单元中去。

以上的处理涉及基本块的划分。这并不一定要求事先已划分好,可以在依次生成各中间代码的目标代码时,同时应用算法 7.1 进行基本块的划分,区分基本块的入口和出口。为了简单明了,我们假定中间代码的每一个算符都对应于一个相应目标语言的算符。

8.3.1　中间代码的简单翻译方法

本节主要介绍如何把四元式形式的中间代码翻译为 8086 的汇编指令。为简单起见,暂不考虑对各种寄存器的选择,这将在 8.3.3 节中讨论。

表 8.2 中(6)～(9)四个中间代码的翻译中,p_1 是第 P 条中间代码所对应的第一条指令的地址。其值采用 8.1 节中存储管理部分介绍的方法填写。

如果在编译时能给出每个源语句所对应的四元式代码的位置,当翻译为汇编指令的过程中发现错误时,就可以指出错误所对应的源语句。

表8.2 各种三地址代码的翻译方法

序号	四元式代码	汇编代码	含 义
(1)	(program, prog _id,_,_)	{ main segment： assume cs：main, ds：main,es：main }	由源程序语句 program prog_id；翻译而来,表示主程序开始
(2)	(sys,_,_,_)	(1) { JMP 0 } 或 (2) {　MOV AX,4c00h　INT 21H　}	由源程序语句 end. 翻译而来,表示主程序结束。其汇编代码翻译有多种方式： (1)JMP 0 返回主程序开始,此处存放有 INT20H 中断指令,用于返回系统； (2)RET 也可用于退出,翻译为 MOV AX,4C00H INT 21H
(3)	(+,A,B,T)	{　MOV AX,A; ADD AX,B; MOV T,AX; }	
(4)	(@,A,_,T)	{　MOV AX,A; NEG AX; MOV T,AX; }	@代表求负
(5)	(=,B,_,A)	{　MOV AX,B; MOV A,AX; }	
(6)	(j=,A,0,P)	{　MOV AX,A; JZ p_1; }	若 A 为 0,0 标志 Z=1；p_1是中间代码 P 对应的第一条指令的地址
(7)	(j,_,_,P)	{　JMP p_1; }	
(8)	(j>,A,B,P)	{　MOV AX,A; CMP AX,B; JG p_1;　}	
(9)	(j<,A,B,P)	{　MOV AX,A; CMP AX,B; JL p_1;　}	

在把基本块中的中间代码翻译为目标代码时,如果不考虑代码的效率,可以按照表8.1简单地按中间代码出现的顺序依次把每条中间代码映射成若干条指令,即可实现基本块的代码生成。如某基本块中包含的中间代码序列以及直接翻译后的汇编代码序列如表8.3所示。

表8.3 将基本块翻译为对应的汇编代码

四元式代码	汇编代码
(1) $(+,B,C,T_1)$	(1) MOV AX,B (2) ADD AX,C (3) MOV T_1,AX
(2) $(*,T_1,D,T_2)$	(4) MOV AX,T_1 (5) MUL AX,D (6) MOV T_2,AX
(3) $(+,T_2,E,A)$	(7) MOV AX,T_2 (8) ADD AX,E (9) MOV A,AX

从正确性上看,上述代码翻译没有问题,但它却是很冗余的。从整体上来看,汇编代码的第(4)和第(7)行是多余的;而且 T_1 和 T_2 是生成中间代码时引入的临时变量,出了所在的基本块将不再被引用,所以第(3)和(6)两行代码也可以省掉。因此,如果考虑了效率和充分利用寄存器的问题之后,代码生成器不是生成上述 9 条汇编代码,而是只有如下 5 条。

(1) MOV AX,B

(2) ADD AX,C

(3) MUL AX,D

(4) ADD AX,E

(5) MOV A,AX

为了能够做到这一点,代码生成器必须了解一些信息:在产生第(2)个四元式($*$,T_1,D,T_2)对应的目标代码时,为了省去第(4)行代码 MOV AX,T_1,就必须知道 T_1 的当前值已经在某个寄存器中,如 AX;为了省去将 T_1 的当前值保存在内存中的第(3)行代码 MOV T_1,AX,就必须知道出了基本块后 T_1 不会再被引用。

8.3.2　引用信息和活跃信息

下面主要讨论如何生成每个基本块的较优代码。较优的标准有两条:一是指令条数要少,二是尽量少使用访问存储器的指令。这两条标准都涉及合理使用寄存器的问题。如果把操作数尽可能地保存在寄存器中,充分利用寄存器进行运算,总指令数和访问内存指令数都可以减少。

在把中间代码变换成目标代码时,在一个基本块范围内考虑如何充分利用寄存器是一个重要的问题。合理利用寄存器需要解决两个问题:一方面尽可能将后面还要使用的变量仍保存在寄存器中;另一方面则应把不再使用的变量所占用的寄存器及时释放掉。为了做到这一点,当翻译语句(op,y,z,x)时,必须知道 x、y 和 z 是否还会在基本块内被引用以及用于哪些语句中。为此,引入基本块内各个变量的引用信息和活跃信息。

如果在一个基本块中,第 i 条中间代码对 A 定值,第 j 条中间代码要引用 A 的值,从 i 到 j 之间的代码没有 A 的其他定值,即 j 引用了 i 对 A 的定值,则称变量 A 在 i 处是活跃的,j 是 A 的引用信息。

为了获得每个变量在基本块内的引用信息,从基本块的出口由后向前扫描,对每个变量建立相应的引用信息链和活跃变量信息链。假定所有的非临时变量在出口处都是活跃的,所有的临时变量都看成是基本块出口之后的非活跃变量。

为了计算基本块内每个变量的引用信息,需要为每个变量设置引用信息和活跃信息栏,用于建立基本块内的引用信息链和活跃信息链,数据结构如表 8.4 所示。相应地在符号表中也要增加域,用于暂存各变量的下次引用信息和活跃信息。

表 8.4　中间代码的引用信息和活跃信息表示

序号	四元式	结果	左变量	右变量
1	(op,y,z,x)	(引用,活跃)	(引用,活跃)	(引用,活跃)
2	...	...	...	...

算法 8.1 计算变量的下次引用信息

(1) 开始时,把基本块中各变量在符号表中的下次引用信息域置为"无下次引用",根据该变量在基本块出口之后是不是活跃的,把活跃信息域置为"活跃"或"非活跃"。

(2) 从基本块出口到基本块入口由后向前依次处理各个中间代码。对每一个中间代码 i: x = y op z(或写为四元式形式(op,y,z,x)),依次执行下述步骤。

① 把符号表中变量 x 的下次引用信息和活跃信息附加到语句 i 上。

② 把符号表中 x 的下次引用信息和活跃信息置为"无下次引用"和"非活跃"。

③ 把符号表中变量 y 和 z 的下次引用信息和活跃信息附加到语句 i 上。

④ 把符号表中 y 和 z 的下次引用信息置为 i,活跃信息均置为"活跃"。

注意,以上次序不可颠倒,因为 y 和 z 也可能是 x。按以上算法,如果一个变量在基本块中被引用,则各个引用所在的位置将由该变量在符号表中的下次引用信息以及附加在语句 i 上的信息从前到后依次指示出来。

如果语句 i 形如(=,y,_,x)或(op,y,_,x),以上执行步骤完全相同,只是其中不涉及 z。

例 8.1 赋值语句 d=(a−b)+(a−c)+(a−c)的四元式序列如下:

$(-,a,b,T_1)$

$(-,a,c,T_2)$

$(+,T_1,T_2,T_3)$

$(+,T_2,T_3,d)$

其中 d 是基本块出口之后的活跃变量。利用算法 8.1 计算出有关变量的引用信息。

该基本块的符号表中各变量的引用信息和活跃信息如表 8.5 所示;附加在中间代码上的引用及活跃信息如表 8.6 所示。在这两个表中的($\times$,$\times$)表示变量的引用信息和活跃信息,其中数字表示引用信息,表示下一个引用点的中间代码编号,Y 表示活跃,N 表示非引用和非活跃;在表 8.5 所示的符号表中($\times$,$\times$)→($\times$,$\times$)表示在算法执行过程中后面的符号对将替代前面的符号对。

表 8.5 符号表中的引用信息及活跃信息

变量名	引用信息及活跃信息
T_1	$(N,N) \rightarrow (3,Y) \rightarrow (N,N)$
a	$(N,N) \rightarrow (2,Y) \rightarrow (1,Y)$
b	$(N,N) \rightarrow (1,Y)$
c	$(N,N) \rightarrow (2,Y)$
T_2	$(N,N) \rightarrow (4,Y) \rightarrow (3,Y) \rightarrow (N,N)$
T_3	$(N,N) \rightarrow (4,Y) \rightarrow (N,N)$
d	$(N,Y) \rightarrow (N,N)$

表 8.6 附加在中间代码上的引用信息及活跃信息

序号	四元式	结果	左变量	右变量
1	$(-,a,b,T_1)$	(3,Y)	(2,Y)	(N,N)
2	$(-,a,c,T_2)$	(3,Y)	(N,N)	(N,N)
3	$(+,T_1,T_2,T_3)$	(4,Y)	(N,N)	(4,Y)
4	$(+,T_2,T_3,d)$	(N,Y)	(N,N)	(N,N)

8.3.3　寄存器描述和地址描述

寄存器的分配问题是指在变量多、可用寄存器少的情况下所产生的寄存器使用问题。对寄存器的利用有两种形式：寄存器的分配和指派。寄存器的分配是指，决定让哪个变量使用某个寄存器。在使用期间，这个寄存器就存放该变量的值。为一个变量选择一个专用寄存器，称为把寄存器指派给该变量。如 8086 中，CX 寄存器专用于循环计数器，当使用数据传送指令时，就用 CX 作循环计数器。如果程序中某个变量是一个循环变量，就应该把 CX 指派给它。在为一个中间代码 $i:A=B\ op\ C$ 中变量 A 分配寄存器时，应遵循以下原则。

（1）如果 B 已在某个寄存器 R_i 中，且以后不再引用，则选择 R_i；若 B 虽不再被引用，但活跃，而且 R_i 的值不在内存中，就生成一条存数指令 MOV B,R_i；

（2）从空闲寄存器中选择一个寄存器 R_i；

（3）从已分配寄存器中选取其值在最远的将来才会使用的寄存器 R_i。如果 R_i 中的内容不在内存中，则要生成一条存数指令 MOV M,R_i，把 R_i 中的内容存入 M 单元中。

因此，需要管理寄存器的使用情况。代码生成算法使用寄存器描述器和地址描述器来记录寄存器的内容和各变量的地址，如表 8.7 所示。

寄存器描述器记录每个寄存器的当前内容，每当需要一个新的寄存器时，需首先查看此描述器。假定在初始时寄存器描述器指示所有的寄存器均为空。当对基本块进行代码生成时，每个寄存器在任一给定时刻将保留零个或多个变量的值。

地址描述器记录在运行时刻的一个变量的当前值存放的一个位置或多个位置。它可能是一个寄存器地址、一个栈地址、一个存储单元地址，或这几个地址的一个集合（因为在复写的时候，一个值存放到一个新的位置，但它仍保留在原来的位置）。这一信息可以存放在符号表中，用来确定对一个名字的存取方式。

表中 VAR 栏表示寄存器 R 分配给了哪些变量，MEM 栏表示占用 R 的那几个变量同时又在内存中。

表 8.7　寄存器描述器和地址描述器的结构

寄存器号	变量（VAR）	内存（MEM）
AX		
BX		
⋮		

寄存器的分配要用到中间代码 i 上的引用信息，可以形式化描述为算法 8.2。

算法 8.2　getreg(i,R)

（1）如果名字 y 的值是在一个寄存器中，且该寄存器不保留其他任何名字的值（考虑到复写指令 x=y 可能引起一个寄存器同时保留两个或更多个名字的值），并且在执行 x=y op z 以后 y 为"非活跃""无下次引用"，则返回 y 的寄存器作为 R，并更新 y 的地址描述器以表示 y 已不在 R 中。

（2）如果（1）失败，则当有空寄存器时就返回一个这样的寄存器作为 R。

（3）如果（2）失败，若 x 在该基本块中有一个下次引用，或者 op 是一个需要寄存器的算符，例如变址操作，则找一个已被占用的寄存器 R。如果 R 的值尚未在存储单元中，则将 R 的值存放到一个内存单元 M 中（通过指令 MOV M,R 来实现），并且更新地址描述器为 M。如果 R 同时保存了几个变量的值，则对每个需要存储的变量值都应生成一条 MOV 指令。

(4) 如果 x 在该基本块中不再被引用,或者没有找到合适的被占用的寄存器,则选择 x 的存储单元作为 R。

8.3.4 基本块的代码生成算法

在分析完基本块内各变量的引用信息和活跃信息,并且确定寄存器的分配策略之后,就可以给出基本块的代码生成算法。它把构成一个基本块的中间代码序列作为输入。为简单起见,假设基本块中每个语句形如(op,y,z,x)。如果基本块中含有其他形式的语句,也不难仿照算法 8.3 写出对应的算法。

算法 8.3 基本块的代码生成算法。

```
(1) getreg(i: (op,y,z,x),R)   /* 返回分配给 x 的寄存器 R */
(2) if (addr(y) ≠ R) {
          genobj(MOV R,addr(y));
          genobj(op R,addr(z));
    }
    else {
        genobj(op R,addr(z)) ;
        delete(y,R) ;
    }
(3) fill(x,R)          /* 填写寄存器的分配信息 */
(4) for 每个 Rk ≠R do delete(a,Rk);
(5) for 每个 Rk do {
    if (y(i) = (N,N)) delete(y,Rk);
    if (z(i) = (N,N)) delete(z,Rk);
    }
```

算法 8.3 中使用了如下一些过程。

(1) getreg(i:(op,y,z,x),R)是一个函数过程,返回一个用来存放 x 的当前值的寄存器 R,见算法 8.2。

(2) addr(y):获得变量 y 的当前存放位置,只要 B 在寄存器中就返回 R,否则 y 在内存中。

(3) fill(y,R):如果变量 y 不在 VAR(R)中,则填入;如果 y 同时又在内存中,则把 y 填入 MEM(R)中(VAR(R)表示为寄存器 R 分配的变量,MEM(R)表示占用 R 的那几个变量同时又在内存中)。

(4) genobj(op R,x):向目标文件中输出一条指令 op R,x。

(5) delete(y,R):如果 y 在 VAR(R)和 MEM(R)中,删除其中的 y。

如果当前中间代码的算符为一目运算,则可作类似的处理。另一个重要的特殊情况是复写语句(=,y,_,x)。首先,如果 y 是在一个寄存器中,只需简单地更新寄存器和地址描述器以记录 x 的值仅在保存 y 的那个寄存器中,如果 y 没有下次引用且在基本块的出口是非活跃的,则该寄存器不再保留 y 的值;其次,如果 y 是在主存中,使用 getreg 函数来获得一个寄存器用来存入 x 的值,并把此寄存器作为 x 的地址。

一旦处理完基本块的所有中间代码,就使用 MOV 指令存储那些在基本块的出口处是活跃的并且还不在它的存储单元中的变量的值。为进行这一工作,使用寄存器描述器来确定哪些名字的当前值仍保留在寄存器中,使用地址描述器来确定其中哪些名字的当前值还不在它的存储单元里,使用活跃变量信息来确定是否需要存储其当前值。

例 8.2 对例 8.1 的中间代码序列:

$(-,a,b,T_1)$

$(-,a,c,T_2)$

$(+,T_1,T_2,T_3)$

$(+,T_2,T_3,d)$

只有 d 在基本块外是活跃的。利用代码生成算法(算法 8.3)对此基本块产生的目标代码如表 8.8 所示,表中给出了在代码生成过程中寄存器描述器和地址描述器的值,因为 a、b 和 c 一直在存储器中,所以在地址描述器中没有显示它们。同时还假定临时变量 T_1、T_2 和 T_3 不在存储器中,除非用 MOV 指令显式地将它们的值存放到存储器之中。

表 8.8　例 8.2 的代码序列

四 元 式	生成的代码	寄存器描述	地址描述器
$(-,a,b,T_1)$	MOV AX,a	空寄存器	T_1 在 AX 中
	SUB AX,b	AX 包含 T_1	
$(-,a,c,T_2)$	MOV BX,a	AX 包含 T_1	T_1 在 AX 中
	SUB BX,c	BX 包含 T_2	T_2 在 BX 中
$(+,T_1,T_2,T_3)$	ADD AX,BX	AX 包含 T_3	T_2 在 BX 中
		BX 包含 T_2	T_3 在 AX 中
$(+,T_2,T_3,d)$	ADD AX,BX	AX 包含 d	d 在 AX 中
	MOV d,AX		d 在 AX 和存储器中

getreg$((-,a,b,T_1),R)$ 返回 AX 作为存放 T_1 的寄存器。由于 a 不在 AX 中,生成指令 MOV AX,a 和 SUB AX,b,然后更新寄存器描述器以记录 AX 包含 T_1。

代码生成继续以此方式进行,直到最后的四元式代码 $(+,T_2,T_3,d)$ 处理完为止。注意,因为 T_3 没有下次引用,BX 将变为空。最后,在基本块的出口处生成指令 MOV d,AX,存储活跃变量 d 的值。

对条件语句生成目标代码的方式与一般的算术运算稍有不同。大多数计算机使用一组条件码来指示最后计算出来的或存入一个寄存器的数值是负数、零或正数。运用一个比较指令(如 CMP 指令)可以置条件码而不必实际计算出一个值来。例如,CMP x,y,在 x>y 时将条件码置为正,x=y 时置为零,x<y 时置为负。当满足一个指定的条件<、=、>、≤、≠或≥时,条件转移指令将进行转移。在 8086 中条件跳转指令有多个,根据不同的条件有不同的指令,如 JZ、JNZ、JG 和 JL 等。如 JG p 表示"如果条件码为正,则转移到 p"。这样,中间代码 if A>B goto L 将翻译为如下形式的目标代码:

```
CMP A,B
JG p'    (其中 p'表示中间代码 L 对应的第一条目标代码的地址)
```

又如四元式序列

$(+,y,z,x)$

$(j<,x,\_,p)$

可实现如下：

```
MOV AX,y
ADD AX,z
JL p'    （其中 p'表示第 P 条四元式对应的第一条目标代码的地址）
```

8.4　从 DAG 生成目标代码

为了生成更有效的目标代码,要考虑的另一个问题是：对基本块中的中间代码序列,应按照什么顺序来生成其目标代码呢？在第 7 章中已经给出了把基本块转换成 DAG 的过程,并给出了利用 DAG 进行局部优化的方法。本节将考虑如何利用一个基本块的 DAG 表示来生成目标代码。

在描述运算的 DAG 中,每个内节点表示一个操作,基本块的运算次序已经体现在 DAG 结构中,对一个给定的 DAG,可以很容易地重新组织最终的计算顺序。那么什么样的计算顺序会影响目标代码的生成效率呢？

例 8.3　考察如下中间代码序列 G 构成的基本块：

$(+,A,B,T_1)$

$(+,C,D,T_2)$

$(-,E,T_2,T_3)$

$(-,T_1,T_3,X)$

它是用语法制导翻译算法对赋值语句 X＝(A＋B)－(E－(C＋D)) 生成的中间代码的自然顺序。它的 DAG 表示见图 8.2(这个 DAG 正好为一棵树)。

如果利用图 8.2 的 DAG,重新生成中间代码序列 G′：

$(+,C,D,T_2)$

$(-,E,T_2,T_3)$

$(+,A,B,T_1)$

$(-,T_1,T_3,X)$

显然,代码序列 G 与代码序列 G′是等价的。

设只有 AX 和 BX 两个寄存器可用,该基本块中只有 X 是在出口之后的活跃变量。利用上节介绍的基本块内的代码生成算法,生成代码序列 G 和 G′的目标代码分别如图 8.3 所示。

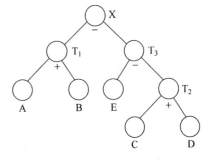

图 8.2　例 8.3 的基本块的 DAG

从图 8.3 可以看出,G′生成的目标代码更短一些,可以节省两条指令：MOV T_1,AX 和 MOV BX,T_1,从而可以得出,中间代码的次序直接影响生成目标代码的质量。

上述重排序后的中间代码生成的目标代码更少的原因在于对 X 的求值正好紧跟在对 T_1(树中 X 的左运算分量)的求值之后。这样就可以及时利用 T_1 在寄存器中的值来计算 X 的值,就避免了像 G 一样,生成了 T_1 以后,先把它保存在主存单元中,等到计算 T_4 时,再将它从主存单元取到寄存器中,这样就要多出两条指令。

MOV AX,A	MOV AX,C
ADD AX,B	ADD AX,D
MOV BX,C	MOV BX,E
ADD BX,D	SUB BX,AX
MOV T_1,AX	MOV AX,A
MOV AX,E	ADD AX,B
SUB AX,BX	SUB AX,BX
MOV BX,T_1	MOV X,AX
SUB BX,AX	
MOV X,BX	
G 的代码序列	G′的代码序列

图 8.3   例 8.3 的基本块生成的目标代码

对于赋值运算(如 X=A+B-(E-(C+D)))的计算有两种次序:从左到右计算,从右到左计算。从右到左的计算就使得每一被计算的量总是紧接在其左运算对象之后计算,从而使得目标代码较优。中间代码序列 G 对应于赋值语句 X=A+B-(E-(C+D))的从左到右的计算顺序,G′恰好对应于该赋值语句从右到左的计算次序。

下面给出利用基本块的 DAG 为基本块的中间代码序列重新排序,以便生成较优的代码的算法,它尽可能地使一个结点的求值紧接在它的最左运算对象的求值之后。算法 8.4 产生的是反向顺序。

算法 8.4   为 DAG 表示的中间代码排序(该算符的输入为带有标记的 DAG,内部节点的顺序号为 1、2、…、N,输出为数组 T,存放排序后的 DAG 节点)。

(1) FOR k=1 TO N DO T[K]=0;   /* 置初值 */
(2) i=N;
(3) WHILE (存在未列入表的内部结点) DO {
(4)   选取一个未列入表的但其全部父结点均已列入 T 或者没有父结点的结点 n;
(5)   T[i]=n; i=i-1;   /* 将 n 列入表中 */
(6)   WHILE (n 的最左子结点 m 不是叶结点并且其所有父结点均已列入表中) DO {
(7)   T[i]=m; i=i-1;   /* 将 m 列入表中 */
(8)   n=m;
        }
    }
(9) 最后 T[1]、T[2]、…、T[N]即为所求的结点顺序。

按上述算法给出的结点顺序,可把 DAG 重新表示为一个等价的中间代码序列。根据新序列中的中间代码次序,可以生成较优的目标代码序列。

例 8.4   考察下面基本块的中间代码序列 G_1:

$(+,A,B, T_1)$

$(-,A,B, T_2)$

$(*, T_1, T_2, F)$

$(-,A,B, T_1)$

$(-,A,C, T_2)$

$(-,B,C, T_3)$

$(* , T_1 , T_2 , T_1)$

$(* , T_1 , T_3 , G)$

其 DAG 如图 8.4 所示,利用算法 8.4 对其进行排序。

图 8.4 中共有 7 个内部结点 $n_1 \sim n_7$,应用算法 8.4,对这 7 个结点重新排序。主要步骤如下。

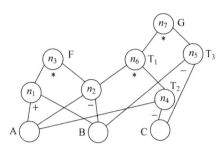

图 8.4 例 8.4 的 DAG

第一步置初值:i=7;T 的所有元素全为 0;内部结点 n_3 和 n_7 均满足算法 8.4 第(4)步的要求,假定选取 T[7]为 n_3。结点 n_3 的最左子结点 n_1 满足算法 8.4 第(6)步的要求,因此按算法 8.4 第(6)步, T[6]=n_1。但 n_1 的最左子结点 A 为叶结点,不满足算法 8.4 第(6)步的要求。返回上一步,n_7 满足算法 8.4 第(4)步的要求,于是,T[5]=n_7。结点 n_7 的最左子结点 n_6 满足算法 8.4 第(6)步的要求,因此,T[4]=n_6。结点 n_6 的最左子结点 n_2 满足算法 8.4 第(6)步的要求,因此,T[3]=n_2。目前满足算法 8.4 第(4)步要求的结点还有 n_4 和 n_5,假定选取 T[2]=n_4。当最后把 n_5 列入 T[1]后,算法工作结束。因此所求的内部结点次序为 n_5、n_4、n_2、n_6、n_7、n_1、n_3,按这个次序可把图 8.4 的 DAG 重新表示为中间代码序列 G_2,如下:

$(-,B,C,T_3)$

$(-,A,C,T_2)$

$(-,A,B,R_1)$

$(* , R_1 , T_2 , T_1)$

$(* , T_1 , T_3 , G)$

$(+,A,B,R_2)$

$(* , R_1 , R_2 , F)$

再应用 8.3 节介绍的基本块内的代码生成算法,分别生成中间代码序列 G_1 和 G_2 的目标代码,可以得到 G_2 的目标代码优于 G_1 的目标代码。

8.5 Sample 代码优化及目标代码生成器的设计

前面已经介绍了基本块的目标代码生成方法:一种方法是不经优化直接产生目标代码,另一种方法是利用优化后的 DAG 产生目标代码。本节主要介绍设计 Sample 编译程序的目标代码生成器。

在目标代码生成阶段,需要使用前几章的信息。

(1) 划分基本块后的中间代码表,或经过优化后的 DAG 中间代码。

(2) 已进行了运行时存储分配的符号表,可能有单独的常数表。

到了目标代码生成阶段,符号表中某些信息已经附加到中间代码表上。例如,类型信息已体现到运算符上(如+'表示整数加,+'表示实数加等)。符号表中变量名的字符串也不再使用,四元式中凡涉及变量名的地方都表示为这些变量在符号表中的入口。但符号表中的数值栏、地址栏和种属栏(区分简单变量、数组变量和过程名等)仍然有用。

在生成基本块的目标代码时,还需要在符号表中增加引用信息栏和活跃信息栏。增加的办法有两种:一是利用符号表中不再使用的栏,二是另外再增加新的栏目,这些栏目与符号表分离,但要相互对应。

Sample 语言编译程序的代码生成器的顶层数据流图如图 8.5(a)所示。对此进行分解,将得到如图 8.5(b)所示的数据流图,它对应于没有中间代码优化的代码生成器的流图。

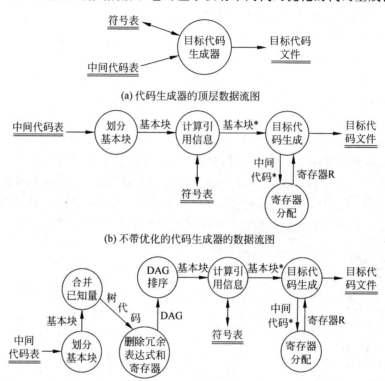

(a) 代码生成器的顶层数据流图

(b) 不带优化的代码生成器的数据流图

(c) 带优化的代码生成器的数据流图

图 8.5　目标代码生成的数据流图

在图 8.5(b)的基础上添加优化,得到如图 8.5(c)的带有局部优化后的中间代码的代码生成器的流图。图中的每个加工都对应于第 7 章和本章的某个算法,它们的功能很明确,"*"表示引用信息。

在图 8.5(c)中,先对 DAG 的内部结点进行排序,然后根据排序后的次序再把 DAG 转换成四元式序列,以便计算四元式的引用信息。也可以设计一种算法,直接计算 DAG 的引用信息。

图 8.6 给出了代码生成器的处理流程(对应于图 8.5(b)的数据流图),同样可以画出与图 8.5(c)的数据流图对应的处理流程。除主控模块外,其余模块的功能都可以在前面找到相应的算法描述。主控模块的功能非常简单,包括管理中间代码表文件、目标代码文件的打开和关闭以及对其他模块的调用等。

在实现时,整个程序的中间代码表和目标代码文件可以说明为全局数据。调用划分基本块的模块之后,直接返回一张基本块的信息表即可。该表如表 7.1 所示的形式,其中包括基本块的编号、基本块的入口和基本块的出口语句号等信息。各模块之间凡是以基本块为

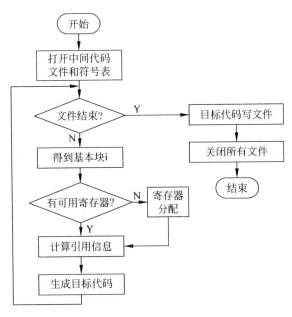

图 8.6　不带优化的代码生成器的处理流程

传送参数的,都可以修改为仅传递基本块的入口和出口两个语句号。各模块凡涉及对基本块的处理,只需根据基本块的入口与出口语句确定的范围直接在中间代码表中进行操作。

　　为计算每个基本块的引用信息,可以参照表 8.6 的形式再建立一张与中间代码平行的表格:引用信息和活跃信息表,其中包括"结果"、"左变量"和"右变量"3 个栏目,其长度等于最大基本块的长度,这个表格也说明为全局的,避免在模块之间传递。图 8.5 中带有"＊"的基本块参数表示带有引用信息的基本块。如果把中间代码表和引用信息表说明成全局性的,这些参数就不用传递了。

8.6　小结

　　本章主要介绍了目标代码生成器设计中的主要问题:输入/输出、存储管理、计算次序的选择、寄存器的分配和指令的选择等。要求掌握简单的代码生成算法,并能将中间代码或经过优化后的中间代码翻译为类 8086 的汇编代码。

8.7　习题

　　1. 一个编译程序的代码生成需要考虑哪些问题?

　　2. 引用信息链和活跃信息链的作用是什么? 如何实现?

　　3. 生成下列 C 语言语句的目标代码,假定所有变量均为静态分配,并有 3 个寄存器可用。

　　　(1) x = 1

　　　(2) x = y

(3) x ＝ x+1

(4) x ＝ a+b＊c

(5) x ＝ a/(b+c)−d＊(e+f)

4. 利用简单代码生成算法,对下列三地址代码生成目标代码:

```
T = A - B
S = C + D
W = E - F
U = W/T
V = U * S
```

其中,V 是基本块出口的活跃变量,设可用寄存器为 R_0 和 R_1。

5. 为下列赋值语句生成目标代码。

(1) x＝a+b＊c

(2) x＝(a/b−c)/d

(3) x＝(a＊−b)+(c−(d+e))

6. 算法程序题。

(1) 编程实现简单代码生成算法。

(2) 用算法描述寄存器的申请算法,计算下次引用信息。

(3) 试给出一个算法,直接对 DAG 计算引用信息和活跃信息。

参 考 文 献

[1] 王晓斌,陈文宇.程序设计语言与编译.3版.北京:电子工业出版社,2009.

[2] 李文生.编译原理与技术.北京:清华大学出版社,2009.

[3] Alfred Aho,etc.编译原理.李建忠,姜守旭,译.北京:机械工业出版社,2006.

[4] Alfred V Aho,Monica S Lam,Ravi Sethi,etc. Compilers:Principles,Techniques,and Tools. 2nd Ed.
    北京:机械工业出版社,2011.

[5] 陈火旺,刘春林,谭庆平,等.程序设计语言编译原理.3版.北京:国防工业出版社,2000.

[6] 张素琴,吕映芝,等.编译原理.2版.北京:清华大学出版社,2005.

[7] Andrew W Appel. Modern Compiler Implementation in C.北京:人民邮电出版社,2005.

[8] 蒋宗礼,姜守旭.形式语言与自动机理论.2版.北京:清华大学出版社,2007.

[9] 康慕宁,任国霞.编译原理.北京:清华大学出版社,2009.

[10] 金成植.编译程序设计原理.2版.北京:高等教育出版社,2007.

[11] 杨德芳.编译原理实用教程.北京:中国水利水电出版社,2007.

[12] 杜淑敏,等.编译程序设计原理.北京:北京大学出版社,1990.

[13] 何炎祥,伍春香,王汉飞.编译原理.北京:机械工业出版社,2010.

[14] 李冬梅.编译原理.北京:人民邮电出版社,2006.

[15] 郑洪.编译原理.北京:中国铁道出版社,2006.

[16] 张幸儿.计算机编译原理.北京:科学出版社,2005.

[17] 蒋立源.编译原理.西安:西北工业大学出版社,2005.

[18] 王雷.编译原理课程设计.北京:机械工业出版社,2005.

[19] 孙悦红.编译原理及实现.北京:清华大学出版社,2005.

[20] 温敬和.编译原理实用教程.北京:清华大学出版社,2005.

[21] 胡伦骏,等.编译原理.北京:电子工业出版社,2005.

[22] 刘磊.编译原理及实现技术.北京:机械工业出版社,2005.

[23] 温敬和.编译原理实用教程.北京:清华大学出版社,2005.

[24] 冯雁.编译原理与技术.杭州:浙江大学出版社,2004.